高等职业教育药品类专业规划教材

U0222874

药物制剂技术

第二版

丁 立　邹玉繁　主编

化学工业出版社

·北 京·

内 容 简 介

  《药物制剂技术》一书凝练了药物制剂的最新理论、实践和技术发展精华，紧贴岗位、项目和任务要求编写而成。教材共 18 章，附 14 个实验，分基础知识、液体制剂、固体制剂、其他制剂和生物药剂学、药剂实验等六部分。首次设置"囊型制剂""雾型制剂""膏型制剂"等章节；实验体现微格教学理念，融入大量原创图片、操作要点等元素；以"生活常识""知识延伸""课堂互动"等形式凸显实用性、趣味性和引导性。

  本书可作为高职院校药学、药品营销、制药、药物制剂技术等相关专业的教材，也适用于其他涉药专业的各类培训、进修、考证等学习者参考选用。

图书在版编目（CIP）数据

药物制剂技术/丁立，邹玉繁主编. —2 版. —北京：化
学工业出版社，2019.11（2024.5重印）
ISBN 978-7-122-35693-2

Ⅰ.①药…　Ⅱ.①丁…②邹…　Ⅲ.①药物-制剂-技
术-教材　Ⅳ.①TQ460.6

中国版本图书馆 CIP 数据核字（2019）第 236614 号

责任编辑：蔡洪伟　　　　　　　　　装帧设计：王晓宇
责任校对：宋　玮

出版发行：化学工业出版社（北京市东城区青年湖南街 13 号　邮政编码 100011）
印　　装：高教社（天津）印务有限公司
787mm×1092mm　1/16　印张 18½　字数 490 千字　2024 年 5 月北京第 2 版第 7 次印刷

购书咨询：010-64518888　　　　　　　　售后服务：010-64518899
网　　址：http：//www.cip.com.cn
凡购买本书，如有缺损质量问题，本社销售中心负责调换。

定　　价：46.00 元

编委会名单

主　编　丁　立　邹玉繁

副主编　孙婷婷　刘　洋

编　委（以姓氏笔画为序）

　　　　丁　立　（广东食品药品职业学院）

　　　　田宇光　（广东食品药品职业学院）

　　　　刘　洋　（长春职业技术学院）

　　　　许良葵　（广东食品药品职业学院）

　　　　孙婷婷　（徐州工业职业技术学院）

　　　　邹玉繁　（广东食品药品职业学院）

　　　　张　婧　（湖北生物科技职业学院）

　　　　陈　娜　（天津渤海职业技术学院）

　　　　陈维佳　（广东食品药品职业学院）

　　　　邵继征　（广东食品药品职业学院）

　　　　郑永丽　（天津渤海职业技术学院）

　　　　赵　静　（河北化工医药职业技术学院）

第二版前言

"药物制剂技术"是高职药品生产技术、药学、药品经营与管理、药物制剂技术等专业或方向的一门专业核心课程。由于课程内容涵盖药品生产、技术流程、设备操作、GMP实施、药品标准执行、物料流转、质量管理等多方面的知识、技能、素质和态度，因此是一门综合性的课程。

在十余年的专业课程教学过程中，编者深深体会到高职学生的知识传输、技能培养和素质提升都是通过专业核心课程来实现的，而课程的载体是教材。如何编写一本紧贴岗位能力、工作项目和操作任务需求的高质量教材，一直以来是我们孜孜以求的目标。借助这次国家高职专业目录调整的机会，我们结合《中华人民共和国药典》（2020年版）对本书进行了修订再版。我们希望能够把多年专业教学经验的归纳和思考、诸项教学改革的探索和实践以及以往积累的教学素材和相关资源，融合到新编教材中去。经过几个月的不懈努力，终于得以顺利完稿。本教材具有以下几个特色：一是编写纲目上做了较大的改革和创新，首次提出"囊型制剂""雾型制剂""膏型制剂"等概念，对日新月异的药物制剂技术发展、理论和实践精华，结合高职学生的学习状况，进行了梳理、归并、凝练并有所突破；二是实验部分体现微格化的教学理念，将大量原创的图片、案例等内容编入教材，对制药类院校常见的药剂学实验逐一审视、摸索、验证、修正、完善，从配方、制备工艺两个角度对14个药物制剂实验一一进行查对，删、减、修、补、改，力争每一个实验都能保证70%以上的学生经努力可以获得满意的设计效果；三是在内容编排上通过"生活常识""知识延伸""课堂互动"等形式凸显专业核心课程的实用性、技能性和引导性，以此引导学生热爱、沉浸、探索和提升；四是在书中以二维码链接的形式配套了数字资源，便于学生学习。

本教材共18章，附设14个实验。结构上分基础知识、液体制剂、固体制剂、其他制剂和生物药剂学、药剂实验共6部分。编纂的分工：丁立总揽全局，负责全书的布局设计，包括全书审稿，并编写第1章和所有实验部分；邹玉繁负责统稿、总审，并编写第3、4章；陈维佳负责编写第8、9章，审第1~4章、第6章；孙婷婷负责编写第15、18章，审第8、9章、第12~14章；刘洋负责编写第12~14章，审第5章、第10、11章；郑永丽负责编写第5章、第7章；赵静负责编写第6章；陈娜负责编写第11章，审核所有实验部分；张婧负责编写第10章；许良葵负责编写第2章；邵继征负责编写第16章；田宇光负责编写第17章。感谢每一位编者的精心、恒心和耐心！

本书适用于高职院校的药学、药物分析技术、药品经营与管理、药品生产技术、药物制剂技术等专业的学生选用。本书还可用作药学和制药相关的其他专业学生的教学用书。

编写过程是痛苦和快乐并存的旅程。由于凝聚了心血，付出了辛劳，汇集了智慧，激发了灵感，期望此书在不断发展、完善的基础上，为更多的人所喜爱。限于资历、学识、时间等因素，不妥之处在所难免，望阅读和使用者谅解并不吝指正！

广东食品药品职业学院

丁立

2020年11月于广州

CONTENTS
目录

第三部分　固体类药物制剂

资源目录

第一部分

药物制剂基础知识

第一章 药物制剂与药物剂型

药物制剂技术的主要内容是药剂的处方设计、基本理论、制备工艺、质量控制和合理应用，具有工艺、技术和应用性质，是一门综合性的药学专业课程。课程的核心和本质是药物制剂的处方和工艺——处方阐释药物制剂中的成分、比例及用量，工艺阐释如何制备成剂型。处方和工艺的支撑是质量控制和检测。完美的处方、精湛的工艺、严格的质控是药品合理应用的基础。

第一节　药物制剂

药物制剂是指根据药典或药品监督管理部门批准的标准，为适应治疗、诊断或预防的需要而制成的药物应用形式的具体品种，简称制剂。根据国家药典或药品监督管理部门批准的质量标准，同一种药物可以制成不同的剂型，例如抗病毒药利巴韦林可制成片剂供口服给药，也可制成注射剂用于静脉给药，还可制成滴眼剂供眼部给药以及气雾剂用于口腔、鼻部给药等；同一种剂型可以适用于多种不同的药物，如片剂中有青霉素 V 钾片、非洛地平缓释片、格列齐特片等，注射剂中有头孢拉定注射液、左氧氟沙星注射液、维生素 C 注射液等。在各种剂型中都包含有许多不同的具体品种，我们将其称为药物制剂。

一、几组重要概念

1. 制剂与剂型

任何药物在供临床使用前都必须制成适合治疗或预防的应用形式，称为药物剂型（简称剂型），如片剂、胶囊剂、颗粒剂、注射剂、软膏剂及气雾剂等。根据药物使用目的和药物性质不同，可选择适宜的不同剂型；不同剂型的给药方式不同，导致同一药物在体内的行为及药理效应也有可能不同。

因此，药物制剂是药剂学研究的对象以及临床应用的具体品种。在中药制剂领域，还包括方剂。凡按医师处方专为某一患者调制的并指明具体用法、用量的药剂称为方剂，方剂一般是在医院药房中调配制备的。研究方剂的调制理论、技术和应用的科学称为调剂学。

简单地说，药物制剂通常是由一种活性成分的名称加一个剂型构成的。

2. 药物与药品

药物指能影响机体生理、生化和病理过程，用以预防、诊断、治疗疾病所用物质的统称，一般分为中药、化学药和生物药物。

药品是指用于预防、治疗、诊断人的疾病，有目的地调节人的生理机能并规定有适应症或功能主治、用法用量的物质，包括中药材、中药饮片、中成药、化学原料药及其制剂、抗生素、生化药品、放射性药品、血清、疫苗、血液制品和诊断药品等。

药品侧重于"物品"或"成品"，往往是指明了适应症或功能主治、用法、用量的具体类别的药物；药物侧重于"物质"，含义更宽泛。

3. 药品批准文号与产品批号

（1）药品批准文号：是标注于药品包装上，经国家药品监督管理部门技术评审，批准药品生产企业进行药品生产的文号。药厂要获得一个药品批准文号，通常要基于大量的基础性研究，付出高昂的人力、物力、财力，历经严格漫长的审评过程。

 知识延伸

2020 年 7 月 1 日前颁发的药品批准文号

2020 年 7 月 1 日开始施行的《药品注册管理办法》对药品批准文号格式进行了调整和规范。

境内生产药品批准文号格式为：国药准字 H（Z、S）＋4 位年号＋4 位顺序号。中国香港、澳门和台湾地区生产药品批准文号格式为：国药准字 H（Z、S）C＋4 位年号＋4位顺序号。境外生产药品批准文号格式为：国药准字 H（Z、S）J＋4 位年号＋4 位顺序号。其中，H 代表化学药，Z 代表中药，S 代表生物制品。

药品批准文号格式：国药准字＋1 位大写英文字母＋8 位数字，试生产药品批准文号格式：国药试字＋1 位字母＋8 位数字。化学药品使用字母"H"，中药使用字母"Z"，保健药品使用字母"B"，生物制品使用字母"S"，体外化学诊断试剂使用字母"T"，药用辅料使用字母"F"，进口分包装药品使用字母"J"。数字第 1、2 位为原批准文号的来源代码，其中"10"代表原卫生部批准的药品，"20"、"19"代表 2002 年 1 月 1 日以前国家食品药品监督管理局批准的药品，其他使用各省行政区划代码前两位的，为原各省级卫生行政部门批准的药品。第 3、4 位为批准或换发批准文号之年公元年号的后两位数字。数字第 5 至 8 位为顺序号。

各省、自治区、直辖市的数字代码分别是 11—北京市，12—天津市，13—河北省，14—山西省，15—内蒙古自治区，21—辽宁省，22—吉林省，23—黑龙江省，31—上海市，32—江苏省，33—浙江省，34—安徽省，35—福建省，36—江西省，37—山东省，41—河南省，42—湖北省，43—湖南省，44—广东省，45—广西壮族自治区，46—海南省，50—重庆市，51—四川省，52—贵州省，53—云南省，54—西藏自治区，61—陕西省，62—甘肃省，63—青海省，64—宁夏回族自治区，65—新疆维吾尔自治区。

（2）产品批号：在药品生产中，虽然原料、辅料和工艺相同，但每一批生产出来的产品，在质量和性能上还是有差异的。为了避免混杂不清，每一批产品都有相应的批号。

产品批号是药品生产企业按照自定的编制规则，给每一批药品编制的一组数字和（或）字母数字的组合，用以识别、追溯和审查该批药品生产的历史。在药品包装上，通常把"生产日期"、"产品批号"和"有效期至"邻近印制，后接的数字信息在铝塑包装或外包装工序以现场印制或喷码的形式标注。比如：2020年3月15日生产的一批药品，其产品批号可以标注为"20200315"或"200315"；如3月15日生产了两批药品，则可以"20200315－1"、"20200315－2"，或"20200315A"、"20200315B"等形式标注。

4. 药品通用名、商品名和国际非专有名

（1）通用名：是指中国药品通用名称，是中文名称，以汉字表述，由药典委员会按照《药品通用名称命名原则》组织制定并报国家卫生和计划生育委员会备案的药品的法定名称，是同一种成分或相同配方组成的药品在中国境内的通用名称，具有强制性和约束性。因此，凡上市流通的药品标签、说明书或包装上必须要用通用名称。其命名应当符合《药品通用名称命名原则》的规定。《中华人民共和国药品管理法》（2019年修订）第二十九条规定：

已经列入国家药品标准的药品名称与药品通用名称。已经作为药品通用名称的，该名称不得作为药品商标使用。

（2）商品名：是药品生产厂商自己确定，经药品监督管理部门核准的产品名称，具有专有性质，不得仿用。同一通用名的药品，由于生产厂家不同，可有多个商品名。商品名须经国家食品药品监督管理总局批准后方可在包装、标签上使用。商品名不得与通用名连写，应分行。商品名经商标注册后，仍须符合商品名管理的原则。通用名与商品名用字的比例不得小于2∶1（单字面积）。通用名字体大小应一致，不加括号。未经国家食品药品监督管理总局批准作为商品名使用的注册商标，可印刷在包装标签的左上角或右上角，其字体不得大于通用名的用字。

（3）国际非专有名（INN）：是世界卫生组织编订的药物（原料药）国际通用名，系英文名称。

案例 1-1

注射用头孢哌酮钠

【通用名称】 注射用头孢哌酮钠
【商品名】 先抗
【别名】 先锋必素、头孢氧哌唑、先锋必、先锋哌酮、氧哌羟苯唑、头孢菌素钠等
【国际非专有名】 Cefoperazone Sodium for Injection
【汉语拼音】 Zhusheyong Toubaopaitongna

---

5. 中间产品与成品

（1）中间产品：是指处于加工过程中、尚未形成最终成品的产品。如生产片剂时，加工过程中的混合粉末、颗粒、素片等都是中间产品。

（2）成品：是指完成规定的生产和检验流程后，办理完入库手续等待销售的产品。

6. 物料与材料

物料是指药品生产过程中投入的各种材料，主要包括原料、辅料、包装材料等。因此材料是个更宽泛的概念，物料则是药物制剂生产过程中的专用术语。

检索、思考、讨论

请检索并列出京都念慈菴蜜炼川贝枇杷膏和复方甘草酸苷片的通用名、商品名、批准文号、产品批号、执行标准，重点思考和讨论批准文号的格式和内涵。

二、药物制剂制备工艺的重要性

药物制剂是依据药典或药政部门批准的质量标准，将药物制成适合临床需要的剂型。药物制剂生产过程是在GMP法规指导下涉及药品生产的各规范操作单元有机联合作业的过程。相同的药物制剂可以因为选择的工艺路线或工艺条件不同而对药物制剂的疗效、稳定性产生影响。一方面，药物制剂生产过程中原料药的晶型、药物粒子大小等可以直接影响药物体内释放，进而影响药物体内吸收，影响疗效。例如抗真菌药灰黄霉素，药物经过一般粉碎成细粉后进行制粒、压片，吸收少、疗效低，进行微粉化（粒径 5μm）处理，溶出快，生物利用度高，疗效好。另一方面，由于生产工艺不同而使操作单元有所不同，也可能影响药物制剂质量及进入人体后的释放。再如螺旋藻片剂，由于原料中含有大量黏液细胞，采用一般静态干燥后难以粉碎，同时压片时流动性差，易产生黏冲，造成外观不佳，剂量不准，而采用原料直接喷雾干燥制成粉末，加乳糖直接压片，流动性好，片面佳。此外，生产过程工艺条件控制也直接影响药物制剂的质量。

三、药物制剂的发展概况

药物制剂在传统制剂如中药制剂、格林制剂等基础上发展起来，并随着合成药物及其他科学技术的发展而发展，不断出现适应治疗需求的新剂型。因而第一代药物制剂是简单加工供口服或外用的膏、丹、丸、散及液体等制剂。随着工业革命的出现，蒸汽机的发明，使药物制剂机械化生产成为可能，产生了第二代药物制剂，如片剂、胶囊剂、注射剂、乳膏剂、栓剂、气雾剂等剂型。随着高分子材料科学的发展以及医学研究的不断深入，出现了第三代药物制剂——缓释和控释制剂，这类制剂改变了以往剂型频繁给药、血药浓度不稳定的缺陷，提高了病人的治疗依从性，减少毒副作用，从而提高了治疗效果。固体分散技术、微囊技术等新技术的出现，发展了第四代药物制剂，靶向制剂可使药物浓集于靶组织、靶器官、靶细胞，提高疗效的同时降低全身毒副作用。而反映时辰生物技术与生理节律的脉冲式给药，根据所接受的反馈信息自动调节释放药量的自调式给药，即在发病高峰时期体内自动释药给药系统，被认为是第五代药物制剂。正在孕育的随症自动调控个体给药系统可称为第六代药物制剂。随着互联网、人工智能、虚拟仿真和自动化技术的飞速发展，智能制剂（Smart Preparations）正跨越创意，走出实验室，步入应用的轨道。

第二节 药物剂型

一、药物剂型的重要性

剂型的作用就像碳氢氧氮等元素组成大自然一样，是与药物制剂须臾不可分离的基本构成元素。所有的药物在发挥预防和治疗功能、应用于人体之时，必然是以剂型的形式呈现，对药效起着极为重要的作用，表现在以下几个方面。

1. 药物剂型适应不同的临床要求

病有缓急，症有表里，药物制成不同剂型，作用速度不同。对于急症，宜采用起效快的剂型，如注射剂、吸入气雾剂、舌下给药片剂（或滴丸剂）等速效剂型；对于慢性病患者，宜采用丸剂、片剂、缓控释制剂、植入剂等；对于皮肤、腔道等局部疾病，宜采用外用膏剂、栓剂、贴剂等剂型，提高局部治疗效果，减少全身用药的副作用。

2. 药物剂型适应药物性质的要求

不同性质的药物必须制成适宜的剂型应用于临床。例如青霉素在胃肠道中易被胃肠液破坏，必须制成粉针剂；胰岛素口服会被消化液含有的胰岛素酶破坏，因而必须制成注射剂；治疗十二指肠溃疡药奥美拉唑在胃部酸性条件下易被破坏，因而必须制成肠溶性制剂，避免被胃酸破坏。

3. 药物剂型可以改变药物的作用性质

同一药物制成不同剂型，其生物利用度不同。根据药物性质和用途制成适宜的剂型，有利于药物释放、吸收，充分发挥药效。如解热镇痛药布洛芬制成栓剂比片剂释放速度快，生物利用度高；又如依沙吖啶（利凡诺）0.1%～0.2%溶液为局部涂敷有杀菌作用，但1%的注射剂用于中期引产，有效率达98%。

案例 1-2

硫酸镁不同剂型的作用

剂型不同，给药方式不同，同一种药物的体内作用也不同：浓度50%的硫酸镁溶液制成口服液，具有泻下作用；但25%硫酸镁注射剂10mL，用10%葡萄糖注射剂液稀释成5%溶液静脉注射，可以抑制中枢神经，起镇静、解痉作用。

4. 药物制成不同剂型可以降低或消除药物的毒副作用

例如氨茶碱治疗哮喘效果很好，但口服可引起心跳加快，而制成气雾剂则起效快、副作用小。

5. 某些药物剂型具有靶向作用

具有微粒结构的制剂如静脉注射乳剂、脂质体、微球体等，在人体内能被网状内皮系统的巨噬细胞所吞噬，而在肝、肾、肺等器官分布较多或定位释放，减少全身副作用，同时提高治疗效果。

二、剂型的分类

药物剂型的种类经粗略统计有 47 种。可以有不同的分类方式，比如：按给药途径分经胃肠道给药剂型和非经胃肠道给药剂型；按制法和制剂的生产工艺分为浸出制剂和无菌制剂等。下面重点介绍按形态和分散系统两种分类方式。

1. 按形态分类

将药物剂型按物质形态分类，分为液体剂型（如芳香水剂、溶液剂、注射剂、合剂、洗剂、搽剂等），气体剂型（如气雾剂、喷雾剂等），固体剂型（如散剂、丸剂、片剂、膜剂等）和半固体剂型（如软膏剂、糊剂等）。形态相同的剂型具有一些相同的制备工艺和操作单元，例如液体剂型制备时多采用溶解、分散等方法，固体剂型多采用粉碎、混合等方法，半固体剂型多采用熔化、研和等方法。

2. 按分散系统分类

基于各类剂型的物理化学原理不同，常分为以下类型。

（1）溶液型：药物以分子或离子状态存在，直径小于 1nm，分散于分散介质中所构成的均匀分散体系，也称为低分子溶液，如芳香水剂、溶液剂、糖浆剂、甘油剂、滴剂、注射剂等。

（2）胶体型：药物以高分子或溶胶形式，直径为 1～100nm，分散在分散介质中形成的均匀分散体系，如胶浆剂、火棉胶剂、涂膜剂等。

（3）乳剂型：油类药物或药物油溶液以液滴状态、直径为 0.1～50μm 分散在分散介质中形成的非均匀分散体系，如口服乳剂、静脉注射乳剂、部分滴剂等。

（4）混悬型：固体药物以微粒状态分散在分散介质中所形成的非均匀分散体系，如混悬剂、混悬型洗剂、部分软膏剂等。

（5）气体分散型：液体或固体药物以微粒状态分散在气体分散介质中所形成的分散体系，如气雾剂、喷雾剂等。

（6）微粒分散型：通常是药物以不同大小微粒呈液体或固体状态分散，如微球剂、微囊剂、纳米囊等。

（7）固体分散型：固体药物以聚集体状态存在的分散体系，如片剂、散剂、颗粒剂、胶囊剂及丸剂等。

第三节　药品标准

药品标准是指国家为保证药品质量所制定的质量指标、检验方法以及生产工艺等的技术要求，是药品生产、流通、使用及检验、监督管理部门共同遵循的法定依据。

中国实施的药品标准是国家标准。《中华人民共和国药品管理法》（2019 年修订）第 28 条规定：

药品应当符合国家药品标准。国务院药品监督管理部门颁布的《中华人民共和国药典》和药品标准为国家药品标准。

国家药品标准包括：《中华人民共和国药典》（以下简称《中国药典》）、国家食品药品监督管理总局（CFDA）颁布的药品标准（简称《局颁标准》）、注册标准及其他标准。局颁标准结构和《中国药典》一致，收载品种包括国内新药、放射性药品、麻醉药品、避孕药等，以及仍需修订、改进的药品，是药典的补充，同样具有法律约束力。

《中华人民共和国药典》

1953 年，卫生部发行了第一部《中华人民共和国药典》（简称《中国药典》），迄今已颁布十版，最新版为 2020 年版。药典包括凡例、正文及附录，是药品研制、生产、经营、使用和监督管理等均应遵循的法定依据。所有国家药品标准应当符合中国药典凡例及附录的相关要求。《中国药典》目前每五年修订一次，五年间对国家药品标准进行的增修订和订正，汇入《中国药典》增补本，增补本与现行版《中国药典》具有同等的法定地位。

2020 年版药典分为四部：一部收载药材和饮片、植物提取物和中药制剂等 2711种；二部收载化学药、抗生素、生化药品以及放射性药品 2712 种；三部收载生物制品 153 种；四部收载通用技术要求和药用辅料，包括收载通用技术要求 361 个，其中制剂通则 38 个，检测方法及其他通则 281 个、指导原则 42 个；药用辅料收载335 种。

药品标准具有法定性质，属强制性标准。凡正式批准生产的药品或药用辅料都要执行《中国药典》和《局颁标准》。中药材、中药饮片分阶段、分品种实施批准文号管理，其标准暂可参照省、自治区、直辖市食品药品监督管理局制定的《炮制规范》执行。

中国也曾有过各种地方药品标准。截至 2002 年 12 月 1 日，我国已完成全部上市药品的国家药品标准的统一制定工作，取消了地方标准。

药品标准的内涵

药品标准本质上是对药品内在质量进行衡量、检测和控制的"标尺"。它是由公认或权威机构发布、具有严格定量化指标的一套文件，目的是使药品质量能够重复性地达到一定的水平，从而实现"安全、有效、稳定、可控、方便"的质量目标。因此，药品标准的对象是药品，目标是质量，内容是检验参数，手段是仪器和方法，执行者是各级各类检测机构。

除药典、局颁标准、注册标准之外，其他药品标准包括：进口药品标准；卫生部中药成方制剂（1～21 册）；卫生部化学、生化、抗生素药品分册；卫生部药品标准（二部）（1～6 册）；卫生部药品标准藏药第一册、蒙药分册、维吾尔药分册；新药转正标准 1 至88 册（动态更新）；国家药品标准化学药品地标升国标（1～16 册）、国家中成药标准汇编等。这些药品标准因历史原因产生，但也属国家标准。

第四节　药品规范

与食品、化妆品、医疗器械、保健品、日化产品等其他行业的产品相比，药品的标准是最严苛的。这种严苛不局限于药品的生产，不仅体现在化验指标上，而且弥漫在药品研发、注册、临床实验、物料、生产、检验、贮存、销售、服用的每一个环节。药品标准是一种结果判定，而被判定的药品通常是抽样出来的，其代表性和准确性必然存在偏差，因此，仅有药品标准是不够的，要实现系统化的过程控制，充分保证过程和行为质量管理，必须借助于针对药品相关各环节规范性的文件——药品规范，以确保药品标准正确实施。人类经过长时间的探索，逐步形成了药品相关的系列规范性技术文件。比如：药品的生产要符合 GMP（药品生产质量管理规范），药品的销售要符合 GSP（药品经营质量管理规范），药品的非临床研究（即除临床之外的实验室研究）要符合 GLP（药品非临床研究质量管理规范），药品的临床研究要符合 GCP（药物临床试验质量管理规范），中药材的种植要符合 GAP（中药材生产质量管理规范）。这几个"P"都属于药品规范。

与药品标准一样，药品规范的目的也是为了保证药品的质量。保证的手段是从药品研发、注册、生产、流通、贮存、使用等各个环节出发，对于操作者进行的行为约束和管理规定。

术语释义

药品规范的内涵

规范是指群体所确立的行为标准。不同于药品标准，药品规范本质上是对行为的规定和约束，可以定量，也可以定性，主要是定性。

药品规范也是由公认或权威机构发布的文件，目的是使药品质量能够重复性地达到一定的水平，从而实现"安全、有效、稳定、可控、方便"的质量目标。因此，药品规范的对象是行为，目标是质量，内容是规定、流程和习惯，手段是训练和检查，执行者是操作者。

本章小结

1.药物制剂与药物剂型的含义与关系。
2.药物制剂的名称：通用名、商品名、国际非专利名的含义。
3.药物剂型的意义和重要性。
4.药品批准文号和产品批号的区别与联系。
5.药物剂型的分类（按分散系统划分）。
6.药品标准、国家标准；标准与规范。

学习目标检测

一、名词解释
1.剂型
2.商品名
3.药品批准文号
4.药品标准

二、填空题
1.药品批准文号的格式：＿＿＿＿＋＿＿＿＿＋＿＿＿＿。

2.在药品包装上，有标识：则立©美洛昔康片（Meloxicam Tablets）。通用名为＿＿＿＿，商品名为＿＿＿＿，国际非专利名为＿＿＿＿。

三、A 型题 （单项选择题）

1. 按分散系统分类的药物剂型不包括
A. 固体分散型　　　　　B. 注射型　　　　　　　C. 微粒分散型
D. 混悬型　　　　　　　E. 气体分散型

2. 关于剂型的分类下列叙述错误的是
A. 糖浆剂为液体剂型　　B. 溶胶剂为半固体剂型　　C. 颗粒剂为固体剂型
D. 气雾剂为气体分散型　E. 吸入气雾剂、吸入粉雾剂为经呼吸道给药剂型

四、B 型题 （配伍选择题）

【1～5】 药品批准文号中，请判定以下大写英文字母的归属
A. H　　　　　B. Z　　　　　　C. F　　　　　D. S　　　　　E. B

1. 化学药品使用的字母是
2. 生物制品使用的字母是
3. 药用辅料使用的字母是
4. 保健药品使用的字母是
5. 中药使用的字母是

五、X 型题 （多项选择题）

1. 以下属于药品规范的有
A. GAP　　　　B. GCP　　　　　C. GDP　　　　D. GLP　　　　E. GMP

2. 下列关于剂型重要性的叙述，正确的有
A. 剂型可影响疗效　　　　　　　B. 剂型能改变药物的作用速度
C. 剂型可产生靶向作用　　　　　D. 剂型能改变药物化学性质
E. 剂型能降低药物不良反应

六、简答题

1. 药物制剂与药物剂型的区别与联系分别是什么？
2. 药品批准文号与药品产品批号的区别是什么？
3. 药品通用名与商品名的区别是什么？
4.《中国药典》增补本收载哪些内容？算不算法定依据？

第二章 药物制剂的稳定性

第一节 概　述

一、研究药物制剂稳定性的意义

　　药物制剂稳定性是指药物制剂从制备到使用期间保持稳定的程度，不仅指制剂内有效成分的化学降解，同时包括导致药物疗效下降、毒副作用增加的任何改变。药物制剂稳定性贯穿于药物制剂的生产、贮藏、运输和使用全过程，制备稳定的药物制剂是药物更好地发挥疗效、降低副作用的保证，现在药物制剂已基本实现机械化大生产，若产品因不稳定而变质，则在经济上造成巨大损失。因此，药物制剂稳定性是制剂研究、开发与生产中的一个重要问题。此外，为了科学地进行处方设计，提高制剂质量，保证用药的安全、有效，我国在《药品注册管理办法》中对新药的稳定性也极为重视，规定新药申请必须呈报稳定性资料。

二、药物制剂稳定性研究范围

　　药品的稳定性是指原料药及制剂保持其化学、物理和生物学性质的能力。药物制剂的稳定性一般包括化学、物理和生物学三个方面。

　　1. 化学方面

　　化学方面是指药物由于水解、氧化等化学降解反应，使药物含量（效价）、色泽产生变化。包括药物与药物之间，药物与溶媒、附加剂、杂质、容器、外界物质（空气、光线、水分等）之间，产生化学反应而导致制剂中药物的分解变质。

　　2. 物理方面

　　物理方面是指药物制剂的外观、嗅味、均匀性、溶解性、乳化性等物理性能发生变化，导致原有质量下降，甚至不合格，如乳剂的分层、破裂；混悬剂中颗粒的结块或粗化；片剂的松散、崩解性能的改变等。一般物理变化引起的不稳定，主要是制剂的外观质量受到影响而主药的化学结构不变，但经常会影响制剂使用的方便性。

 知识延伸

半衰期与有效期

　　1. 半衰期：系指制剂中的药物降解 50% 所需的时间，常用 $t_{1/2}$ 表示。半衰期长则药物降解速度慢。一级反应的半衰期为 $t_{1/2} = 0.639/k$；零级反应的半衰期为 $t_{1/2} = C_0/2k$。

　　2. 有效期：是指制剂中的药物降解 10% 所需的时间，常用 $t_{0.9}$ 表示。一级反应的有效期为 $t_{0.9} = 0.1054/k$；零级反应的有效期为 $t_{0.9} = C_0/10k$。

3. 生物学方面

生物学方面一般是指药物制剂受到微生物的污染、滋长、繁殖引起药物制剂发霉、腐败变质等。尤其是一些含有蛋白质、氨基酸、糖类等营养成分的制剂更容易发生此类问题。如糖浆剂的霉败、乳剂的酸败等。

第二节　制剂中药物的化学降解途径

课堂互动

1. 常见的降解反应有哪些？

2. 容易发生水解、氧化反应的代表性药物有哪些？

药物由于化学结构的差异，其降解反应也不一样，水解和氧化是药物降解的两种主要途径。其他如异构化、聚合、脱羧等反应，在某些药物中也有发生。有时一种药物还可能同时产生两种或两种以上的反应，如毒扁豆碱在溶液中先发生酯键的水解，再发生酚羟基的氧化。

一、水解

通过水解途径降解的药物主要包括酯类、内酯类、酰胺类、内酰胺类药物。

1. 酯类药物的水解

含有酯键的药物在水溶液中或吸收水分后容易水解，生成相应的酸和醇。主要包括盐酸普鲁卡因、阿司匹林、盐酸丁卡因、盐酸可卡因、普鲁苯辛、阿托品、氢溴酸后马托品、硝酸毛果芸香碱、华法林钠等。其中，盐酸普鲁卡因的水解可作为这类药物的代表，水解生成对氨基苯甲酸与二乙胺基乙醇，此分解产物无明显的麻醉作用；其次，阿司匹林不仅在水溶液中水解，在固体状态下由于吸收空气中的水分也能发生水解。

酯类药物在水溶液中易水解，在 H^+、OH^- 或广义酸碱的催化下，水解反应会加快。特别是在碱性溶液中，由于酯分子中氧的负电性比碳大，故酰基被极化，亲核性试剂 OH^- 易于进攻酰基上的碳原子，而使酰-氧键断裂，生成醇和酸，酸与 OH^- 反应，反应比较完全。

2. 酰胺类药物

酰胺类药物与酯类药物相似，但一般情况下较酯类稳定。水解以后生成相应的酸与胺，有内酰胺结构的药物，水解后易开环失效。该类药物主要包括青霉素类、氯霉素、头孢菌素类、巴比妥类利多卡因、对乙酰氨基酚等。酰胺类药物一般比酯类药物更难水解，但在一定条件下，也可水解生成相应的酸和氨基化合物。

青霉素、氯霉素类药物的分子中存在着不稳定的内酰胺环，在 H^+、OH^- 影响下，很容易开环失效。如氯霉素的干燥粉末很稳定，可密闭保持两年而不失效，但其水溶液易水解，在 pH6 时最稳定，pH 值小于 2 或大于 8 水解反应均加速。

3. 其他药物的水解

阿糖胞苷在酸性溶液中，脱氨水解为阿糖脲苷。在碱性溶液中，嘧啶环破裂，水解速度加速。另外，如维生素 B、安定、碘苷等药物的降解，也主要是水解作用。

二、氧化

药物的氧化过程比水解过程更复杂，反应的难易与结构有密切关系，如酚类、烯醇类、芳胺类、吡唑酮类、噻嗪类等药物易氧化。药物氧化后，不仅含量降低，效价损失，而且可能发生颜色变化或析出沉淀，使澄明度不合格，甚至产生有毒物质。

1. 酚类药物

酚类药物分子中均有酚羟基，极易被氧化。主要包括肾上腺素、左旋多巴、吗啡、水杨酸钠等，这类药物分子中均具有酚羟基。如肾上腺素氧化后先生成肾上腺素红，最后变成棕红色聚合物或黑色素；左旋多巴氧化后形成有色物质。因此，在拟定此类药物片剂和注射剂的处方时，应采取防止氧化的措施。

2. 烯醇类药物

维生素C是这类药物的代表，分子中含有烯醇基，极易氧化，在有氧和无氧条件下均易氧化。另外，金属离子对维生素C的氧化有明显的催化作用，特别是铜离子。所以维生素C注射剂在制备过程中，应加入抗氧剂、金属离子络合剂，并充入惰性气体，防止维生素C氧化变黄。

3. 其他类药物

芳胺类（如磺胺嘧啶钠）、吡唑酮类（如氨基比林、安乃近）、噻嗪类（如盐酸氯丙嗪、盐酸异丙嗪）、含不饱和键的药物如油脂、维生素A等在水分、光线、金属离子、氧等的影响下，极易氧化变色，对于这些药物，在制备、贮存时应特别注意光线、氧气和金属离子对它们的影响。

三、其他反应

1. 异构化

异构化一般分光学异构化和几何异构化两种类型。药物因分子中原子或原子团在空间排列不同，产生立体化学构型不同的异构现象，生成生理活性较小甚至无生理活性的异构体。在制备和贮存过程中应注意防止。光学异构化药物如左旋肾上腺素、四环素等；几何异构化如维生素A，其生理活性以全反式最高，若发生几何异构，转化为2,6-顺式异构体，则生理活性降低。

2. 聚合

聚合是指两个或多个分子结合在一起形成复杂分子而产生沉淀或变色的现象。如甲醛溶液在长期贮存时会产生聚甲醛沉淀；葡萄糖溶液受热分解后，分解产物5-羟甲基糠醛发生聚合，使溶液颜色变深；氨苄青霉素水溶液中若发生聚合反应，会生成双聚合物，继续反应形成高聚物，这种高聚物能诱发过敏反应。

3. 脱羧

如对氨基水杨酸钠在光、热、水分存在的条件下容易脱羧，生成间氨基酚，后者还可进一步氧化变色。

第三节 影响药物制剂降解的因素及稳定化方法

一、影响药物制剂降解的因素

处方是一个制剂稳定与否的关键。制剂处方组成比较复杂，除主药外，加入的各种辅料种类和比例，对制剂的稳定性影响较大，如处方环境中的pH值、缓冲盐的浓度、溶剂、离子强度、表面活性剂及处方中的其他辅料均可能影响主药的稳定性。

（一）处方因素对药物制剂稳定性的影响及稳定化方法

1. pH 值的影响

药物溶液的 pH 值不仅影响药物的水解，而且影响药物的氧化反应。研究液体制剂 pH 值对稳定性的影响，具有重要意义。

酯类药物水解速度主要由 pH 值决定，在碱性条件下水解较完全，在酸性条件下影响较小，如盐酸普鲁卡因溶液，pH 值在 3.4～4 时最稳定，pH 值升高，水解反应加快。因此，酯类药物通常在中性或弱酸性时比较稳定。酰胺类药物的水解主要受 OH^- 的催化，pH 值越高，水解越快。苷类药物易受 H^+ 催化水解，在偏酸性溶液中加热易发生水解。

除水解外，药物的氧化反应与溶液的 pH 值也有密切关系：当 pH 值增大时，氧化反应易于进行，pH 值较低时比较稳定。

很多药物的降解反应可为 H^+ 或 OH^- 催化，药液的稳定只限于一定 pH 值范围，因此在配制药物溶液，尤其是配制注射液时，要慎重考虑 pH 值调节问题。一般通过检索资料或通过实验确定药物最稳定的 pH 值，以 pHm 表示。当然，药液 pH 值的调节除考虑稳定性外，还需考虑药物的溶解性、刺激性及药效，故药液最终 pH 值未必一定是 pHm。

2. 广义酸碱催化的影响

除了 H^+ 和 OH^- 催化药物的水解反应外，一些广义酸碱对药物的水解反应亦具催化作用，称之为广义酸碱催化。

液体制剂中，常用一些缓冲剂如 HAc、NaAc、NaH_2PO_4、枸橼酸盐、硼酸盐等调节溶液 pH 值，但它们往往会催化某些药物的水解反应。如醋酸盐、枸橼酸盐催化氯霉素的水解，HPO_4^{2-} 对青霉素 G 钾盐有催化作用。一般应选择没有催化作用的缓冲系统，或选择较低浓度的缓冲溶液等。

3. 溶剂的影响

溶剂作为化学反应的介质，对药物的水解有较大的影响。其极性和介电常数均能影响药物的降解反应，尤其对药物的水解反应影响较大。

当药物离子与催化水解的离子电荷相同时，采用介电常数低的溶媒如甘油、乙醇、丙二醇等，可降低水解速度；反之，则采用介电常数高的溶媒较好。如用介电常数较低的 60% 丙二醇制成的苯巴比妥钠注射液，稳定性提高，有效期可达一年；氯霉素的水解产物极性较小，其水溶液的稳定性比丙二醇溶液好。

4. 表面活性剂的影响

一些易水解的药物加入表面活性剂后，稳定性增加。如苯佐卡因易受碱催化水解，当加入 5% 的十二烷基硫酸钠后，半衰期可以增加 18 倍，这是因为胶团起了"屏障"作用，阻止了催化离子的接近和进入。但要注意，表面活性剂有时使某些药物分解速度加快，如吐温-80 可使维生素 D 稳定下降。因此，应通过实验正确选择表面活性剂。

5. 处方中基质或赋形剂的影响

栓剂、软膏剂中药物稳定性与基质有关，如 PEG 能促进氢化可的松、乙酰水杨酸的分解。某些赋形剂对药物稳定性也产生影响，如润滑剂硬脂酸镁可促进乙酰水杨酸的水解。赋形剂中的水分、微量金属离子有时也能对药物的稳定性产生间接的影响。

（二）外界因素对药物制剂稳定性的影响及稳定化方法

外界因素包括温度、光线、空气（氧）、金属离子、湿度与水分、包装材料等，这些非处方因素也是药物制剂生产、贮存中用于考察药品稳定性的主要条件。其中温度对各种降解途径均有影响，光线、空气、金属离子主要影响氧化反应，湿度、水分主要影响固体制剂，包装材料是各种产品均应考虑的问题。

1. 温度的影响

温度是外界环境中影响药物制剂稳定性的最主要因素之一，对水解、氧化等反应影响较大。根据范得霍夫规则，温度每升高10℃，反应速度约增加2~4倍。对不同反应，速度增大的倍数不同，用这个经验规律，可以粗略估计温度对反应速度的影响。

关于温度与反应速度之间的定量关系，阿伦尼乌斯提出了如下方程：

$$k = Ae^{-E/RT}$$

(2-1)

式中，k 是反应速率常数；A 为频率因子；E 为活化能；R 为气体常数；T 是温度。这就是著名的阿伦尼乌斯指数定律，此式是药物稳定性预测的主要理论依据。

温度越高，药物降解反应越快，如青霉素水溶液的水解，在4℃时贮存时，7天后损失效价16%；而在24℃贮存时，7天后损失效价高达78%。因此，在药物制剂制备过程中如有加热溶解、灭菌等操作，应考虑温度对药物稳定性的影响。如对易水解或易氧化的药物制成注射剂时，在保证完全灭菌的前提下，应适当减低灭菌的温度或缩短时间，以防止药物过快的水解或氧化；对热敏感的药物如某些生物制品、抗生素等，可采取特殊工艺如无菌操作、冷冻干燥、低温贮存等，以确保制剂质量。

2. 光线的影响

光是一种辐射能，波长越短，能量越大，该能量能激发许多药物的氧化反应，并使反应加快。有些药物分子受辐射作用使分子活化而产生分解，此种反应叫光化降解，其速度与系统的温度无关。药物结构与光敏感性有一定的关系，如酚类和分子中有双键的药物，一般对光敏感。主要包括氯丙嗪、异丙嗪、核黄素、氢化可的松、强的松、叶酸、维生素A、维生素B、辅酶Q_{10}、硝苯吡啶等。对光敏感的药物制剂，在制备过程中要避光操作，宜采用棕色玻璃瓶包装或容器内衬垫黑纸，并避光贮存。如有人对抗组胺药物用透明玻璃容器加速实验，8周含量下降36%，而用棕色瓶包装几乎没有变化。

3. 空气（氧）的影响

空气中的氧是引起制剂中药物氧化的主要因素。各种药物制剂几乎都有与氧接触的机会，因此对于易氧化药物，除去氧气是防止氧化的根本措施。生产上一般在溶液中和容器空间通入惰性气体如二氧化碳或氮气，置换其中的空气；或者采用加抗氧剂的方法来消耗氧。

4. 金属离子的影响

微量的金属离子尤其是二价以上的金属离子，如铜、铁、铂、锰等，对制剂中药物的自氧化反应有显著催化作用，如0.0002mol/L的铜能使维生素C的氧化速度增大10000倍。制剂中金属离子的来源主要是原辅料、溶媒、容器及生产操作中所用的工具、设备。

为避免金属离子的影响，除应选择纯度较高的原辅料，尽量不使用金属器具外，常在药液中加入金属离子络合剂，如依地酸盐、枸橼酸、酒石酸等，以消减金属离子。

5. 湿度与水分的影响

空气湿度与物料含水量对固体药物制剂的稳定性影响较大。化学稳定性差的固体制剂，由于湿度和水分影响，在固体表面吸附了一层液膜，药物在液膜中发生降解反应，如维生素C片、乙酰水杨酸片、维生素B_{12}、青霉素盐类粉针等。因此，这些固体制剂原料药物的水分含量一般控制在1%左右，否则原料药物的水分含量越高，药物分解速度越快。

一般固体药物受水分影响的降解速度与相对湿度成正比，相对湿度越大，反应越快。所以在药物制剂的生产过程和贮存过程中应特别注意控制湿度和水分。

6. 包装材料的影响

包装材料的选择对药品受外界环境影响及药物内在稳定性都非常关键。在选择包装材料时，不仅要考虑排除热、光、水及空气（氧）因素的干扰，还要考虑包装材料与药物制剂的相互作用。必须以实验结果和实践经验为依据，并经过"装样试验"来确定合适的包装材料。常用包装材料材质有玻璃、塑料、橡胶及金属。

玻璃不透气，理化性质稳定，不易与药物相互作用，是目前应用最多的一类容器材质。但有些玻璃会释放碱性物质或脱落不溶性玻璃碎片等。对光敏感的药物可用棕色玻璃瓶包装，因为棕色玻璃能阻挡波长小于 470nm 的光线透过。

塑料容器质轻、价格低廉，但有两向穿透性，有些药物能与塑料中的附加剂发生理化作用，或有药液黏附在容器中。不同种类塑料所加附加剂成分不同，穿透性能有差异，选用时应经过必要的试验，确认该塑料对药物制剂无影响才能使用。

金属容器牢固、密封性能好，药物不易受污染。但易被氧化剂、酸性物质所腐蚀，选用时注意内表面要涂环氧树脂层，以耐腐蚀。

橡胶常用来作塞子、垫圈、滴头等，使用时应注意橡胶可能吸收主药和防腐剂，或橡胶中的某些成分进入药液中而影响制剂质量。如橡胶塞用环氧树脂涂覆，可有效地阻止橡胶塞中成分溶入溶液中而产生白点，干扰药物分析。

二、药物制剂稳定化的其他方法

前面结合影响因素对药物制剂稳定化也做相应的讨论，但有些方法还不能概括，故在此做进一步的讨论。

（一）改进药物剂型或生产工艺

1. 制成固体剂型

凡在水溶液中不稳定的药物一般可制成固体剂型，如供口服的做成片剂、胶囊剂、颗粒剂等，供注射的做成注射用无菌粉末，可使其稳定性大大提高。

2. 制成微囊或包合物

某些药物制成微囊可增加药物的稳定性。如维生素 A 微囊稳定性有很大提高。也有将维生素 C、硫酸亚铁制成微囊，防止氧化。有些药物可以用环糊精制成包合物，从而防止药物氧化，水解，减少挥发，提高药物稳定性。

3. 采用直接压片或包衣工艺

一些对湿热不稳定的药物，可以采用直接压片或干法制粒。包衣是解决片剂稳定性的常规方法之一，如氯丙嗪、非那根、对氨基水杨酸钠等，均可做成包衣片。个别对光、热、水敏感的药物如酒石麦角胺，一些药厂采用联合式干压包衣机制成包衣片等。

（二）制成难溶性盐

一般药物在固体状态比溶液状态下更稳定。混悬剂中药物以不溶性固体粒子形式存在，不受溶液降解影响。将易水解的药物制成难溶性盐或难溶性酯类衍生物，可增加其稳定性。水溶性越低，稳定性越好。例如青霉素 G 钾盐，可制成溶解度小的普鲁卡因青霉素 G（水中溶解度为 1∶250），稳定性显著提高。青霉素 G 还可与 N,N-双苄乙二胺生成苄星青霉素 G（长效西林），其溶解度进一步减小（1∶6000），故稳定性更佳，可口服。

（三）加入干燥剂及改善包装

易水解的药物可与某些吸水性较强的物质混合压片，这些物质吸收水分，起到干燥剂的作用，从而提高药物的稳定性。如用 3% 二氧化硅作干燥剂可提高阿司匹林的稳定性。由于包装材料与药物制剂稳定性关系较大，因此在产品试制过程中，选择包装材料要进行"装样试验"。在一定的贮存条件下进行加速试验，确定合适的包装材料。

第四节　药物制剂稳定性试验方法

一、概述

稳定性试验的目的是考察原料药物或制剂在温度、湿度、光线的影响下随时间变化的规律，为药品的生产、包装、贮存、运输条件提供科学依据，同时通过试验建立药品的有效期。目前，国内大多采用两种方法来测定药物制剂的稳定性，即留样观察法和加速试验法。无论选择何种试验方法，试验前都应选择一种灵敏度高、专属性强、能区别反应物和分解产物的定量分析方法。稳定性试验的基本要求如下。

（1）稳定性试验包括影响因素试验、加速试验与长期试验。影响因素试验用一批原料药物或一批制剂进行，如果试验结果不明确，则应加试 2 个批次样品；加速试验和长期试验适用于原料药与制剂，用三批供试品进行。

（2）原料药供试品应是一定规模生产的，其合成工艺路线、方法、步骤应与大生产一致；药物制剂的供试品应是一定规模生产的（如片剂或胶囊剂至少在 1 万～2 万片），其处方、生产工艺与大生产一致。

（3）供试品的质量标准应与各项基础研究及临床试验所使用的供试品质量标准一致。

（4）加速试验与长期试验所用供试品的容器、包装材料、包装应与拟上市产品一致。

（5）要有专属性强、准确、精密、灵敏的药物分析方法和有关物质（含降解产物和其他变化所生成的产物）的检查方法。

二、药物制剂稳定性试验方法

（一）影响因素试验

影响因素试验在比加速试验更激烈的条件下进行（如高温、高湿、光照、酸、碱、氧化等）。原料药要求进行此项试验，其目的是通过给予原料药较为剧烈的试验条件，探讨药物的固有稳定性、了解影响其稳定性的因素及可能的降解途径与降解产物，为制剂生产工艺、包装、贮存条件与建立有关物质分析方法提供科学依据。供试品可以用一批原料药进行，将供试品置于适宜的开口容器中（如称量瓶或培养皿），摊成≤5mm 厚的薄层，疏松原料药摊成≤10mm 厚薄层，进行以下实验。

1. 高温试验

供试品开口放置于适宜的洁净容器中，60℃温度下放置 10 天，于第 0、5、10 天取样，按稳定性重点考察项目进行检测，同时准确称量试验前后供试品的重量，以考察供试品风化失重的情况。若供试品有明显变化（如含量下降 5%），则在 40℃条件下同法进行试验。若 60℃无明显变化，不再进行 40℃试验。

2. 高湿度试验

供试品开口置于恒湿密闭容器中，在 25℃、相对湿度 90%±5% 条件下放置 10 天，于第 0、5、10 天取样，按稳定性重点考察项目检测，同时准确称量试验前后供试品的重量，以考察供试品的吸湿潮解性能。若吸湿增重 5% 以上，则在相对湿度 75%±5% 条件下，同法进行试验；若吸湿增重 5% 以下且其他条件符合要求，则不再进行此项试验。

恒湿条件可在密闭容器如干燥器下部放置饱和盐溶液来达到不同相对湿度的要求。如 NaCl 饱和溶液在 15.5～60℃时，相对湿度 75%±1%；KNO_3 饱和溶液在 25℃时，相对湿度 92.5%。

3. 强光照射试验

供试品开口放置在光橱或其他适宜的光照仪器内，于照度为 4500lx±500lx 的条件下放置 10 天，于第 0、5、10 天取样，按稳定性重点考察项目进行检测，特别要注意供试品的外观变化。

以上为影响因素试验研究的一般要求。根据药品的性质必要时可以设计其他试验，如考察 pH 值、氧、低温、冻融等因素对药品稳定性的影响。

对于需要溶解或者稀释后使用的药品如注射用无菌粉末等，还应考察临床使用条件下的稳定性。

（二）加速试验

加速试验是在超常条件下进行的，目的是通过加快市售包装中药品的化学或物理变化速率来考察药品稳定性，为制剂设计、包装、运输及贮存提供必要的资料，并初步预测样品在一定的贮存条件下的有效期。

供试品 3 批，按市售包装，在温度 40℃±2℃，相对湿度 75％±5％ 的条件下放置 6 个月。在试验期间第 0、1、2、3、6 个月取样一次，按稳定性重点考察项目检测。在上述条件下，如 6 个月内供试品经检测不符合质量标准要求或发生显著变化，则应在中间条件下，即在温度 30℃±2℃，相对湿度 65％±5％ 的情况下进行 12 个月试验。

知识延伸

个别药物的试验条件

1. 对温度特别敏感的药物制剂，可在温度 25℃±2℃，相对湿度 60％±10％ 的条件下进行，时间为 6 个月。

2. 乳剂、混悬刘、软膏剂、乳膏剂、糊剂、凝胶剂、眼膏剂、栓剂、气雾剂及泡腾颗粒宜直接采用温度 30℃±2℃、相对湿度 65％±5％ 的条件进行试验。

3. 对于包装在半透性容器的药物制剂，如塑料袋装溶液，塑料瓶装滴眼剂等，则应在温度 40℃±2℃、相对湿度 20％±2％ 的条件进行试验。

（三）长期试验

在上市药品规定的贮存条件下进行，目的是考察药品在运输、保存、使用过程中的稳定性，能直接反映药品的稳定性特征，是确定有效期和贮存条件的最终依据。

取供试品 3 批，按市售包装，在 25℃±2℃、相对湿度 60％±10％ 的条件下放置 12 个月，或在温度 30℃±2℃、相对湿度 65％±5％ 的条件下放置 12 个月，这是从我国南方与北方气候差异考虑的，至于上述两种条件选择哪一种由研究者确定。每 3 个月取样 1 次，分别于第 0、3、6、9、12 个月，按稳定性重点考察项目进行检测。12 个月以后，仍需继续考察，分别于第 18、24、36 个月取样进行检测。将结果与 0 个月比较以确定药品的有效期。

对温度特别敏感的药品，长期试验可在温度 6℃±2℃ 条件下放置 12 个月，按要求进行检测，12 个月以后，仍需按规定继续考察，制定在低温贮存条件下的有效期。

课堂互动

1. 药物制剂的稳定性试验方法有哪些？
2. 各类稳定性试验方法的条件有什么区别？

本章小结

1. 药物制剂稳定性是指药物制剂从制备到使用期间保持稳定的程度。

2. 药物制剂的稳定性一般包括化学、物理和生物学三个方面。

3. 药物降解的两种主要途径分别是水解和氧化。

4. 影响药物制剂稳定性的处方因素主要包括 pH 值、广义酸碱催化、溶剂、表面活性剂、处方中基质或赋形剂。

5. 影响药物制剂稳定性的外界因素主要包括温度、光线空气（氧）、金属离子、湿度与水分、包装材料。

6. 稳定性试验包括影响因素试验、加速试验与长期试验。

学习目标检测

一、名词解释

1. 药物制剂稳定性

2. 半衰期（$t_{1/2}$）

3. 加速试验

二、填空题

1. 药物降解的两个主要途径为_____和_____。

2. 影响药物制剂稳定性的处方因素有_____、_____、_____、_____、处方中的基质或赋形剂等。

三、A 型题（单项选择题）

1. 下列属于药物制剂化学稳定性的是

A. 片剂崩解度、溶出速度降低　　　　B. 颗粒结块

C. 制剂中药物氧化、水解　　　　　　D. 微生物污染所致药品变质、腐败

E. 乳剂的分层

2. 盐酸普鲁卡因降解的主要途径是

A. 光学异构化　　B. 水解　　　　C. 聚合　　　D. 氧化　　　E. 光解

3. 维生素 C 降解的主要途径是

A. 氧化　　　　　B. 光学异构化　　C. 脱羧　　　D. 水解　　　E. 光解

4. 定义药物有效期的降解百分率为

A. 10%　　　　　B. 30%　　　　　C. 50%　　　D. 60%　　　E. 90%

5. 下列不属于影响药物制剂稳定性的处方因素是

A. pH 值　　　　　B. 金属离子　　　C. 广义的酸碱催化

D. 离子强度　　　　E. 表面活性剂

四、B 型题（配伍选择题）

【1～2】　A. $t_{0.9}$　　　　B. $t_{1/2}$　　　　C. pHm　　　　D. E　　　　E. k

1. 药物的有效期是

2. 药物制剂的最稳定 pH 值是

【3～5】　A.棕色瓶密封包装　　　B.处方中加入 ETDA 钠盐
　　　　　C.调节溶液的 pH 值　　　D.制备过程中通入 N_2
　　　　　E.产品冷藏保存

3.光照射可加速药物的氧化，可采用
4.所制备的药物溶液对热极为敏感，可采用
5.金属离子可加速药物的氧化，可采用

五、X 型题（多项选择题）

1.药物降解主要途径是水解的药物有

A.酚类　　　　　B.酰胺类　　　　C.烯醇类　　　　D.酯类　　　　　E.芳胺类

2.影响因素试验包括

A.在 40℃、相对湿度 75％条件下试验　　　B.长期试验

C.高温试验　　　　　　　　　　　　　　　D.高湿度试验

E.强光照射试验

3.凡是在水溶液中证明不稳定的药物，一般可制成

A.难溶性盐　　B.固体制剂　　C.微囊　　　　D.包合物　　　E.乳剂

六、简答题

1.分别举例说明药物制剂的化学降解途径。
2.简述影响制剂稳定性的因素及稳定化措施。

第三章　药物制剂的配伍变化

第一节　概　　述

药物配伍是指在药品生产或临床用药过程中，将两种或两种以上药物混合在同一剂型中或联合使用。

一、药物配伍的目的

药物配伍使用主要有如下目的。

（1）利用药物间的协同作用，以增强药物的疗效。如复方降压片等。

（2）减少或延缓耐药性发生，以提高药物的疗效。如磺胺嘧啶（SD）与甲氧苄氨嘧啶（TMP）联合使用等。

（3）利用拮抗作用，以克服某些药物的副作用。如吗啡与阿托品配伍，可以消除吗啡对呼吸中枢的抑制作用。

（4）预防或治疗合并症或多种疾病。如他汀类药物与降血糖药合用，可预防糖尿病患者的动脉粥样硬化。

二、药物配伍变化和配伍禁忌

药物的配伍变化是指药物配伍过程中出现的物理、化学和药理学方面的变化。药物配伍过程中发生的物理变化或化学变化称为药剂学的配伍变化；药物配伍后，发生的协同作用、拮抗作用或增加毒副作用称为药理学的配伍变化。

若药物配伍能改善药物性质，增加疗效，则称为合理性配伍，如甲氧苄啶使磺胺药增效；反之，若药物配伍发生不利于生产、使用和治疗的变化，则称为配伍禁忌，如西咪替丁能加快奥硝唑消除速度，从而使奥硝唑的疗效降低。

课堂互动

试分析用阿托品解有机磷轻度中毒、异烟肼与麻黄碱合用副作用增强属于哪种类型的配伍变化？

第二节　药物制剂配伍变化类型

一、物理配伍变化

物理配伍变化是指药物在配伍过程中发生了物理性质上的改变，如产生沉淀、潮解、液化、结块和粒径变化等。若药物的物理配伍变化导致药物制剂不符合质量上和医疗上的要求则属于禁忌，如活性炭与剂量较小的生物碱类药物配伍时，能使生物碱被吸附而在机体中不完全释放。物理配伍变化一般属于外观上的变化，如果条件改变有些制剂还可能恢复到原来形式。

1. 溶解度改变

某些含有不同性质溶剂的制剂配伍使用时，常因药物在混合后的分散体系中的溶解度变小而析出沉淀。如含树脂的醇性制剂与水性制剂混合后，混合溶液中会析出树脂。

2. 吸湿、潮解、液化和结块

造成药物制剂在制备、应用或贮存中可发生吸湿、潮解、液化和结块的原因主要为如下所述。

（1）药物间发生反应生成的水：如制备泡腾片时常用碳酸氢钠与有机酸（如酒石酸），在稍高湿度下两者混合时会较快发生中和反应放出水，使混合物润湿。

（2）结晶性药物放出的水：如含结晶水多的盐与其他药物发生反应形成含结晶水少的盐时，则放出结晶水。

（3）吸湿：固体药物的吸湿程度与空气相对湿度有关，若生产岗位的相对湿度在药物的临界相对湿度以上，则固体药物会出现润湿甚至液化现象。

（4）形成低共熔混合物：如薄荷脑、樟脑、冰片混合时产生的液化。低共熔混合物能否液化或润湿，与药物熔点和混合物比例有关。药物粒径越细，产生润湿或液化的速度越快，研磨也能加快润湿。低共熔混合物能对药物的溶解速率和吸收产生影响，如氯霉素与尿素的低共熔混合物可加速氯霉素溶解和吸收。

3. 分散状态或粒径改变

如混悬剂中分散相的粒径可因久贮而变粗，或因聚结而分层或析出。药物制剂中的分散相的分散状态或粒径改变可导致临床使用不便，甚至影响疗效。

案例 3-1

为什么有些固体药物混合后会出现润湿、液化现象？

实验室的小王发现将醋酸铅与明矾混合后变湿；65％阿司匹林与37％乙酰苯胺研磨混合后液化，让其困惑的是改变阿司匹林或乙酰苯胺的用量时却不会出现液化现象。

请思考并讨论：

1. 上述两组物质混合后出现润湿、液化的原因是什么？

2. 为什么只有某一定比例的阿司匹林与乙酰苯胺混合才会出现液化现象？

二、化学配伍变化

化学配伍变化是指在配伍过程中，药物之间发生了化学反应而引起药物成分的变化，如产生沉淀、变色、产气、产生有毒物质等现象。化学配伍变化可影响药物制剂的外观、质量和药效。

1. 浑浊或沉淀

液体类药物若配伍不当，可能出现浑浊或沉淀。引起药物制剂出现浑浊或沉淀的原因有

pH值改变、水解反应、复分解反应等。如磺胺嘧啶钠注射液与葡萄糖注射液混合后，因pH值下降可析出磺胺嘧啶钠结晶；苯巴比妥钠的水溶液因发生水解析出沉淀；硝酸银遇含氯化物的水溶液即发生复分解反应产生沉淀等。

2. 产气

如碳酸钠、碳酸氢钠与酸类药物配伍发生中和反应放出二氧化碳气体，溴化铵等铵类药物与利尿药配伍可产生氨气，乌洛托品与酸配伍能分解放出甲醛等。

3. 变色

药物间发生氧化、还原、聚合、分解等反应时，可能会生成有色化合物或颜色上发生变化。如含酚基化合物与铁盐混合后，颜色加深；维生素C注射液与碱性氨茶碱注射液配伍，可使维生素C的分解变色速度加快；氨茶碱与乳糖混合后变成黄色等。

4. 爆炸

大多数由强氧化剂与强还原剂配伍时引起。如氯化钾与硫、强氧化剂与葡萄糖、高锰酸钾与甘油等。

5. 产毒

如含朱砂的药物制剂与溴化物或含溴化物类药物配伍，产生有毒的溴化汞。

课堂互动

将10%硫酸链霉素注射液与10%葡萄糖注射液配伍使用时，发生了颜色改变并析出了结晶，试分析此配伍过程发生了哪些配伍变化。

三、药理学配伍变化

药理学配伍变化是指药物配伍使用后，在机体内一种药物对另一种药物的体内过程或受体作用产生影响，而使其药理作用的性质和强度、副作用、毒性等有所改变。

1. 协同作用

协同作用是指药物配伍使用后，药理作用增加的现象。协同作用可分为相加作用和增强作用。如甲状腺激素和肾上腺素配伍，能共同促进体温升高，从而调节体温平衡；丙磺舒能使青霉素消除减慢，从而增加青霉素疗效等。

2. 拮抗作用

拮抗作用是指药物配伍使用后，药物作用减弱或消失的现象。如胰岛素和胰高血糖素合并使用，两者作用均降低；巴比妥类药物可对抗麻黄素的中枢神经兴奋作用等。

3. 增加毒副作用

增加毒副作用是指药物配伍使用后，增加了毒性或副作用。如保泰松与华法林合并使用后，可引起出血；阿司匹林与甲氨喋呤配伍使用，可显著增加甲氨喋呤对骨髓的抑制作用等。

引起药理学配伍变化的因素有很多，主要有：（1）体内药物间的物理化学反应，如依地酸钙钠与铅、砷、汞、锑等金属离子形成络合物而起解毒作用，降血脂药物考来烯胺与甲状腺素、保泰松、洋地黄毒苷、华法林等产生吸附作用；（2）药物动力学方面的相互作用，即药物吸收、分布、代谢、排泄等体内过程间的相互影响，如巴比妥类药物能诱发肝药酶对抗凝剂（如双香豆素类）的代谢，苯巴比妥能加速肠蠕动而使灰黄霉素吸收减少；（3）影响药物在受体上的作用，如甲状腺素能提高华法林对受体的亲和力而增加华法林作用，阿托品能阻断乙酰胆碱受体而用于有机磷杀虫药的解毒。

第三节 注射剂的配伍变化

一、注射剂的配伍和配伍禁忌

为满足临床治疗和急症抢救的需要，医务工作者常将多种注射剂配伍使用。多种注射剂配伍使用时，不但要保证各种药物作用的有效性，还要防止发生配伍禁忌。输液是一种特殊的注射剂，常用种类有5%葡萄糖注射液、0.9%氯化钠注射液、复方氯化钠注射液、葡萄糖氯化钠注射液、右旋糖酐注射液、含乳酸钠的制剂等。这些常用输液一般性质都比较稳定，临床上常与其他注射液配伍使用，但有些输液与某些注射液配伍时会发生配伍变化，引起外观变化、效价下降等现象。输液与其他注射剂间出现配伍禁忌的主要原因如下所述。

1. 血液

由于血液成分很复杂，与某些注射液混合后可能出现溶血、血细胞凝聚等现象。另外，由于血液本身不透明，药物配伍时出现的沉淀和浑浊等现象不易观察。

2. 甘露醇

甘露醇注射液常有含20%甘露醇和含25%甘露醇两种规格，此两种规格注射液均为过饱和溶液，一般不易析出结晶。但若加入某些药物如氯化钾、氯化钠等溶液，能使甘露醇析出结晶。

3. 静脉注射用脂肪乳

静脉注射用脂肪乳为水包油型乳剂，而乳剂的稳定性受许多因素影响，加入其他药物配伍使用时可能破坏乳剂的稳定性，而引起乳滴变大、乳剂破裂等现象，故此类制品与其他注射液配伍时应慎重。

案例 3-2

为什么注射剂配伍使用后会出现外观的改变？

调剂科的小刘发现将硫酸庆大霉素注射液、氨茶碱注射液、5%葡萄糖注射液三种混合后，混合液出现浑浊，但硫酸庆大霉素注射液与5%葡萄糖注射液混合或氨茶碱注射液与5%葡萄糖注射液混合后外观没有变化。

请思考并讨论：

1. 上述三种物质混合后出现浑浊的原因是什么？

2. 该如何处理上述情况？

二、注射剂配伍变化的主要原因

1. 溶剂组成的改变

某些非水溶剂的注射剂与用水作溶剂的输液配伍，可由于溶剂组成的改变而引起药物析出。如地西泮注射液加入5%葡萄糖注射液或0.9%氯化钠注射液时，易析出沉淀。

2. pH 值的改变

当 pH 值相差较大的两种注射剂配伍使用时，可由于 pH 值变化大引起沉淀析出或加速药物分解。如5%硫喷妥钠加入5%葡萄糖中会产生沉淀，氨茶碱可使去甲肾上腺素变色。

此外，输液本身的 pH 值也是引起混合后 pH 值变化的重要因素。各种输液所规定的

pH 值范围不同且 pH 值范围差异较大，如葡萄糖注射液的 pH 值为 3.2～5.5、葡萄糖氯化钠注射液的 pH 3.5～6.0。如青霉素与葡萄糖注射液混合后的 pH 值为 4.5 时，则青霉素效价 4h 内损失 10%；若混合后的 pH 值为 3.6 时，则青霉素效价 1h 即可损失 10%，4h 则损失 40%。因此，注射剂配伍使用时，不但要注意制剂的 pH 值，还应注意其范围。

3. 缓冲容量

缓冲溶液 pH 变化能力的大小称为缓冲容量。有些药物在含有缓冲剂的注射剂中或在具有缓冲能力的弱酸性溶液中析出。如 5% 硫喷妥钠与生理盐水配伍使用不发生变化，但与含乳酸盐的葡萄糖液配伍使用则析出沉淀。

4. 离子作用

有些离子能加速药物的水解反应。如乳酸根离子能加速氨苄青霉素、青霉素的水解。

5. 直接反应

有些药物可直接与输液中的某种成分发生反应。如四环素与含钙盐的输液配伍，在中性或碱性下会形成不溶性复合物，但此复合物在酸性下有一定的溶解度，故一般情况下四环素与复方氯化钠配伍时不出现沉淀，但会减少吸收。

6. 盐析作用

胶体溶液型药物加入含电解质的输液中，会因盐析作用而产生沉淀。如右旋糖酐注射液与生理盐水配伍会析出右旋糖酐沉淀。

7. 配合量

配合量的多少会影响到药物浓度，而某些药物在一定浓度下才出现沉淀或降解速度加快。如阿拉明注射液与氢化可的松琥珀酸钠注射液，在 0.9% 氯化钠注射液或 5% 葡萄糖注射液中各为 100mg/L 时，观察不到变化；但浓度为 200mg/L 阿拉明与 300mg/L 氢化可的松琥珀酸钠混合时则出现沉淀。

8. 反应时间

许多药物在溶液中的反应有时很慢，个别注射液混合后几小时才出现沉淀，故应在规定时间内使用完。如磺胺嘧啶钠注射液与葡萄糖注射液混合后 2h 左右才出现沉淀。

9. 混合顺序

有些药物配伍时产生沉淀的现象可通过改变混合顺序来克服。如氨茶碱与烟酸混合时，先将氨茶碱用输液稀释，再慢慢加入烟酸可得到澄明溶液，若先将两种药物混合再稀释则会析出沉淀。

10. 氧与二氧化碳

有些药物的注射液应在安瓿内充入惰性气体，以防止被氧化，常用的惰性气体有 CO_2，N_2 等。有些药物如苯妥英钠、硫喷妥钠等注射液受 CO_2 影响，可因吸收 CO_2 而有析出沉淀，故此类药物不能用 CO_2 作为惰性气体。

11. 光线

对光敏感的药物如硝普钠、两性霉素 B、维生素 B_2、雌性激素类等，应避免强光照射。

12. 成分纯度

某些制剂在配伍时发生的异常现象，不是由于成分本身引起而是由原辅料中含有的杂质引起。如氯化钠原料中含有微量钙盐，与 2.5% 枸橼酸钠注射液配伍可产生枸橼酸钙的悬浮微粒而出现浑浊。

注射剂配伍变化的影响因素很多且复杂，配伍使用时不仅要考虑到药物本身的性质，还要考虑注射剂中加入的各种附加剂如助溶剂、抗氧剂、稳定剂、缓冲剂等。注射剂的这些附加剂之间或它们与配伍药物之间可能出现的配伍变化，应特别引起注意。

第四节　配伍变化的预防与处理

一、配伍变化的预防

　　判断药物配伍变化是否发生，首先应将药物的理化性质、药理性质，药物制剂处方、工艺，用药对象、剂量、浓度、医师用药意图，以及引起配伍变化的各种因素、规律等作为分析判断的基础，然后通过实验研究加以验证。

1. 可见性配伍变化的实验方法

此法主要是用肉眼观察有无浑浊、沉淀、结晶、变色、产气等现象。

2. 测定变化点的 pH 值

许多注射剂的配伍变化是由于 pH 值改变引起的，故预测配伍变化可用注射剂变化点的 pH 值作为参考。

3. 稳定性试验

若在规定的时间如 6h 内，药物效价或含量的降低不超过 10%，则一般认为是可允许的。进行稳定性试验研究所用的方法应不受混合液中其他成分的干扰，并具有较高灵敏度。

4. 紫外光谱、薄层层析、气相色谱、高效液相色谱等的应用

利用这些方法可以鉴定配伍变化产生的沉淀物是何种成分，是否有新物质生成等。

5. 药动学、药理学及药效学实验

可分析药物配伍后是否产生药理学和药效上的变化，是否存在药理学或药效学的相互作用或配伍变化等。

二、配伍变化的处理

1. 配伍变化的处理原则

　　在审查处方发现疑问时，首先应与相关医师联系，了解用药目的，明确用药对象及给药途径作为配发的基本条件，对患有合并症的病人审方时应注意禁忌症；再结合药物的理化性质和药理学性质，分析可能产生的不利因素和作用，对处方成分、剂量、发出量、用法等应加以全面审查，确定解决方法，使药物能较好地发挥疗效并提高病人的依从性，保证用药安全。

2. 处理方法

　　疗效的配伍禁忌须在了解医师用药意图后，共同加以矫正和解决。对于物理或化学配伍禁忌的处理，一般在上述处理原则下按下列方法进行。

（1）改变贮存条件：有些药物在病人使用过程中，由于温度、湿度、空气、CO_2、光线等贮存条件加速沉淀、变色或分解，故这些药物应在密闭及避光条件下贮存，且发出的剂量不宜过多。

（2）改变调配次序：改变调配次序可克服一些不应产生的配伍禁忌。

（3）改变溶剂：当药物溶液因达到饱和而析出沉淀或分层时，可通过改变溶剂用量或使用混合溶剂，来防止或延缓药物溶液析出沉淀或分层。

（4）调整溶液 pH 值：pH 值的变化能使很多微溶性药物的溶解性和稳定性发生改变，故此类药物，尤其是注射用药物，精确控制 pH 值是十分重要的。

（5）改变药物或改变剂型：在征得医师的同意下可改换药物，但要求替换的药物疗效应力求与原药物类似，用法也尽量与原方一致。

案例 3-3

陈女士因咳嗽、咳痰 10 天，伴头痛、咽痛、发热，在内科门诊治疗时，给予 0.9% 氯化钠注射液 500mL、注射用头孢曲松钠 2g、地塞米松磷酸钠注射液 5mg、氨茶碱注射液 0.125g、0.2% 左氧氟沙星氯化钠注射液 200mL，静滴后患者出现乏力，四肢抽搐呈强直后阵挛，伴胸闷、呼吸困难、呕吐、唇周发绀等症状。患者立即到抢救中心治疗，给予吸氧并静滴 0.9% 氯化钠注射液 500mL、维生素 C 注射液 3g；静推地西泮注射液 10mg；肌注盐酸苯海拉明注射液 20mg。急救后，患者胸闷缓解，但四肢仍强直，遂转入内科住院部接受进一步治疗。经治疗后，患者痊愈。

案例 3-4

某儿童，因腹泻就诊，医生诊断为胃肠炎，给予乳酸左氧氟沙星注射液 100mL，静滴约 2min，患儿即出现喷嚏、声音嘶哑、呼吸困难等症状。立即停用该药，采用肌注氟美松 5mg，给予吸氧，肌注扑尔敏 4mg，雾化吸入肾上腺素等急救措施，并转入急症科继续观察治疗，30min 症状逐渐缓解。

请思考并讨论：

1. 试分析两个案例患者出现不良反应的原因是什么？
2. 医务工作者如何防止以后再出现类似的事件？

本章小结

1. 药物配伍是指在药品生产或临床用药过程中，将两种或两种以上药物混合在同一剂型中或联合使用。

2. 药物配伍使用的目的主要有增强药物的疗效、减少或延缓耐药性发生、克服某些药物的副作用、预防或治疗合并症或多种疾病。

3. 药物的配伍变化是指药物配伍过程中出现的物理、化学和药理学方面的变化，包括物理配伍变化、化学配伍变化和药理学配伍变化。

4. 物理配伍变化有溶解度改变、吸湿、潮解、液化、结块等；化学配伍变化有浑浊或沉淀、变色、产气等；药理学配伍变化有协同作用、拮抗作用和增加毒副作用。

5.注射剂配伍变化的主要原因有溶剂组成的改变、pH 值的改变、缓冲容量、离子作用、直接反应、盐析作用等。

6.药物配伍变化处理的方法有改变贮存条件、改变调配次序、改变溶剂、调整溶液 pH 值等。

学习目标检测

一、名词解释

1.药物的配伍禁忌

2.药理学配伍变化

二、填空题

1.药物制剂的配伍变化类型有_____、_____、_____。

2.药理学配伍变化是指药物合并使用后，发生_____、_____和_____。

三、A 型题（单项选择题）

1.属于化学配伍变化的现象是

A.变色　　　　　　B.吸湿　　　　　C.结块　　　　D.潮解　　　　E.溶解度改变

2.下列属于物理配伍变化的现象是

A.变色　　　　　　　　　　B.出现燃烧　　　　　　　C.发生爆炸

D、产气　　　　　　　　　　E.分散状态或粒径变化

3.当某些含非水溶剂的制剂与输液配伍时，引起药物析出的主要原因是

A.盐析作用　　　　　　　　B.离子作用　　　　　　　C.pH 的改变

D.溶剂组成改变　　　　　　E.缓冲容量

4.两性霉素 B 注射剂为胶体分散体系，将其加入到含大量电解质的输液中出现沉淀的原因是

A.盐析作用　　　　　　　　B.离子作用　　　　　　　C.pH 值的改变

D.溶剂组成改变　　　　　　E.缓冲容量

5.硫酸锌在弱碱性溶液中，析出沉淀的配伍变化属于

A.物理配伍变化　　　　　　B.化学配伍变化　　　　　C.药理配伍变化

D.生物配伍变化　　　　　　E.疗效配伍变化

四、B 型题（配伍选择题）

【1～5】A.物理配伍变化　　　B.化学配伍变化　　　　C.药理学配伍变化

　　　　　　D.生物配伍变化　　　E.药物学配伍变化

1.产气现象属于

2.协同作用属于

3.溶解度改变属于

4.产生有毒物质属于

5.薄荷脑、冰片、樟脑共研液化属于

五、X 型题（多项选择题）

1.下列属于化学配伍变化的有

A.变色　　　　B.产气　　　　C.潮解　　　D.分散状态或粒径变化

E.某些溶剂性质不同的制剂相互配合使用时，析出沉淀

2.下列属物理配伍变化的有

A.变色　　　　　B.潮解　　　　　C.结块　　　　　D.发生爆炸　　　　E.粒径变化

3.减少或避免药物制剂发生配伍变化的方法有

A.调整溶剂　　　　　　　　　　　B.改变调配次序

C.调整溶液的 pH 值　　　　　　　D.改变剂型或改换药物

E.控制贮存条件

六、简答题

1.药物制剂配伍使用有何目的？

2.药物配伍变化处理的原则是什么？

第四章

药物制剂的生产管理

第一节　药品生产质量管理规范

　　依据《药品管理法》的规定，药物制剂的生产要在药品监督管理部门的监督管理下进行，并符合《药品生产质量管理规范》（GMP）的各项规定。

　　GMP 是 Good Manufacturing Practice 的缩写，其适用于药物制剂生产的全过程以及原料药生产中影响成品质量的关键工序，是药品进入国际医药市场的"准入证"。GMP 要求在药品生产全过程中，用科学、系统和规范化的条件和方法进行控制和管理，以保证生产出优质的药品。

一、中国 GMP 发展简介

　　我国于 1982 年由中国医药工业公司参照一些先进国家的 GMP 制定了《药品生产管理规范》（试行稿），并开始在部分药品生产企业中试行。1992 年，卫生部将《药品生产管理规范》和《GMP 实施细则》合并，定名为《药品生产质量管理规范》。1998 年，对 1992 年版的 GMP 进行修订，并于 1999 年 8 月 1 日起正式施行。2010 年，对 1998 年版的 GMP 进行修订，并于 2011 年 3 月 1 日起正式施行。

　　2000 年起，我国开始实施药品 GMP 认证工作。从 2004 年 7 月 1 日起，获得 GMP 认证的药品生产企业，才能依法从事药品生产。但自 2019 年 12 月 1 日起，取消药品 GMP 认证，不再发放 GMP 证书。不过取消 GMP 认证并不是全面放开监督管理权力，而是将认证内容变成最基本、最低要求配置，企业每天都要按照执行，从而最大限度监督企业日常工作规范化。

二、GMP 的中心指导思想

　　GMP 的中心思想是：任何药品的质量都不是单纯检验出来的，而是设计和生产出来的。传统的药品质量控制方法是以"成品检验"为重心，而 GMP 强调的是过程控制，确保在药品生产过程中符合规范化要求，从而保证药品质量。

三、GMP 的基本内容

GMP 的基本内容包括机构设置和人员要求、厂房与设施、设备、物料与产品、卫生、确认与验证、文件、生产管理、质量管理与质量保证、产品发放与召回等。我国现行版的 GMP 由正文和附录两部分组成，正文分 14 章 316 条，附录 5 个 265 条。

知识延伸

GSP、GLP、GCP

GSP 是 Good Supply Practice 的缩写，即《药品经营质量管理规范》，亦称良好供应管理规范。GSP 是控制药品流通环节中所有可能引起质量事故的因素从而防止质量事故发生的一整套管理制度，也是国家为控制药品流通过程中的质量而进行监督、检查、管理的一种手段。GSP 的实施保证了药品在流通领域的质量。

GLP 是 Good Laboratory Practice 的缩写，即《药品非临床研究质量管理规范》，亦称优良实验室管理规范。GLP 是对从事实验研究的规划设计、执行实施、管理监督和记录报告的实验室的组织管理、工作方法和有关条件提出的法规性文件。GLP 的实施确保了实验资料的真实性、完整性和可靠性。

GCP 是 Good Cinical Practice 的缩写，即药物临床试验管理规范。GCP 是临床试验全过程的标准规定，包括方案设计、组织、实施、监察、稽查、记录、分析总结和报告。GCP 的实施保证了受试者安全以及药品临床试验数据真实可靠。

第二节 药物制剂的生产管理

药物制剂的生产管理是为了确保与药物制剂生产有关的各项技术标准及管理标准在生产过程中能具体实施，是药物制剂生产质量保证体系中的关键环节。药物制剂的生产管理包括生产文件管理、物料管理、批和批号管理、生产过程管理等。

一、生产文件管理

1. 生产工艺规程

生产工艺规程是为生产一定数量成品所需起始原料和包装材料的数量，以及工艺、加工说明、注意事项，包括生产过程控制的一个或一套文件。

每个正式生产的制剂必须制定生产工艺规程，并严格按照生产工艺规程进行生产，以保证每批产品质量尽可能与原设计相符。生产工艺规程一般由车间技术负责人组织编写，企业生产技术部门组织有关部门会审，企业总工程师或生产负责人批准。

药物制剂生产工艺规程的内容一般包括品名，剂型，规格，处方，批准生产日期，批准文号，生产工艺流程，生产工艺的操作要求，物料、中间产品、成品的质量标准和技术参数及贮存的注意条件，物料平衡计算公式，产品的理论收得率、实际收得率以及计算方法，成品的容器、包装材料质量标准与检验方法等。

2. 标准操作规程

标准操作规程（SOP）是指经批准用以指示操作的通用性文件或管理办法。标准操作规程是企业用于指导员工进行管理与操作的标准，是通用性的指示，如岗位操作标准、设备标准操作规程、清洁操作规程、厂房环境控制等。

标准操作规程的内容包括题目、编号（码）、制定人及制定日期、审核人及审核日期、批准人及批准日期、颁发部门、生效日期、分发部门以及份数、标题、正文等。

3. 批生产记录

批生产记录是一个批次的待包装品或成品的所有记录，能提供该批产品的生产历史及与质量有关的情况。批生产记录内容包括产品名称、规格、批号，生产以及中间工序开始、结束的日期和时间，操作者与复核者签名，相关操作与设备、工艺参数、控制范围，相关生产阶段的产品数量、物料平衡计算，及特殊问题的记录等。

批生产记录是药品生产过程的真实写照，故应及时填写，字迹清晰、内容真实、数据完整，并由操作人和复核人签名；不得撕毁和任意涂改；更改时，应在更改处签名，并使原数据仍可辨认。

4. 批生产指令

批生产指令是一批药品生产的启动性、规划性、证据性文件，往往根据市场需求下达。批生产指令单由生产部负责编制，一般一式四份，一份交质量管理部门，两份交物料管理部门和仓库，一份生产部归档。

批生产指令单包含的内容一般有：产品名称、规格、批号，生产日期，生产数量，生产地点，生产设备编号，各执行和参考的标准操作规程编号，生产过程中的控制及工艺操作要求等。

批包装指令一般与批生产指令分开下达。批包装指令单由生产管理部门根据中间产品检验合格报告单及生产计划编制，一式两份，经生产部门负责人审查，QA审批，于包装前一天下达生产车间与仓库。同品种不同包装规格，必须分别下包装指令。批包装指令的领料量应有理论用量、实际领料量，车间领料时应根据物料的检验报告单折算实际领料量，再开具领料单领料。

二、物料管理

物料管理是指企业对生产所需物料的采购、使用、储备等行为进行计划、组织和控制。

1. 物料采购

物料采购是药品生产过程的第一步，也是药品质量保证体系中的第一环节。物料采购一般由供应商选择、生产计划制定、采购计划制定与实施等环节组成。

2. 物料接收

物料到货后，物料接收员应对所有到货物料进行验收。验收时主要检查包装的外观，如包装是否完整，有无标签，有无昆虫、老鼠等入侵的痕迹。必要时，还应进行清洁，发现外包装损坏或其他可能影响物料质量的问题，应向质量管理部门报告并进行调查和记录。根据订货单核对标签及其内容，如供应商提供的物料名称、代码、规格等，并清点数量；确认供应商已经质量管理部门批准。一切正常后方可办理入库手续。

入库手续一般包括填写收货单、化验申请单和库卡。这些单据上必须有制药企业内部物料代码、名称、批号（供应商批号和本企业内部管理用的批号）、包装数量及重量等内容，便于识别该批物料的基本信息。

入库手续办好后即可将物料入库。在库卡上填写存放该批物料的库位号，同时将化验申请单交质量保证部，取样员根据化验申请单发放并贴好待检标签，同时根据包装数量按规定取样检验。检验完成后，根据检验结果签发合格或不合格证书并张贴到每个包装箱上。此时物料的状态由待检转变为合格或不合格。

3. 物料贮存

物料的贮存应建立库卡，库卡上应用适当的标识。制定物料标识是为了防止物料使用过程中出现混淆和差错，并为文件的可追溯性奠定基础。物料标识的三个必要组成部分是物料的名称、代码及批号。所有物料均应有专一性的代码；同一物料名称但质量标准不同，也使用不同的代码。同代码一样，对每一次接受的物料和拟生产的每一批产品都必须给定专一性批号。

物料的贮存应分品种、规格、批号存放。各货位之间应有一定距离，设置明显标示，标明品名、规格、批号、数量、进货日期、收货人、物料状态（如待检验、合格、不合格）等。

物料应按规定的使用期限和条件进行贮存，并有防潮、防霉、防鼠及防止其他昆虫进入的措施。贮存期内如有特殊情况应及时复检。

4. 物料发放

物料的发放应根据生产车间的领料单和包装指令单，按照药品出库"先进先出"、"近效期先出"的原则，由仓库保管员和领料人员共同检查物料的名称、批号、规格、数量等相关内容，并签名。并且必须执行出库验发制度。

仓库所发物料包装应完好，并附有合格证或检验报告单。发料后，库卡和台账上应详细填写物料去向、结存情况等。

5. 不合格品处理

收料时，如发现包装破损、受潮、霉变或其他明显不符合标准的物料，仓管员应在收货单上详细记录检查情况，同时填写"物料破损报告"。接到报告后，质量部有关人员及采购人员对以上物料进行检查，确认不能用于生产的，质量部有关人员可在不经留检和检验的情况下做出"不合格"决定，并发放不合格标签，标签上应注明品名、代号、每件包装的装量和包装数、接收日期。仓库管理人员负责将不合格物料直接放入"不合格品"库或特定区域以待处理。

留检物料或（半）成品经质量部检验不合格时，由质量部门发出2份化检证书，分发物料部和仓库。质量部有关人员负责发放红色不合格品标签并贴签，仓库管理人员负责将不合格物料或（半）成品从留检区验转至"不合格品"库并填好相应库卡。

三、批和批号管理

1. 批

批是指在规定限度内具有同一性质和质量，并在同一生产周期中生产出来的一定数量的产品。可见"批"反映的最根本问题是在允许限度内的质量均匀性。

据药品生产质量管理规范的规定，各类药品的"批"划分原则如下。

（1）大、小容量注射剂是以同一配液罐一次所配制的药液所生产的均质产品为一批。

（2）粉针剂是以同一批原料药在同一批连续生产周期内生产的均质产品为一批。

（3）冻干粉针剂以同一批药液使用同一台冻干设备在同一生产周期内生产的均质产品为一批。

（4）口服或外用的固体、半固体制剂是以在成型或分装前使用同一台混合设备一次混合量所生产的均质产品为一批。

（5）口服或外用液体制剂是以灌装（封）前经最后混合的药液所生产的均质产品为一批。

2. 批号

批号是用于识别不同批次的数字和（或）字母的组合，具有唯一性，可用于追溯和审查该批药品的生产历史。应注意批号不可代替药物制剂的生产日期。

关于批号的编制，国内多数企业采用如下编制方法。

（1）正常批号：年＋月＋流水号；采用一组数字或字母与一组数字联合使用。如160321，即 2016 年 3 月生产的第 21 批；BX1636，B 代表车间，X 代表剂型，B 车间 X 剂型2016 年第 36 批。

（2）返工批号：返工批号可在原产品批号后加代号，如"R"。

（3）混合批号：可在批记录中的正常产品批号后加代号，如"M"。

四、生产过程管理

1. 生产前准备的管理

生产前准备的管理除检查操作人员是否按进入洁净区的要求进行洗手、更衣外，还包括生产场地的检查、生产前物料的检查、计量用具的检查、设备和器具的检查。

（1）生产前场地的检查：①检查是否有"清场合格证"副本，并核对是否填写完整，是否在有效期内；②检查生产车间的温度、湿度、压差是否符合生产要求；③检查是否有与本次生产无关的物料、用具、文件等。

（2）生产前物料的检查：①生产管理部门根据企业的生产销售情况安排生产计划，并编制生产指令发到生产、物料及质量管理等相关部门，同时将相应的批生产记录发放至生产车间；②生产车间根据批生产指令、生产工艺规程、标准操作规程制定生产指令，由车间工艺技术员向各工序下达生产计划，各工序根据生产计划向仓库领取物料；③领料时，必须根据生产领料单仔细核对物料的名称、代码、规格、批号、生产厂家、数量、检验合格报告单等，并填写领料记录。

（3）计量用具的检查：①检查计量用具是否清洁，是否符合生产要求；②检查是否有计量合格证，是否在校准周期内。

（4）设备和器具的检查：①检查设备是否有已清洁、完好标志，是否在清洁有效期内；②检查设备的各部件是否正常；③检查器具是否清洁，是否完好。

2. 生产过程的管理

药物制剂的生产过程应严格按生产工艺规程、标准操作规程进行。在生产过程中要做好以下几个方面。

（1）工序关键控制点的监控及复核：①计算、称量和投料要双人操作；②需严格按生产工艺规程所定的各项工艺参数、标准操作规程规定的操作方法和生产指令进行操作；③严格按生产工艺规程中各工序的质量控制要点进行自检、互检，保证质管员的有效监控；④各关键工序均需进行物料平衡计算，符合规定的范围方可递交下道工序继续操作；⑤各岗位的操作及中间产品的流转都必须在质管员的严格监控下，各种监控凭证均需纳入批生产记录；⑥各关键工序如起草生产指令、投料、灌装、灭菌、灯检、外包装等均要严格复核，防止差错或混淆。

（2）生产过程中的状态标志管理：生产过程中状态标识的使用可以防止生产过程发生混淆、差错、污染等质量事故；也能保证对设备、仪器进行正确操作，防止发生安全事故。故此药物制剂生产过程中应严格遵守生产状态标识使用的各项规定，从而保证药品质量和安全生产；生产企业应有文件规定各状态标志的颜色、状态词、含义等，并全企业统一。

生产状态标识有：①物料标识有待检、合格、不合格；②设备标识有完好、运行、维修、停用、闲置；③管线标识应有管内物料名称、流向，并标识在显著位置；④计量标识有合格、限用、禁用；⑤清洁标识有已清洁、待清洁；⑥生产操作间标识有生产状态卡、清场合格证，生产状态卡上应有所生产产品的名称、批号、规格、数量、操作人、生产日期等信息，清场合格证应有岗位或操作间名称、清场人、清场日期、清场有效期、发证人等信息。

（3）中间站的管理：①中间站存放的物品有中间产品、待重新加工产品、清洁的周转容器等；②应按中间站清洁规程进行清洁，并随时保持洁净，不得有散落的物料；③中间站物品的外包装必须清洁，无浮尘；④中间产品在中间站要有明显的物料状态标记，并注明品名、规格、批号、数量等；⑤中间产品应按品种、批号摆放整齐，不同品种、不同规格、不同批号之间要有一定距离；⑥中间站的管理应参照物料管理，有专人负责；⑦出入中间站必须有传递单，并且填写中间产品进出站台账；⑧中间站必须进行上锁管理，上锁后管理人员方可离开。

（4）生产过程中，应随时注意设备运行情况。若设备出现自己不能排除的故障时，应立即通知维修人员进行维修。

（5）生产过程中若出现停电、通风系统故障、层流操作台故障等异常情况时，应采取正确应急措施，使生产过程中处于受控状态。一般不要打开层流罩门；不要打开通往洁净级别低的门或传递窗；除立即向上级汇报外，应尽可能减少人员走动等。

（6）及时准确地填写生产过程中的各项操作记录。

3. 生产结束的管理

生产结束时的主要管理内容有如下几方面：

（1）生产产品的管理。将产品装入周转桶，贴上标签，标签上应注明品名、规格、批号、重量等，并将产品送入中间站。

（2）设备、场地的清洁、清场。操作人员按设备、场地的清洁标准操作规程进行；清场内容包括物料清理、文件清理、用具清理等。

（3）及时填写清场记录。清场记录内容有操作间编号、产品名称、批号、生产工序、清场日期、检查项目及结果、清场负责人及复核人签名等。

（4）清场结束，由 QA 检查并发放清场合格证。"清场合格证"内容有生产工序名称（或房间）、产品名称、规格、批号、日期和班次、清场人员和检查人员签名等。"清场合格证"副本作为下一品种（或同品种不同规格、不同批号）的开工凭证并纳入批生产记录中。未取得"清场合格证"副本不得进行另一品种或同一品种不同规格、不同批号产品的生产。

（5）批生产记录、批包装记录的审核。批生产记录的审核时应看填写是否完整、规范；是否做到字迹清晰、内容真实、数据完整；是否有操作人及复核人签名；更改处是否签名；原数据是否仍可辨认等。

批生产记录审核的内容有产品名称、规格、批号，生产日期，质量（检验报告书），操作人及复核人签名，有关操作设备，相关生产阶段的产品数量，物料平衡的计算，生产过程中的控制记录及特殊问题的记录等。

每批产品均有批包装记录。批包装记录审核的内容有待包装产品的名称、批号、规格；印有批号的标签和使用说明书及产品合格证；待包装产品和包装材料的领取数量，发放人、领用人、核对人签名；已包装产品的数量；前次包装操作的清场合格证（副本）及本次清场记录及清场合格证（正本）；本次包装操作完成后的检验核对结果，核对人签名，生产操作负责人签名等。

（6）产品放行前的审核。药品质量管理部门对物料和中间产品的使用、成品放行有决定权。产品放行前应对有关记录进行审核，审核内容有配料与称重过程的符合情况、各生产工序的检查记录、清场记录、中间产品质量检验结果、偏差处理、成品检验结果等。以上内容符合要求并有质量授权人签字后产品才可放行。

案例 4-1

　　某药品生产企业生产小容量注射剂，在药液中间产品检验时发现含量偏低，调查结果发现是工人投料时，把"注射用水加至×××mL"看成了"注射用水加×××mL"。

案例 4-2

　　某企业的 2 名化验人员某日下午进行无菌检查后，次日眼睛患急性结膜炎及手臂皮肤受损脱皮。调查结果发现是他们在进行无菌检查时，忘记关紫外线灯。

　　根据上面两个案例，思考并讨论：
　　1.你如何看待这两个事故？
　　2.如何避免出现类似的事故？

本章小结

　　1. GMP 是 Good Manufacturing Practice 的缩写，药品生产质量管理规范适用于药物制剂生产的全过程以及原料药生产中影响成品质量的关键工序。

　　2. GMP 的中心指导思想是药品的质量是设计和生产出来的，而不是单纯检验出来的。

　　3. GMP 的基本内容包括机构设置和人员要求、厂房与设施、设备、物料与产品、卫生、确认与验证、文件、生产管理、质量管理与质量保证、产品发放与召回等。

　　4.药物制剂的生产管理包括生产文件管理、物料管理、批和批号管理、生产过程的管理等内容。

学习目标检测

一、名词解释

1. GMP
2. SOP
3.批生产记录

二、填空题

1. GMP 的中心指导思想是药品的质量是＿＿＿＿＿＿＿，而不是＿＿＿＿＿＿＿。

2. 2010 年修订的《药品生产质量管理规范》施行日期是＿＿＿＿。

3.生产车间的状态标识有＿＿＿、＿＿＿。

4.中间站应当由＿＿＿管理，并施行＿＿＿管理。

5.药物制剂的生产文件有＿＿＿、＿＿＿、＿＿＿、＿＿＿等。

三、A 型题（单项选择题）

1. GMP 的适用范围是

A.药品生产的关键工序　　　　　B.原料药生产的全过程

C.中药材的选种栽培　　　　　　D.药品经营的全过程

E.药物制剂生产的全过程及原料药生产中影响成品质量的关键工序

2.批号是指

A.用于识别"批"的一组数字　　　　B.用于识别"批"的一组字母

C.用于识别药品生产时间的数字　　　D.用于识别"批"的一组字母加数字

E.用于识别"批"的一组数字和（或）一组字母加数字

3.为保证药物制剂计量用具所得出的数据准确、可靠，计量用具均需经过

A.测定　　　　B.校准　　　　C.鉴定　　　　D.测量　　　　E.检验

四、B型题（配伍选择题）

【1～3】　A. QA　　　B. QC　　　C.生产人员　　　D.企业负责人　　　E.质量授权人

1.产品的放行批准人是

2.负责场地清洁的人是

3.清场合格证的签发人是

【4～8】　A.物料标识　　　　B.设备标识　　　　C.计量标识

　　　　　D.管线标识　　　　E.清洁标识

4."待检"属于

5."运行"属于

6."禁用"属于

7."维修"属于

8."不合格"属于

五、X型题（多项选择题）

1.常用的设备状态标识有

A.待检　　　　B.清洁　　　　C.运行　　　　D.维修　　　　E.完好

2.物料的发放原则有

A.合格先出　　　　B.先进先出　　　　C.急用先出

D.近效期先出　　E.毒性物料先出

3.生产前场地的检查内容有

A.物料　　　　B.用具　　　　C.文件　　　　D.温度与湿度　　E.清场合格证

六、简答题

1.批生产记录审核内容有哪些？

2.生产过程中若出现停电、通风系统故障、层流操作台故障等异常情况时，一般处理措施有哪些？

第二部分

液体类药物制剂

第五章

液体制剂

第一节　概　　述

一、液体制剂的定义与特点

液体制剂是指将药物以不同的分散方法（如溶解、胶溶、乳化、混悬等）和不同的分散程度（包括离子、分子、胶粒、液滴和微粒状态）分散在适宜的分散介质中制成的液体分散体系。液体制剂具有如下特点。

1. 液体制剂的优点

（1）药物以分子或微粒状态分散在介质中，分散度大，吸收快，能迅速地发挥药效。

（2）给药途径多，可内服，也可外用，如用于皮肤、黏膜和腔道等。

（3）易于分剂量，服用方便，特别适用于婴幼儿和老年患者。

（4）能减少某些药物的刺激性，如调整药物浓度，避免溴化物、碘化物等固体药物口服后由于局部浓度过高而引起的胃肠道刺激。

（5）某些固体药物制成液体制剂后，有利于提高药物的生物利用度。

2. 液体制剂的缺点

（1）药物分散度大，受分散介质影响，易引起化学降解，使药效降低甚至失效。

（2）液体制剂体积较大，携带、运输、贮存都不方便。

（3）水性液体制剂容易霉变，需加入防腐剂。

（4）非均相液体制剂，药物分散度大，分散粒子具有较大比表面积，易产生物理稳定性问题。

二、液体制剂的分类

根据药物分散情况不同分为均相液体制剂、非均相液体制剂。根据给药途经和应用方式分为口服液体制剂、耳用液体制剂、眼用液体制剂等。

1. 按分散系统分类

（1）均相液体制剂：为均匀分散体系，从外观看是均匀澄明溶液，药物以分子、离子状态分散于液体分散介质中，吸收速度和显效速度快，属热力学稳定体系，其中的溶质称为分散相，溶剂称为分散介质。均相液体制剂根据分散相不同分为：①低分子溶液剂，是由低分子药物分散在分散介质中形成的液体制剂，分散微粒小于1nm；②高分子溶液剂，由高分子化合物分散在分散介质中形成的液体制剂，也包括由表面活性剂形成的缔合胶体溶液，又称亲液胶体或缔合胶体溶液，分散相微粒大小为1~100nm。

（2）非均相液体制剂：为多相分散体系，其中固体或液体药物以分子聚集体、微粒或小液滴形式分散在分散介质中，属于热力学不稳定体系。非均相液体制剂分为溶胶剂、乳剂和混悬剂。各类常见液体制剂的特征见表5-1。

表 5-1　常见液体制剂的种类及其特征

液体类型	微粒大小	特征
低分子溶液剂	<1nm	以小分子或离子状态分散,均相澄明溶液,体系稳定
高分子溶液剂	1~100nm	高分子化合物以分子状态分散,均相溶液,体系稳定
溶胶剂	1~100nm	以胶粒分散,形成多相体系,有聚结不稳定性
乳剂	>100nm	以小液滴状态分散,形成多相体系,有聚结和重力不稳定性
混悬剂	>500nm	以固体微粒状态分散形成多相体系,有聚结和重力不稳定性

2. 按给药途径和应用方法分类

（1）内服液体制剂：如滴剂、口服液、糖浆剂、乳剂、混悬剂、合剂等

（2）外用液体制剂：①皮肤用液体制剂，如洗剂、搽剂等；②五官科用液体制剂，如滴鼻剂、滴眼剂、洗眼剂、含漱剂、滴耳剂等；③直肠、阴道、尿道用液体制剂，如灌肠剂、灌洗剂等。

三、液体制剂的质量要求

均相液体制剂应是澄明溶液，非均相液体制剂的药物粒子应分散均匀；液体制剂浓度应准确；口服液体制剂应外观良好，口感适宜；外用的液体制剂应无刺激性；液体制剂应有一定的防腐能力，保存和使用过程不应发生霉变；包装容器应适宜，方便患者携带和使用。

四、液体制剂的常用溶剂

溶剂对药物的溶解和分散起重要作用，对液体制剂的质量影响很大，优良的液体溶剂应具备对药物具有较好的溶解性和分散性；化学性质稳定，不与药物发生反应；不影响主药的药效和含量测定；毒性小、无刺激性，无臭味且具防腐性；成本低廉等特点。

1. 极性溶剂

（1）水：水是最常用的溶剂，缺点是有些药物在水中不稳定、易霉变、不宜久储。

（2）甘油：甘油不是油，有高极性和强亲水性。甘油可用于外用和内服制剂中，对酚、鞣质和硼酸的溶解度比水大。对皮肤有保湿、滋润、延长药物局部药效作用，10%甘油对皮肤和黏膜无刺激性，30%甘油有防腐性。

（3）二甲基亚砜（DMSO）：DMSO有"万能溶剂"之称，溶解范围广泛，水溶性、脂

溶性及许多难溶于水、甘油、乙醇的药物皆可溶解。

2. 半极性溶剂

（1）乙醇：能溶解生物碱、苷类、挥发油、树脂、色素等；与水、甘油、丙二醇可任意混合，20％以上的稀乙醇即有防腐作用，40％以上乙醇可延缓某些药物的水解；在制剂中一般用作溶剂、防腐剂、消毒杀菌剂。

（2）丙二醇：黏度、毒性和刺激性较甘油小，但有辛辣感；能溶解磺胺类药、局部麻醉药、维生素 A 和维生素 D、挥发油等；能与水、甘油、乙醇、丙酮、乙醚、氯仿混溶，但不能与脂肪油混溶；在制剂中一般用作溶剂、润湿剂、保湿剂、防腐剂、皮肤渗透剂。

（3）聚乙二醇（PEG）：PEG-200、PEG-300、PEG-400、PEG-600、PEG-800 为液体，其中 PEG-300～PEG-600 常用。聚乙二醇能增加药物溶解度，能与水、乙醇、甘油、丙二醇任意比例互溶；能溶解许多水溶性的无机盐和水不溶性的有机物；在制剂中一般用作溶剂、助溶剂。

3. 非极性溶剂

（1）脂肪油：为常用非极性溶剂，包括花生油、麻油、豆油、棉籽油、茶油；能溶解固醇类激素、油溶性维生素、游离生物碱、挥发油、芳香族药物；多用于外用制剂，如滴鼻剂、洗剂、搽剂等；易氧化酸败，也易与碱性物质发生皂化反应而影响制剂质量。

（2）液体石蜡：能溶解生物碱、挥发油及一些非极性药物，与水不能混溶；有润肠通便的作用，可作口服制剂和搽剂、灌肠剂的溶剂，轻质型多用于外用滴鼻剂、喷雾剂等，重质型多用于软膏、糊剂中。

（3）乙酸乙酯：易氧化、变色，需加入抗氧剂，常作为搽剂的溶剂。

五、增加药物溶解度的方法

药物发挥疗效的前提是吸收，而吸收的前提是溶解。由于人体是水性机体，药物必须在水中具有一定的溶解度，才有可能通过体液的流动和传输，进入病变部位，从而发挥作用。因此，绝对不溶解的药物无法显示疗效。迄今人类所发现的化学药物，大多数在水中的溶解度不大，一定程度上限制了其药理药效的发挥。如何提高药物的溶解度，一直是药学专家研究的热门难题。

溶解度是指在一定温度下药物溶解在溶剂中达到饱和时的浓度，是反映药物溶解性的重要指标。如无特别说明，均指在水中的溶解度。常用％（w/w，g/g）表示，如咖啡因在 20℃ 水溶液中溶解度为 1.46％（w/w）。

药物在溶剂中的溶解度是药物分子与溶剂分子间相互作用的结果。若药物分子间的作用力大于药物分子与溶剂分子间作用力，则药物溶解度小；反之，则溶解度大，即"相似相溶"。

多数药物为有机弱酸、弱碱及其盐类，这些药物在水中的溶解度受 pH 值影响很大。一般向难溶性盐类的饱和溶液中加入含有相同离子化合物时，其溶解度降低，这是由于同离子效应的影响。如许多盐酸盐类药物在 0.9％氯化钠溶液中的溶解度比在水中低。一般来说，药物的溶解度随着温度的升高而增加，此外药物溶解度还受添加剂的影响。

目前，比较成熟的增加药物溶解度的方法有如下几种。

（1）可溶法：即把难溶性弱酸、弱碱类药物制成可溶性盐类，使之成为离子型极性化合物，增加其溶解度。

（2）潜溶法：即更换溶剂或选用混合溶剂的方法。药物在单一溶剂中的溶解能力差，但在混合剂中比单一溶剂更易溶解的现象称为潜溶，这种混合溶剂称为潜溶剂。这是由于两种溶剂分子对药物分子不同部位作用的结果。

（3）助溶法：即加助溶剂的方法。一些难溶性药物，加入第三种物质，通过形成复合物、螯合物、络合物、缔合物、复盐等形式，促使药物在水中的溶解度增加。第三种物质常被称为助溶剂。如碘在水中溶解度为 1：2950，加入适量碘化钾，能配成含碘 5％的水溶液，其中碘化钾为助溶剂。

常用助溶剂可分为两大类：有机酸及其钠盐，如苯甲酸钠、水杨酸钠、对氨基苯甲酸等；酰胺类化合物，如乌拉坦、尿素、烟酰胺、乙酰胺等。

（4）增溶法：即使用表面活性剂作增溶剂的方法。将难溶性药物分散于表面活性剂形成的胶团中，增加了药物溶解度，所得制剂稳定性好，还可防止药物氧化和水解。对于以水为溶剂的药物，增溶剂的最适 HLB 值为 15～18。常用的增溶剂为非离子型表面活性剂，如聚山梨酯类和聚氧乙烯脂肪酸酯类等。

（5）修饰法：即药物分子结构修饰法。在一些难溶性药物的分子中引入亲水基团以增加其在水中的溶解度。

六、液体制剂的附加剂

1. 增溶剂、助溶剂

用于增加药物溶解度，内容如前所述。

2. 防腐剂

水性液体制剂易被微生物污染，尤其含糖、蛋白质等营养物质的液体制剂，即使抗生素类药物液体制剂，因其抗菌谱有限，有时也会生霉长菌。

能抑制微生物生长发育的物质称为防腐剂。理想防腐剂应该具备用量小，在抑菌浓度范围对人体无毒性和刺激性；水中溶解度能达到有效抑菌浓度；抗菌谱广，最好对一切微生物有杀菌作用；性质稳定，不与制剂成分起反应，无特殊味道和气味等特点。常用的防腐剂如下所述。

（1）苯甲酸及其盐：苯甲酸未解离的分子抑菌作用强，所以在酸性溶液中抑菌效果好，最适 pH 值是 4，常用浓度为 0.03％～0.1％。

（2）羟苯酯类：也称尼泊金类，有甲酯、乙酯、丙酯和丁酯 4 种类型，其中丁酯抗菌力最强，溶解度最小。本类防腐剂混合使用有协同作用。酸性药液中效果好。常用浓度为 0.01％～0.25％。

（3）山梨酸及其盐：起防腐作用的是未解离的分子，在 pH 值为 4 的水溶液中效果好。最低抑菌浓度：细菌为 0.02％～0.04％，酵母菌、真菌为 0.8％～1.2％。

（4）苯扎溴铵：又称新洁尔灭，为阳离子表面活性剂。作防腐剂使用浓度为 0.02％～0.2％。

（5）醋酸氯己定：又称醋酸洗必泰，为广谱杀菌剂，用量 0.02％～0.05％。

（6）其他防腐剂：如桉叶油、桂皮油、薄荷油等。

3. 矫味剂

内服液体制剂应色、香、味俱佳。矫味剂系指药品中用以改善或屏蔽药物不良气味和味道的药用辅料。矫味剂一般包括甜味剂、芳香剂、胶浆剂和泡腾剂 4 类。

（1）甜味剂：天然甜味剂中以蔗糖、甜菊苷应用较广泛。其中蔗糖最常用，以单糖浆或果汁糖浆形式应用，常加入山梨醇、甘油等多元醇以防蔗糖结晶析出。合成甜味剂常用阿斯巴甜和糖精钠。阿斯巴甜为氨基酸类甜味剂，甜度约为蔗糖的 200～400 倍，味道绵软柔和，近年应用广泛。

（2）芳香剂：用以改善制剂气味的香料和香精称为芳香剂。香料由于来源不同，分为天然香料和人造香料两类。天然香料有从植物中提取的芳香挥发性物质，如柠檬、茴香、薄荷油等，以及此类挥发性物质制成的芳香水剂、酊剂、醑剂等。人造香料亦称香精，是在人工香料中添加适量溶剂调配而成，如苹果香精、橘子香精、香蕉香精等。

（3）泡腾剂：泡腾剂系利用有机酸（如枸橼酸、酒石酸）与碳酸氢钠混合，遇水后产生大量二氧化碳，由于二氧化碳溶于水呈酸性，能麻痹味蕾而矫味。用于苦、涩、咸味制剂，与甜味剂、芳香剂配合使用，清凉味佳。

（4）胶浆剂：胶浆剂具有黏稠缓和的性质，可干扰味蕾的味觉而具有矫味作用。常用的有海藻酸钠、阿拉伯胶、明胶、甲基纤维素（MC）、羧甲基纤维素钠（CMC-Na）等的胶浆。常于胶浆中加入甜味剂，增加其矫味作用。

4. 着色剂

着色剂能改善制剂外观颜色，用来识别制剂浓度、区分应用方法和减少病人对服药的厌恶感，尤其是选用的颜色与矫味剂若能配合协调，更易为患者接受。着色剂还可用于标识药物类别，凸显企业文化，起到警戒、醒目、安抚等作用。

（1）天然色素：常用的有植物性和矿物性色素。植物性色素有甜菜红、胭脂红、姜黄、胡萝卜素等，矿物性色素有氧化铁（棕红色）等。

（2）合成色素：人工合成色素的特点是色泽鲜艳、价格低廉，但大多数毒性较大，故用量不宜过多。我国批准的内服合成色素有苋菜红、柠檬黄、胭脂红、胭脂蓝和日落黄，通常配成1%贮备液使用，用量不得超过万分之一。外用色素有伊红、品红、美蓝、苏丹黄G等。

5. 其他附加剂

（1）抗氧剂：如焦亚硫酸钠、亚硫酸氢钠等。

（2）pH值调节剂：如硼酸缓冲液、磷酸盐缓冲液等。

（3）金属离子络合剂：如依地酸二钠等。

第二节　表面活性剂

课堂互动

洗衣粉和肥皂能同时使用吗？ 为什么？

表面活性剂通常是指具有固定的亲水亲油基团，能使表面张力显著下降的物质。表面活性剂的分子结构具有两亲性基团：一端为亲水基，另一端为疏水基；因此表面活性剂既亲油又亲水，不仅能防止油水相排斥，而且具有把两相结合起来的功能。亲水基常为极性基团如羧酸、磺酸、硫酸、氨基或胺基及其盐，也可是羟基、酰胺基、醚键等；而疏水基常为非极性烃链，如8个碳原子以上的烃链。

一、表面活性剂的分类

1. 阴离子表面活性剂

（1）肥皂类：有碱金属皂、碱土金属皂和有机胺皂等。具有良好的乳化能力，但容易被酸破坏，碱土金属皂还可被钙、镁盐等破坏，电解质可使之盐析；有一定的刺激性，一般只用于皮肤用制剂。

（2）硫酸化物：有硫酸化蓖麻油，俗称土耳其红油；高级脂肪醇硫酸酯类，常用的有十二烷基硫酸钠（月桂醇硫酸钠）、十六烷基硫酸钠等。具有乳化性强，并较肥皂类稳定等特点，主要用作外用软膏剂的乳化剂。

2. 阳离子表面活性剂

起表面活性作用的部分是阳离子，如氯苄烷铵（洁尔灭）、溴苄烷铵（新洁尔灭）等。具有水溶性大，在酸性或碱性溶液中均较稳定，毒性大，杀菌力强等特点。一般主要用于杀菌和防腐。

3. 两性离子表面活性剂

分子结构中同时具有正、负电荷基团，从而具有阴、阳离子表面活性剂结合的特性。有天然和合成两类来源，天然的如卵磷脂；合成的阴离子部分主要是羧酸盐，而阳离子部分主要是胺盐或季铵盐，由胺盐构成者即为氨基酸型，由季铵盐构成者即为甜菜碱型。

两性表面活性剂的特点：在碱性介质中呈阴离子型表面活性剂的性质，起泡性好，去污力强；在酸性介质呈阳离子型表面活性剂的性质，杀菌力强。

4. 非离子型表面活性剂

用途广泛，其特点：毒性和溶血作用较小，不解离、不易受电解质和溶液 pH 值影响，能与大多数药物配伍应用，可供外用和内服，有的可用于注射剂。

（1）多元醇型：常用有失水山梨醇脂肪酸酯类，商品名为司盘（Span），亲油性较强，常用作 W/O 型乳化剂或 O/W 型辅助乳化剂；聚氧乙烯失水山梨醇脂肪酸酯类，商品名为吐温（Tween），亲水性强，为水溶性表面活性剂，主要用作 O/W 型乳剂的乳化剂和增溶剂。

（2）聚氧乙烯型：主要有醚型和酯型两类。水溶性和乳化性很强，常用作 O/W 型乳化剂。聚氧乙烯脂肪酸酯类，商品名为卖泽（Mrij）；聚氧乙烯脂肪醇醚类，商品名为苄泽（Brij），常用的品种有西土马哥、平平加 O 等。

（3）聚氧乙烯聚氧丙烯共聚物：常用的是泊洛沙姆类，商品名普朗尼克，如普朗尼克 F-68。泊洛沙姆作为一种 O/W 型乳化剂，是目前用于静脉乳剂的极少数合成乳化剂之一。物理性质稳定，能够耐受热压灭菌和低温冰冻。

5. 高分子型表面活性剂

高分子表面活性剂是指能显著降低液体表面张力的高分子物质，相对分子质量在 2000 以上，也分为四种类型，但不形成胶束（胶团）。常用有非离子型的聚氧乙烯聚氧丙烯二醇醚，阴离子型的聚丙烯酸钠，水溶性的蛋白质、树脂、聚乙二醇、CMC-Na 等。

二、表面活性剂的基本性质

1. 临界胶束浓度

表面活性剂在水溶液中达到一定浓度后，会从单体缔合成为胶态聚合物，即胶束（胶团）。表面活性剂在溶液中开始形成胶团时的浓度称为临界胶团浓度（cmc）。表面活性剂在溶液中情况如图 5-1 所示。胶团的形状有球、棒、板、层状等，如图 5-2 所示。每种表面活性剂都有自己的 cmc，只有浓度大于 cmc 时才能充分显示其作用。

(a) 极稀溶液　　(b) 稀溶液　　(c) 达临界胶束　　(d) 大于临界胶束
　　　　　　　　　　　　　　　　浓度时的溶液　　浓度时的溶液

图 5-1　表面活性剂浓度关系和活动情况

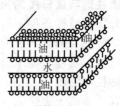

(a) 球状胶团　　(b) 棒状胶团　　(c) 棒状胶团的六边束　　(d) 层状胶团

图 5-2　胶团结构和形状

2. 亲水亲油平衡值（HLB 值）

表面活性剂的亲水基和疏水基之间在大小和力量的平衡关系，反映这一平衡程度的量被称为亲水亲油平衡值（简称 HLB 值），是一相对值。以石蜡的 HLB 值为 0、油酸的 HLB 值为 1、油酸钾的 HLB 值为 20、十二烷基硫酸钠的 HLB 值为 40 作为标准，阴、阳离子型表面活性剂的 HLB 值为 0～40，非离子表面活性剂的 HLB 值为 0～20。故 HLB 值是用来表示表面活性剂亲水亲油能力的数值。HLB 值越小，则其亲油性强；HLB 值越大，则亲水性越强。非离子型表面活性剂的 HLB 值具有加和性，混合表面活性剂的 HLB 值可用下式计算：

$$HLB_{AB} = \frac{HLB_A \times W_A + HLB_B \times W_B}{W_A + W_B} \tag{5-1}$$

式中，W_A、W_B 分别为 A、B 两种表面活性剂的质量。

例题：用司盘-80（HLB 值 4.3）和吐温-20（HLB 值 16.7）制备 HLB 值为 9.5 的混合乳化剂 100g，问两者应各用多少克？

解：
$$9.5 = \frac{4.3 \times W_A + 16.7 \times (100 - W_A)}{100}$$

解得：应使用司盘-80 为 58.1g，吐温-20 为 41.9g。

3. Krafft 点

离子型表面活性剂的溶解度在某一温度 K 点急剧升高，转折点 K 对应的温度称为 Krafft 点，又称克氏点，此点对应的溶解度即为该离子型表面活性剂的临界胶团浓度。温度高于 Krafft 点时，才能更好发挥作用。

4. 昙点

通常非离子表面活性剂的溶解度随温度升高而加大，当达到某一温度时，溶解度急剧下降，使溶液出现混浊或分层，但冷却后又恢复澄明。这种由澄清变成混浊或分层的现象称为起昙，该转变温度称为昙点或浊点。因此，制剂中含有能产生起昙现象的表面活性剂，应注意加热灭菌的温度。

三、表面活性剂的生物学性质

1. 表面活性剂对药物吸收的影响

表面活性剂的存在可能增进药物的吸收，也可能降低药物的吸收，取决于多种因素的影响。如药物在胶束中的扩散、生物膜的通透性改变、对胃空速率的影响、黏度等，很难做出预测。

表面活性剂溶解生物膜脂质增加了上皮细胞的通透性，从而改善吸收，如十二烷基硫酸钠改进头孢菌素钠、四环素、磺胺脒、氨基苯磺酸等药物的吸收。如果药物可以顺利从胶束内扩散或胶束本身迅速与胃肠黏膜融合，则增加吸收，例如应用吐温-80 明显促进螺内酯的口服吸收。

2. 表面活性剂与蛋白质的相互作用

蛋白质分子在碱性条件下解离而带负电荷，在酸性条件下则带正电荷。因此在两种不同带电情况下，分别与阳离子表面活性剂或阴离子表面活性剂发生电性结合，从而破坏蛋白质二级结构中盐键、氢键、疏水键，使蛋白质变性。

3. 表面活性剂的毒性

一般而言，阳离子表面活性剂的毒性最大，其次是阴离子表面活性剂，非离子表面活性剂毒性最小，两性离子表面活性剂的毒性小于阳离子表面活性剂，一般认为非离子表面活性剂口服无毒性。

阴离子及阳离子表面活性剂不仅毒性较大，而且还有较强的溶血作用。如十二烷基硫酸钠溶液就有强烈的溶血作用。非离子表面活性剂的溶血作用较轻微，吐温类的溶血作用最小，目前吐温类表面活性剂仍只用于某些肌内注射液中。溶血作用顺序为：聚氧乙烯烷基醚＞聚氧乙烯烷芳基醚＞聚氧乙烯脂肪酸酯＞吐温类，吐温-20＞吐温-60＞吐温-40＞吐温-80。

4. 表面活性剂的刺激性

表面活性剂长期应用或高浓度使用可能造成皮肤或黏膜损害。例如季铵盐类化合物高于1％即可对皮肤产生损害。十二烷基硫酸钠产生损害的浓度在20％以上，吐温类对皮肤和黏膜的刺激性很低。

四、表面活性剂在药物制剂中的应用

1. 增溶作用

非极性药物在水中的溶解度小，加入表面活性剂增大难溶性药物的溶解度并形成澄清溶液的过程称为增溶。用于增溶的表面活性剂称为增溶剂，被增溶的物质称为增溶质。增溶剂是药物制剂中的重要组成部分，可增加药物溶解度，提高制剂中药物含量，使药物以足量浓度到达组织部位而起到治疗作用。

1. 表面活性剂的增溶

表面活性剂 HLB 在 13～18 时润湿和增溶作用最强。增溶剂不但可用于内服和外用制剂，还用于注射剂。常用的增溶剂有聚山梨酯类和聚氧乙烯脂肪酸酯类。

加入增溶剂时，一般应先将增溶剂与增溶质混合，再加水稀释，增溶效果较好；若先将增溶剂与水混合，再逐渐加入增溶质，则增溶效果较差。

增溶剂一般以 HLB 值在 15～18 时为佳，此范围内增溶量大、无毒副作用、性质稳定、刺激性小、生物降解性能优异为佳。通常阳离子型表面活性剂不用作增溶剂，阴离子型表面活性剂仅用于外用制剂，而非离子型表面活性剂在口服、外用制剂以及注射剂中均有应用。在所有增溶剂中，以聚山梨酯类应用最普遍，它对非极性化合物和含极性基团的化合物均能增溶。

2. 乳化作用

表面活性剂能降低油-水界面张力，使乳浊液易形成。表面活性剂分子在分散相液滴周围形成保护膜，防止液滴相互碰撞时聚集，提高乳浊液的稳定性。为使乳状液稳定存在加入的表面活性剂称为乳化剂，其稳定作用叫乳化作用。HLB 在 8～16 时，作为 O/W 型乳化剂；HLB 在 3～8 时作为 W/O 型乳化剂。

3. 润湿作用

能促进液体在固体表面铺展或渗透的表面活性剂称为润湿剂。湿润剂能增大有效成分的铺展面积，提高药物防病治病效果。作为润湿剂的表面活性剂，HLB 值一般在 7～9。在制备混悬液时常发生液体不易在药物粉末或颗粒表面铺展，使后者在液体表面漂浮或下沉的现象，这时常加入润湿剂，降低固-液之间的界面张力和接触角，使润湿容易发生。片剂颗粒成分中加入适当润湿剂，可增加制剂或颗粒表面与胃肠液的亲和力，加速片剂的润湿、崩解和溶出过程。

4. 起泡和消泡作用

在皮肤、黏膜给药制剂中，通过加入具有较强亲水性和较高 HLB 值的表面活性剂，可产生持久稳定的泡沫，从而使药物在用药部位均匀铺展、促进吸收、提高药效，此类表面活性剂称为起泡剂。有些中药水浸液因含有皂苷、蛋白质等，在蒸发浓缩或剧烈搅拌时产生大量泡沫，给浓缩和萃取操作带来诸多困难，此时加入少量 HLB 值为 1～3 的亲油性表面活性剂，可降低液膜强度、破坏泡沫、防止事故，这种使原有泡沫破坏消失的表面活性剂称为消泡剂。

5. 去污作用

去污剂亦称洗涤剂，系指用于除去污垢的表面活性剂，HLB 值为 13～16。常用的去污剂有脂肪酸的钠皂、钾皂、十二烷基硫酸钠等。

6. 消毒、杀菌作用

在医药行业中可作为杀菌剂和消毒剂使用，其杀菌和消毒作用归结于它们与细菌生物膜蛋白质的强烈相互作用使之变性或失去功能，这些消毒剂在水中溶解度大，可用于手术前皮肤、伤口或黏膜消毒、器械消毒和环境消毒等。

第三节　低分子溶液剂

一、概述

低分子溶液剂是指低分子药物以分子或离子状态分散在溶剂中制成的供内服或外用的澄清液体制剂，也称真溶液。包括溶液剂、糖浆剂、芳香水剂、酊剂、醑剂、甘油剂等。

二、制备

（一）溶液剂

溶液剂指药物的内服或外用的澄清溶液。溶质多为不挥发的化学药物，溶剂多为水，少数为乙醇或油（维生素 D_2 为油，硝酸甘油为醇溶剂）。

溶液剂经常采用溶解法和稀释法制备。

1. 溶解法

取处方总量 1/2～3/4 量的溶剂，加入称好的药物，搅拌使其溶解。过滤，并通过滤器加溶剂至全量。过滤后的药液应进行质量检查。制得的药物溶液应及时分装、密封、贴标签及进行外包装。

难溶性添加剂和药物应先溶或加入助溶剂、增溶剂；溶解速度慢的药物需进行粉碎、加热、搅拌；易氧化的药物可以将溶剂放冷，加抗氧剂；挥发性药物最后加入；过滤时可采用普通过滤器、垂熔玻璃滤器等。

工艺过程：添加剂、药物称量→溶解→滤过→质量检查→灌装。

2. 稀释法

先将药物制成高浓度溶液，再用溶剂稀释至所需浓度即得。用稀释法制备溶液剂时应注意浓度换算，挥发性药物浓溶液稀释过程中应注意挥发损失，以免影响浓度的准确性。

（二）糖浆剂

糖浆剂系指含有药物、药材提取物或芳香物质的口服浓蔗糖水溶液。含糖量应不低于45%（g/mL）。糖浆剂根据所含成分和用途的不同分两类：矫味糖浆（单糖浆、芳香糖浆）

和药用糖浆，有治疗作用。

单糖浆是单纯蔗糖的近饱和水溶液，简称糖浆，含糖量 85％（g/mL）或 64.7％（g/g），不易生长微生物，不含任何药物，除可供制备药用糖浆的原料外，还可作为矫味剂和助悬剂。芳香糖浆为含芳香性物质或果汁的浓蔗糖水溶液，主要用作液体制剂的矫味剂，如樱桃糖浆、可可糖浆。药用糖浆为含药物或药材提取物的浓蔗糖水溶液，具有一定的治疗作用，其含糖量一般为 65％以上，如驱蛔糖浆、硫酸亚铁糖浆。

糖浆剂制备经常采用热溶法、冷溶法和混合法。

1. 热溶法

按处方称取符合规定的蔗糖，加入适量的沸蒸馏水中，加热搅拌使溶后，再加入可溶性药物，溶解滤过，从滤器上加适量蒸馏水至规定容量即得。

特点：蔗糖溶解快，过滤速度快，颜色深。适用于单糖浆或含不挥发性成分及受热较稳定药物的糖浆剂。

2. 冷溶法

按处方称取蔗糖，在常温（20℃左右）搅拌下溶解于蒸馏水或含药物的溶液中，滤过，收取即得。

特点：生产周期长，易污染微生物，颜色浅。适用于含热不稳定和易挥发药物的糖浆剂。

3. 混合法

混合法是指将浸出制剂的浓缩液、药物或药物的液体制剂与糖浆直接混合均匀而制成的方法。

特点：方便灵活，大量少量配制均可；缺点是含糖量低，需注意防腐。

 生活常识

冰箱中的止咳糖浆

王阿姨咳嗽有一阵子了，辗转几个医院，家里有各式各样的止咳糖浆，开封后不能及时喝完，王阿姨就把止咳糖浆放在了冰箱保存。事隔几天当王阿姨再次用药时发现冰箱里的糖浆已经有沉淀析出，摇晃后也不能消失，王阿姨没有多想就喝进了肚子，没想到胃黏膜受到刺激而产生恶心、呕吐等症状。

（三）芳香水剂

芳香水剂系指挥发油或其他挥发性芳香药物的饱和或近饱和澄明水溶液。用乙醇和水混合溶剂制成的含大量挥发油的溶液，称为浓的芳香水剂。主要用作制剂的溶剂和矫味剂。

芳香水剂制备时，纯净的挥发油或化学药物多用溶解法或稀释法；原料为含挥发性成分的植物药材时，多采用蒸馏法。

（四）酊剂

酊剂是把生药浸在酒精里或把化学药物溶解在酒精里而成的制剂，如颠茄酊、橙皮酊、碘酊等，简称酊。酊剂可分为草药酊剂、化学药物酊剂和草药与化学药物合制的酊剂三类。

酊剂的浓度随药材性质而异，除另有规定外，含毒性药的酊剂每 100mL 相当于原药材10g，有效成分明确者，应根据其半成品的含量加以调整，使符合相应品种项下的规定；其他酊剂，每 100mL 相当于原药材20g。酊剂制备简单，易于保存。但溶剂中含有较多乙醇，因此临床应用有一定的局限性，儿童、孕妇、心脏病及高血压等患者不宜内服使用。

酊剂制备当原料为化学药品时用溶解法，流浸膏时用稀释法，无组织纤维的新鲜易膨胀药材宜采用浸渍法，贵重、毒剧药材用渗漉法。

（五）醑剂

醑剂是指挥发性药物的浓乙醇溶液。凡用于制备芳香水剂的药物一般都可以制成醑剂，供外用或内服。由于挥发性药物在乙醇中的溶解度一般均比在水中大，所以醑剂的浓度比芳香水剂大得多，为 5%～20%。醑剂中乙醇的浓度一般为 60%～90%。可作为芳香矫味剂应用，如复方橙皮醑、薄荷醑等。也有用于治疗的如亚硝酸乙酯醑、樟脑醑、芳香氨醑等。

醑剂的制法分为溶解法和蒸馏法两种。

（1）溶解法：系将挥发性物质直接溶解于乙醇中的操作，如樟脑醑。

（2）蒸馏法：系将挥发性物质溶解于乙醇后进行蒸馏，或将经过化学反应所得的挥发性物质加以蒸馏的操作，如芳香氨醑。

三、制备举例

1. 复方碘溶液

【处方】 碘 50g　　碘化钾 100g　　蒸馏水加至 1000mL

【制法】 取碘、碘化钾，加入蒸馏水 100mL 溶解，再加入蒸馏水适量至 1000mL，即得。

【附注】 本品俗称卢戈氏液，碘在水中溶解度为 1:2950，加碘化钾作助溶剂，增加碘的溶解度，并使溶液稳定。

2. 枸橼酸哌嗪糖浆

【处方】 枸橼酸哌嗪 160g　　蔗糖 650g　　尼泊金乙酯 0.5g
矫味剂适量　　　　　蒸馏水加至 1000mL

【制法】 取蒸馏水 500mL 煮沸，加入蔗糖与尼泊金乙酯，搅拌溶解，过滤，滤液中加入枸橼酸哌嗪，搅拌溶解，放冷，加矫味剂与适量蒸馏水，使至全量 1000mL，搅匀即得。

【附注】 本品为澄明带有芳香气味的糖浆状溶液，矫味剂常用柠檬香精（0.72%）、桑子香精（0.22%）的乙醇（0.37%）溶液。

3. 薄荷水

【处方】 薄荷油 0.5mL　　聚山梨酯 80 2mL　　蒸馏水加至 1000mL

【制法】 取薄荷油与聚山梨酯 80 混匀，加蒸馏水适量使成 1000mL，搅匀即得。

【附注】 本处方加入聚山梨酯以增加薄荷油在水中的溶解度；本品亦可采用稀释法，用浓薄荷水 1 份，加蒸馏水 39 份稀释制得。

第四节　高分子溶液剂和溶胶剂

一、高分子溶液剂

高分子溶液剂是指高分子化合物溶解于溶剂中制成的均匀分散的液体制剂。高分子溶液剂以水为溶剂，称为亲水性高分子溶液剂或胶浆剂。以非水溶剂制备的高分子溶液剂，称为非水性高分子溶液剂。高分子溶液剂属于热力学稳定体系。

1. 高分子溶液剂的性质

（1）带电性：高分子化合物结构中的某些基团因解离而带电，所带电荷受溶液 pH 值的影响。如两性高分子化合物，当溶液的 pH 值大于等电点时，高分子化合物带负电荷；溶液的 pH 值小于等电点时，高分子化合物带正电荷；溶液的 pH 值等于等电点时，高分子化合物不带电，这时高分子溶液剂的许多性质发生变化，如黏度、渗透压、溶解度、电导等都变为最小值。

（2）稳定性：高分子溶液具有聚结特性，含较多亲水基团—OH、—COOH 或—NH_2 的高分子化合物（蛋白质、多糖、纤维素衍生物等）能与水形成水化膜，一旦电荷及水化膜发生改变，易出现聚结沉淀。如向溶液中加入大量电解质，就会使高分子化合物凝结而产生沉淀的盐析现象；加入脱水剂乙醇、丙酮等也可以破坏水膜；带相反电荷的两种高分子溶液混合时，由于相反电荷中和作用会产生凝结沉淀；高分子溶液久置会自发发生凝结而沉淀的陈化现象；在其他如光、热、pH 值、射线、絮凝剂等因素影响下，高分子化合物也可凝结沉淀。

（3）其他性质：亲水性高分子溶液具有较高的渗透压，渗透压的大小与高分子溶液的浓度有关；高分子溶液是黏稠性流动液体，常用作助悬剂；一些亲水性高分子溶液如明胶、琼脂水溶液，在温热条件下为黏稠性流动液体，当温度降低至一定时，形成不流动的半固体凝胶，其过程称为胶凝。

2. 制备工艺

将高分子药物先浸泡一定时间，然后搅拌或加热，使其完成溶胀、溶解过程。高分子的溶解过程分为有限溶胀过程和无限溶胀过程。有限溶胀过程指高分子刚与溶剂接触时，溶剂分子扩散进入高分子颗粒，颗粒慢慢膨胀，是溶胀的第一阶段；随后进行溶胀的第二阶段即无限溶胀过程，溶胀颗粒表面的水化高分子开始相互拆开，解脱分子间缠绕，高分子分散在溶剂中，形成均匀溶液。

3. 制备举例

羧甲基纤维素钠胶浆剂

【处方】 羧甲基纤维素钠 0.5g　　　琼脂 0.5g
　　　　 糖精钠 0.05g　　　　　　　蒸馏水加至 100mL

【制法】 取羧甲基纤维素钠分次加入热蒸馏水（约 40mL）中，轻轻搅拌使其溶解；另取剪碎的琼脂加蒸馏水浸泡使其溶胀，加热煮沸数分钟，使琼脂溶解；两液合并，趁热过滤，再加入糖精钠、热蒸馏水至全量，搅匀即得。

【附注】 本品 pH 值 3～11 时稳定，氯化钠等盐类可降低其黏度。

二、溶胶剂

溶胶剂系指固体药物以细微粒子分散在水中形成的非均匀分散的液体制剂，又称疏水胶体溶液。溶胶剂中的微粒具有带相反电荷的吸附层和扩散层，称为双电层，双电层之间的电位差称为 ζ 电位。ζ 电位越高，

2. 胶体溶液概述

微粒间斥力越大，溶胶越稳定。溶胶剂中微粒的大小一般在 1～100nm，其外观与溶液相似，透明或半透明。属于高度分散的热力学不稳定体系。

将药物分散成溶胶时，其药效会出现增大或异常。例如硫的粉末不易被肠道吸收，但胶体硫在肠道中极易吸收，以致产生极大毒性甚至引起死亡。

（一）溶胶剂的特点

分散相能通过滤纸，而不能通过半透膜；胶粒具有动力学性质，可以进行布朗运动；具有光学性质，胶粒能散射光，使胶体溶液有明显的"丁达尔"效应；具有电学性质，溶胶粒子在电场作用下可发生电泳现象；溶胶剂属热力学不稳定体系，有聚结不稳定性和动力不稳定性。

（二）制备工艺

溶胶剂的制备方法有分散法和凝聚法。

1. 分散法

分散法是将药物的粗粒子分散达到溶胶粒子大小范围的制备过程。

（1）机械分散法：多采用胶体磨进行制备，适用于脆而易碎的药物。

（2）胶溶法：也称解胶法，通过使新生的粗分散粒子重新分散而获得溶胶的方法，即在细小（胶体粒子范围）沉淀中加入电解质使沉淀粒子吸附电荷后逐渐分散的方法。

（3）超声波分散法：采用20000Hz以上超声波所产生的能量，使粗粒分散成溶胶剂的方法。

2. 凝聚法

（1）物理凝聚法：通过改变分散介质，使溶解的药物凝聚成溶胶剂的方法。如将硫磺溶于乙醇中制成饱和溶液，滤过，滤液细流在搅拌下流入水中。由于硫磺在水中的溶解度小，迅速析出形成胶粒而分散于水中。

（2）化学凝聚法：借助氧化、还原、水解等化学反应制备溶胶剂的方法。如硫代硫酸钠溶液与稀盐酸作用，生成新生态硫分散于水中，形成溶胶。

第五节　混悬剂

一、概述

混悬剂系指难溶性固体药物以微粒状态分散于分散介质中形成的非均相液体制剂。混悬剂中药物微粒一般在 $0.5 \sim 10 \mu m$，小者可为 $0.1 \mu m$，大者可达 $50 \mu m$ 或更大。混悬剂属于热力学不稳定的粗分散体系，所用分散介质大多数为水，也可用植物油。应用途径为口服、外用、肌肉注射等。

干混悬剂是按混悬剂的要求将药物用适宜方法制成粉末状或颗粒状制剂，临用前加水振摇，即可迅速分散成混悬剂，如红霉素混悬剂、氢氧化镁铝混悬剂、头孢拉定干混悬剂。

（一）制备混悬剂的条件

（1）难溶性药物需制成液体制剂供临床应用的。

（2）难溶性药物其饱和浓度也达不到临床治疗浓度时，还需以液体制剂形式给药的。

（3）两种溶液混合时药物的溶解度降低而析出固体药物的。

（4）为了产生缓释作用或提高药物在水溶液中稳定性的。

但为了安全起见，毒剧药或剂量小的药物不应制成混悬剂使用。

（二）混悬剂的质量要求

药物本身的化学性质应稳定，在使用或贮存期间含量应符合要求；混悬剂中微粒大小根据用途不同而有不同要求；粒子的沉降速度应很慢、沉降后不应有结块现象，轻摇后应迅速均匀分散；混悬剂应有一定的黏度要求；外用混悬剂应容易涂布。

（三）混悬剂的物理稳定性

混悬剂主要存在物理稳定性问题。混悬剂中药物微粒分散度大，使混悬微粒具有较高的表面自由能而处于不稳定状态。疏水性药物的混悬剂比亲水性药物存在更大的稳定性问题。

3. 混悬剂的稳定性

（1）沉降：混悬剂中药物微粒与分散介质间存在密度差。药物的密度大于分散介质密度，在重力作用下，静置时会发生沉降，相反则上浮。

影响混悬粒子沉降快慢的因素

Stokes 公式揭示了影响混悬剂粒子沉降快慢的因素：

$$V = \frac{2r^2(\rho_1 - \rho_2)g}{9\eta}$$

式中，V 是混悬粒子沉降的速度，可以 mm/min 表示；r 是混悬粒子的半径；ρ_1 表示混悬粒子的密度，ρ_2 表示混悬介质的密度；η 表示混悬液的黏度；g 是常数。

增加混悬剂的动力稳定性，其主要方法是：①尽量减小微粒半径，以减小沉降速度；②增加分散介质的黏度，减小固体微粒与分散介质间的密度差，即要向混悬剂中加入高分子助悬剂，在增加介质黏度的同时，也减小了微粒与分散介质之间的密度差，同时微粒吸附助悬剂分子而增加亲水性。

（2）微粒的荷电与水化：混悬微粒可因本身电离或吸附溶液中的离子而带电荷。微粒表面电荷与介质中相反离子之间构成双电层，产生 ζ 电位。微粒表面带有电荷，使微粒间产生排斥作用，加之有水化膜的存在，阻止了微粒间的相互聚结，使混悬剂稳定。向混悬剂中加入电解质，可改变 ζ 电位和水化膜，影响混悬剂的聚结稳定性。疏水性药物混悬剂的微粒水化作用很弱，对电解质更敏感；而亲水性药物混悬剂的微粒本身具有水化作用，受电解质影响较小。

（3）絮凝与反絮凝：当加入一定量的电解质时，可使 ζ 电位稍加降低，混悬剂中的微粒呈疏松聚集体，经振摇仍可恢复成混悬剂，此现象称为絮凝，所加入的电解质称为絮凝剂。

倘若加入一定量的电解质后可使微粒 ζ 电位升高，阻碍微粒发生絮凝，这种作用称为反絮凝，这种电解质称为反絮凝剂。

同一电解质可因用量不同，既可是絮凝剂也可是反絮凝剂，如枸橼酸盐、枸橼酸氢盐、酒石酸盐、酒石酸氢盐、磷酸盐及氯化物等。

（4）结晶增长与转型：混悬剂中药物微粒可能大小不一，在放置过程中，微粒的大小与数量在不断变化，小微粒数目不断减少，大微粒不断增大，使微粒的沉降速度加快，结果必然影响混悬剂的稳定性。这时必须加入抑制剂以阻止结晶的溶解和生长，以保持混悬剂的物理稳定性。

混悬剂在放置过程中存在着溶解和析出两个过程，会有晶型转化。在制备混悬剂时，要尽可能保持粒子均匀度。

案例 5-1

怎样制备出合格的炉甘石混悬剂？

大二学生小黄在做炉甘石混悬剂制备实验时，制得的混悬剂总是沉降严重，沉降比不理想。为解决这个问题，他向里面加入了羧甲基纤维素钠胶浆，发现虽然混悬剂沉降得到很好的抑制，但仍未达到合格要求。最后分析发现原料中炉甘石颗粒非常大，粉碎不充分，导致沉降加速。重新粉碎炉甘石后，沉降比达到要求。

请思考并讨论：

1. 增加混悬剂稳定性的方法主要有哪些？
2. 助悬剂羧甲基纤维素钠胶浆的作用是什么？

（四） 混悬剂的稳定剂

为了提高混悬剂的物理稳定性，在制备时需加入的附加剂称为稳定剂。稳定剂包括助悬剂、润湿剂、絮凝剂和反絮凝剂等。

1. 助悬剂

助悬剂是指能增加分散介质的黏度以降低微粒的沉降速度或增加微粒亲水性的附加剂。常用的助悬剂如下所述。

（1）低分子助悬剂：如甘油、糖浆剂等，在外用混悬剂中常加入甘油。

（2）高分子助悬剂：①天然高分子助悬剂，主要是胶树类如阿拉伯胶、西黄蓍胶等，阿拉伯胶和西黄蓍胶可用其粉末或胶浆，其用量前者为 5%～15%，后者为 0.5%～1%；还有植物多糖类如海藻酸钠、琼脂、淀粉浆；②合成或半合成高分子助悬剂，主要是纤维素类如甲基纤维素、羧甲基纤维素钠、羟丙纤维素，其他如卡波普、聚维酮、葡聚糖等；③硅皂土，是天然的含水硅酸铝，为灰黄或乳白色极细粉末，直径为 1～150μm，不溶于水或酸，但在水中膨胀，体积增加约 10 倍，形成高黏度并具触变性和假塑性的凝胶，在 pH 值＞7时，膨胀性更大，黏度更高，助悬效果更好。

2. 润湿剂

润湿剂系指能增加疏水性药物微粒被水湿润的附加剂。最常用的润湿剂是 HLB 值在7～11 的表面活性剂，如聚山梨酯类、聚氧乙烯蓖麻油类、泊洛沙姆等。

3. 絮凝剂和反絮凝剂

能使混悬剂产生絮凝作用的附加剂称为絮凝剂，而产生反絮凝作用的附加剂称为反絮凝剂。制备混悬剂时常需加入絮凝剂，使混悬剂处于絮凝状态，以增加混悬剂的稳定性。絮凝剂和反絮凝剂的种类、性能、用量、混悬剂所带电荷以及其他附加剂等，均对絮凝剂和反絮凝剂的使用有很大影响，应在试验的基础上加以选择。

二、混悬剂的制备工艺

混悬剂的制备应使固体药物有适当的分散度，微粒分散均匀，加入助悬剂或絮凝剂，防止沉降结块，混悬剂稳定，再混悬性好。混悬剂的制备方法有分散法和凝聚法。

1. 分散法

将固体药物粉碎、研磨成符合混悬剂要求的微粒，再分散于分散介质中制成混悬剂。小量制备可用研钵，大量生产时可用乳匀机、胶体磨等机械。

粉碎时，采用加液研磨法，通常 1 份药物加 0.4～0.6 份液体研磨，可使药物粉碎得更细，微粒可达 0.1～0.5μm。

对于质量重、硬度大的药物，可采用"水飞法"，即在药物中加适量的水研磨至细，再加入较多量的水，搅拌，稍加静置，倾出上层液体，研细的悬浮微粒随上清液被倾倒出去，余下的粗粒再进行研磨。如此反复直至完全研细，达到要求的分散度为止。"水飞法"可使药物粉碎到极细的程度。

（1）亲水性药物如氧化锌、炉甘石等，一般应先将药物粉碎，再加处方中的液体适量，研磨到适宜的分散度，最后加入处方中的剩余液体至全量。

（2）疏水性药物不易被水润湿，必须先加一定量的润湿剂与药物研匀后再加液体研磨混匀。

2. 凝聚法

凝聚法是借助物理或化学方法将离子或分子状态的药物在分散介质中聚集制成混悬剂。

（1）物理凝聚法：是将分子或离子分散状态分散的药物溶液加入另一分散介质中凝聚成混悬剂的方法。此法一般是选择适当溶剂将药物制成过饱和溶液，在急速搅拌下加至另一种不同性质的液体中，使药物快速结晶，可得到 $10\mu m$ 以下（占 $80\%\sim90\%$）微粒，再将微粒分散于适宜介质中制成混悬剂。如醋酸可的松滴眼剂就是采用凝聚法制成的。

（2）化学凝聚法：是用化学反应法使两种药物生成难溶性的药物微粒，再混悬于分散介质中制备混悬剂的方法。为使微粒细小均匀，化学反应在稀溶液中进行并应急速搅拌，胃肠道透视用 $BaSO_4$ 就是用此法制成的。

三、混悬剂的质量控制

1. 微粒大小的测定

混悬剂中微粒的大小不仅关系到混悬剂的质量和稳定性，也会影响混悬剂的药效和生物利用度。所以测定混悬剂中微粒大小及其分布，是评定混悬剂质量的重要指标。最常用的方法是通过光学显微镜测定微粒，在日光下可以分辨 $0.5\sim100\mu m$，也可采用沉降管法、沉降分析天平法、库尔特计数法、浊度法等。

2. 沉降容积比的测定

沉降容积比是指沉降物的容积与沉降前混悬剂的容积之比。将一定量混悬剂置于刻度量筒内，摇匀，混悬剂在沉降前原始度为 H_0，静置一定时间观察沉降容积比 $F=(H/H_0)\times100\%$，F 值在 $0\sim1$ 之间，F 愈大混悬剂就愈稳定。混悬微粒开始沉降时，沉降高度 H 随时间而减小。

《中国药典》检查法：供试品 50mL、振摇 1min、静置 3h，测定 F 值。口服混悬剂（包括干混悬剂）F 值应不低于 0.9。

3. 絮凝度的测定

絮凝度是比较混悬剂絮凝程度的重要参数，用下式表示：

$$\beta=F/F_\infty \tag{5-2}$$

式中，F 为絮凝混悬剂的沉降容积比；F_∞ 为去絮凝混悬剂的沉降容积比；β 表示絮凝度，是指由絮凝所引起的沉降物容积增加的倍数。例如，去絮凝混悬剂的 F_∞ 值为 0.15，絮凝混悬剂的 F 值为 0.75，则 $\beta=5.0$，说明絮凝混悬剂沉降容积比是去絮凝混悬剂降容积比的 5 倍。β 值愈大，絮凝效果愈好。用絮凝度评价絮凝剂的效果、预测混悬剂的稳定性，有重要价值。

4. 重新分散试验

优良的混悬剂经过贮存后再振摇，沉降物应能很快重新分散，这样才能保证服用时的均匀性和分剂量的准确性。测验方法：将混悬剂置于带塞的试管或量筒内，静置沉降，然后用人工或机械的方法振摇，使沉降物重新分散。重新分散性好的混悬剂，所需振摇的次数少或振摇时间短。

四、混悬剂举例

复方硫磺洗剂

【处方】　沉降硫 30g　　　硫酸锌 30g　　　樟脑醑 250mL
　　　　　甘油 100mL　　　羧甲基纤维素钠 5g　　　纯化水加至 1000mL

【制法】　取沉降硫置乳钵中，加入甘油研磨成细腻糊状；硫酸锌溶于 200mL 水中；另将羧甲基纤维素钠溶于 200mL 纯化水中，在不断搅拌下缓缓加入乳钵内研匀，移入量器中，慢慢加入硫酸锌溶液，搅匀，在搅拌下以细流加入樟脑醑，加纯化水至全量，搅匀，即得。

【附注】 ①沉降硫为强疏水性质轻药物，甘油为润湿剂，使硫能在水中均匀分散；②羧甲基纤维素钠为助悬剂，增加混悬剂稳定性；③樟脑醑系10%樟脑乙醇液，加入时应急剧搅拌，以免樟脑因溶剂改变而析出大颗粒。

第六节 乳 剂

一、概述

乳剂（乳化剂）是指互不相容的两种液体混合，其中一种液体以液滴状态分散于另一种液体中形成的非均相液体分散体系。

普通乳剂的液滴大小一般在$0.1\sim10\mu m$，外观为乳白色不透明的液体；微乳的粒径在$0.01\sim0.10\mu m$，外观为透明液体；亚微乳的粒径在$0.1\sim0.5\mu m$。静脉注射乳剂应为亚微乳，一般粒径可控制在$0.25\sim0.4\mu m$。

乳剂的特点：①临床应用广泛，可口服、外用、肌肉、静脉注射；②乳剂中的液滴分散度很大，药物吸收和药效的发挥很快，有利于提高生物利用度；③油性药物制成乳剂能保证剂量准确，且使用方便；④水包油型乳剂可掩盖药物的不良臭味，并可加入矫味剂；⑤外用乳剂能改善对皮肤、黏膜的渗透性，减少刺激性；⑥静脉注射乳剂注射后分布较快、药效高、有靶向性。

二、乳剂的组成

（一）乳剂的基本组成

乳剂的基本组成是水相、油相和乳化剂。水相（W）是水或水溶液，油相（O）是与水不相混溶的有机液体，乳化剂是防止油水分层的稳定剂。根据连续相和分散相不同分成油包水型（W/O）乳剂和水包油型（O/W）乳剂，前者连续相为油脂，分散相为水溶液，后者连续相为水溶液，分散相为油脂，除了上述这两类乳剂之外还有复合乳剂（W/O/W或O/W/O型）。

（二）乳剂的类型鉴别

乳剂的类型鉴别有稀释法和染色镜检法两种。

1. 稀释法

取试管2支，加入1滴乳剂，再加入蒸馏水约5mL，振摇，翻倒数次，观察是否都能均匀混合，能混合者为O/W型，反之为W/O型。

2. 染色镜检法

将乳剂涂在载玻片上，用油溶性染料苏丹红以及水溶性染料亚甲蓝各染色一次，在显微镜下观察，判断依据：乳滴内为红色或乳滴外为蓝色者为O/W乳剂；乳滴内为蓝色或乳滴外为红色者为W/O乳剂。

（三）乳化剂

一类能使互不相溶的液体形成稳定乳状液的有机化合物，它们都是具有表面活性的物质，能降低液体间的界面张力，使互不相溶的液体易于乳化。

1. 乳化剂的基本要求

乳化剂必须具有较强的乳化能力，可以降低两相表面张力，形成牢固乳化膜；需无毒、无刺激性，可以满足口服、外用和注射的要求；不受酸、碱、辅助乳化剂等各种因素的影响；稳定性好。

2. 乳化剂的种类

乳化剂主要有表面活性剂类、天然乳化剂、固体微粒乳化剂 3 类。

（1）表面活性剂类：这类乳化剂可以显著降低油水两相界面张力，在液滴周围形成单分子膜，这类乳化剂经常混合使用以增加乳剂的稳定性。

常用的阴离子型乳化剂：O/W 型的有硬脂酸钠、油酸钠、十二烷基硫酸钠等，W/O 型的有硬脂酸钙等；非离子型乳化剂：W/O 型的脂肪酸山梨坦（司盘类，如 20，40，60，80等）、O/W 型的聚山梨酯（吐温类，如 20、40、60、80 等）、聚氧乙烯脂肪酸酯类等。阴离子型乳化剂主要用于外用乳剂中，非离子型乳化剂则主要用于口服乳剂。

（2）天然乳化剂：一般为复杂的高分子化合物，亲水性强，形成稳定的多分子膜，增加黏度和稳定性。但用量大，制备工时长，需加入防腐剂。常用的天然乳化剂有阿拉伯胶（O/W）、西黄蓍胶（O/W）、明胶（O/W）、磷脂（O/W，精品可供静脉注射剂）、胆固醇（W/O）等。

（3）固体微粒乳化剂：这类乳化剂溶解度小、颗粒细微的固体粉末，聚集在油水界面形成固体微粒膜，被吸附于油、水界面，形成乳剂，不受电解质影响，与非离子表面活性剂合用效果更好。氢氧化镁（铝）、SiO_2、硅皂土、白陶土等易被水润湿，形成 O/W 型乳剂；氢氧化钙（锌）、硬脂酸镁、炭黑等易被油润湿，形成 W/O 型乳剂。

（四）乳剂的附加剂

为增加乳剂稳定性，改善口感，通常需向乳剂中加入各种附加剂，如辅助乳化剂、防腐剂、抗氧化剂和甜味剂及香料等。

辅助乳化剂可以防止液滴的合并，提高稳定性，增强乳剂黏度和乳化膜强度。如可以增加水相黏度的 HPC、MC、CMC-Na、海藻酸钠、阿拉伯胶、黄原胶、果胶等；可以增加油相黏度的有鲸蜡醇、蜂蜡、单硬脂酸甘油酯、硬脂酸、硬脂醇等。

抗氧剂主要有加入水相中的亚硫酸盐、抗坏血酸，加入油相中的没食子酸丙酯、抗坏血酸棕榈酸酯、叔丁对羟基茴香醚（BHA）、二叔丁基对甲酚（BHT）等，以磷脂为乳化剂时多用维生素 E。

三、乳剂的制备

乳剂制备需经过处方设计、药物加入方法的确定和制备方法的选择等几个步骤。

（一）处方设计

（1）乳剂类型确定：根据用途和药物性质确定乳剂的类型，如口服、静脉、肌肉注射类药物选择 O/W 型；延缓释放水溶性药物选择 W/O、W/O/W 型；外用乳剂选用 O/W 或 W/O 型。

（2）油相的选择：多数情况内服乳剂的油相为有效成分，常用花生油、橄榄油、蓖麻油等，相容积比为 25%～50%；外用乳剂需考虑刺激性、黏度、释药速度等，常用液体石蜡。

（3）乳剂的选择：①根据乳剂类型选择，如 O/W 型乳剂选用吐温类等，W/O 型乳剂选用司盘类等。②根据给药途径选择，内服乳剂选用无毒无刺激性的乳剂，如阿拉伯胶、西黄蓍胶、白及胶、吐温、卵磷脂、琼脂、果胶等；外用乳剂选用无局部刺激性、长期使用无毒性的乳剂，如肥皂类及各种非离子型表面活性剂，一般不用高分子作乳化剂（易干燥结膜）；注射用乳剂一般选用磷脂、泊洛沙姆等。③乳剂混合使用可根据要求调节适宜的 HLB值，能够改善乳剂的黏度。

（二）药物加入方法的确定

乳剂可以作为药物的载体，乳剂中药物的加入方法有：①油溶性药物可先将药物溶于油相再制成乳剂；②水溶性药物可先将药物溶解于水相后再制成乳剂；③药物既不溶于油相也不溶于水相的可以用亲和性大的液相研磨药物，再制成乳剂，或将药物先用少量已制成的乳剂研磨，再与大量乳剂混合均匀；④若需制成初乳，则可将溶于外相的药物溶于稀释液中。

（三）制备方法的选择

1. 手工法

（1）干胶法（油中乳化剂法）：系指将水相加至含乳化剂的油相中，用力研磨使成初乳，再稀释、混匀的制备方法。应掌握初乳中油、水、胶的比例，乳化植物油时一般为4∶2∶1；乳化挥发油时为2∶2∶1；乳化液状石蜡时为3∶2∶1。适用于阿拉伯胶，阿拉伯胶＋西黄蓍胶。

（2）湿胶法：系指将油相加至含乳化剂的水相中，用力研磨使成初乳，再稀释、混匀的制备方法。油、水、胶的比例与干胶法相同。

（3）新生皂法：系指经搅拌或振摇使两相界面生成乳化剂，制成乳剂的方法，例如石灰搽剂的制备。乳化剂是油水界面反应生成（有机酸和NaOH，70℃以上），一价皂为O/W型乳化剂，二价皂为W/O型乳化剂。

（4）两相交替加入法：向乳化剂中少量交替加入油和水，边加边搅拌，制成乳剂的方法。适于乳化剂用量较大的情况（天然胶类、固体微粒乳化剂）。

2. 机械法

机械法系指采用乳匀机、胶体磨、超声波乳化装置制备乳剂的方法。用机械法乳化一般可不考虑混合次序。

（1）搅拌器：利用高速搅拌产生的剪切力和破碎力使液体分散，控制搅拌速度可调节乳化粒子的大小。小量制备可采用乳钵，大量制备可采用搅拌机械如螺旋桨搅拌器、涡轮搅拌器、组织捣碎机等。适用于粗乳（初产品）制备。

（2）胶体磨：利用高速旋转的转子和定子之间的缝隙产生强大剪切力而使液体乳化，但效果不及高压乳匀机。适用于质量要求不高及黏度大的乳剂制备，含固体药物制备。

（3）乳匀机：将粗乳在高压下高速通过乳匀机细孔，因产生强大剪切、挤压作用而使粗乳变成很细的乳剂。适用于高质量乳剂如静脉乳剂的制备。

（4）超声波乳化器：将物料在高压喷射下，撞击在金属薄片的刀刃上，使刀刃激发产生共振，液体受到高频率超声剧烈振荡而乳化成细的乳剂。

（四）影响乳化的因素

影响乳化的因素主要有温度、乳化时间。温度升高，可以降低黏度和界面张力，有利于乳剂形成，但温度的升高使得液滴聚集甚至破裂，乳剂稳定性降低，所以乳化温度一般稳定控制在不超过70℃。在乳化开始阶段，搅拌、研磨有利于乳剂形成，但液滴形成之后继续长时间搅拌，可使液滴之间碰撞机会增多，导致液滴合并增大甚至使乳剂完全破裂，因此乳剂形成之后应避免长时间搅拌或研磨，最适宜的乳化时间一般凭经验或预实验而定。

四、乳剂的稳定性

影响乳剂稳定性的主要因素：①乳化剂的性质；②乳化剂的用量，一般应控制在0.5%～10%；③分散相的浓度，一般宜在50%左右；④分散介质的黏度；⑤乳化及贮藏时的温度，一般认为适宜的乳化温度为50～

4. 乳剂的稳定性

70℃；⑥制备方法及乳化器械；⑦微生物的污染等。

乳剂的不稳定现象主要有分层、絮凝、转相、破裂和酸败。

1. 分层

分层又称乳析，指乳剂在放置过程中，乳滴逐渐聚集在上层或下层的现象。由于界面膜、乳滴大小没有变，分层是可逆过程，轻轻振摇即能恢复原状，但容易引起絮凝和破坏。可以通过减小乳滴粒径、增加介质黏度、减小密度差或是加大相容积比来改善。

2. 絮凝

絮凝指乳滴聚集成团，但仍保持各个乳滴的完整分散体而不呈现合并的现象。乳滴聚集形成疏松的聚集体，经振摇即能恢复成均匀乳剂，是乳滴合并的前奏。絮凝的主要原因是电解质和离子型乳化剂使乳滴电荷减少，ξ 电位降低。絮凝的特点是轻微振摇能恢复乳剂原来状态；液滴大小保持不变，但表示着合并的危险性；加快分层速度，暗示着稳定性降低。

3. 转相（转型）

转相（转型）系指 O/W 型乳剂转成 W/O 型乳剂或出现相反的变化。加入外加物质、改变相体积比和温度都可能导致乳剂转相。加入反相乳化剂会导致转相，如向 O/W 型乳剂中加入氯化钙就会转为 W/O 型。

4. 破裂

乳滴周围的乳化膜破坏，液滴合并成大液滴。乳滴的合并进一步发展使乳剂出现油水两相的现象叫破裂。合并和破裂是不可逆过程。

5. 酸败

酸败指乳剂受外界因素（光、热、空气等）及微生物作用，使体系中油或乳化剂发生变质的现象。

五、乳剂的质量控制

乳剂给药途径不同，其质量要求也各不相同，很难制定统一的质量标准。但对所制备乳剂的质量必须有最基本的评定。

1. 测定乳剂粒径大小及分布

乳剂粒径大小是评价其质量的重要指标，不同用途的乳剂对粒径的要求不同，静脉注射乳剂的粒径应在 $0.5\mu m$ 以下。

2. 分层现象观察

乳剂经长时间放置，粒径变大，进而产生分层。这一过程进行的快慢是衡量乳剂稳定性的重要指标。为了在短时间内观察乳剂的分层，用离心法加速其分层。以半径 10cm 的离心机，用 4000r/min 离心 15min，如不分层可认为乳剂质量稳定。此法可用于比较各种乳剂的分层情况，以估计其稳定性。在半径为 10cm 离心管中以 3750r/min 速度离心 5h，相当于 1 年的自然分层效果。若乳剂可能出现相分离现象时，应经振摇后能容易再分散。

3. 装置检查

除另有规定外，口服乳剂的装量，照下述方法检查，应符合规定。

取供试品 10 袋（支），将内容物分别倒入经标化的量入式量筒内，检视，每支装量与标示装量相比较，均不得少于其标示量。

凡规定检查含量均匀度者，一般不再进行装量检查。

多剂量包装的口服乳剂照最低装量检查法（通则 0942）检查，应符合规定。

4.微生物限度检查

除另有规定外，照非无菌产品微生物限度检查：微生物计数法（通则1105）和控制菌检查法（通则1106）及非无菌药品微生物限度标准（通则1107）检查，应符合规定。

六、乳剂举例

鱼肝油乳剂

【处方】　鱼肝油 25mL　　　阿拉伯胶 6.5g　　　　　　　薄荷油 0.1mL
西黄蓍胶 0.8g　　5％尼泊金乙酯醇溶液 0.1mL　　1％糖精钠溶液 0.5mL
纯化水加至 60mL

【制备】　将鱼肝油与阿拉伯胶共置干燥研钵中混匀后，一次加入水 15mL，不断研磨至稠厚的乳白原乳，将糖精钠溶液逐渐与挥发薄荷油共加于原乳中，最后缓缓加入西黄蓍胶浆与适量水达 60mL，不断研磨均匀即成。

【附注】　①鱼肝油乳剂制备时，应先在干燥乳钵中制备初乳，初乳的油水胶的比例为4∶2∶1且加入水后应迅速沿同一方向强力研磨；②鱼肝油乳剂为 O/W 型乳剂。其中，阿拉伯胶为乳化剂，西黄蓍胶是辅助乳化剂，糖精钠为矫味剂，尼泊金乙酯为防腐剂，香精为矫嗅剂。

 知识延伸

药品的贮藏

有研究表明，温度每升高 10℃，药物中各种材料的化学反应速度会相应增加 3～4倍，强光及高温都易导致药品变质。夏季气温高、湿度大，所以夏季家庭贮存的药品一定要注意低温阴凉。特别是已打开包装而没用完的药品，更要妥善保存。一些中药材易长霉、虫蛀，在装瓶前应充分烘干或晒干，装瓶后密闭、阴凉存放。另外，有些药物遇热极易挥发，要特别注意密闭。

凡在高温下会变质或变形的药品都应放在 2～10℃ 的低温环境中保存，夏季室内达不到要求时就要将这些药品放在冰箱中冷藏。同时已拆开包装而未服完的药品，为防止其变质，也建议放入冰箱保存。某些中药材在夏季受潮后易生虫，冰箱保存是有效的方法。

所有药品都应按照说明书中标注的存放条件保存。需特别注意的是，有些药品对热特别敏感，如胃药乳酶生、胃蛋白酶以及糖尿病人用的胰岛素等，一定要放在冰箱中冷藏。对一些散装的药片或胶囊，如在室温下保存，一定用深色玻璃瓶。

本章小结

1.液体制剂是指将药物以不同的分散方法和不同的分散程度分散在适宜的分散介质中制成的液体分散体系。

2.液体制剂附加剂主要有增溶剂、助溶剂、防腐剂、矫味剂、着色剂等。

3.表面活性剂通常是指具有固定的亲水亲油基团，能显著降低表面张力的物质。分为阴离子型、阳离子型、两性离子型、非离子型和高分子型 5 种。

4.表面活性剂的性质：cmc、HLB 值、Krafft 点、昙点。在药物制剂中的应用：乳化、增溶、润湿、起泡和消泡、去污、消毒与杀菌作用。

5.低分子溶液剂包括溶液剂、糖浆剂、芳香水剂、酊剂、醋剂、甘油剂等。高分子溶液剂是指高分子化合物溶解于溶剂中制成的均匀分散液体制剂。

6.溶胶剂系指固体药物细微粒子分散在水中形成的非均相液体制剂,又称疏水胶。溶胶剂的制备方法有分散法和凝聚法。

7.混悬剂系指难溶性固体药物以微粒状态分散于分散介质中形成的非均匀的液体制剂。制备方法有分散法和凝聚法。

8.乳剂是指互不相溶的两种液体,其中一种液体以液滴状态分散于另一种液体中形成的非均相分散体系。乳剂的基本组成是水相、油相和乳化剂。

9.乳剂制备方法有干胶法、湿胶法、新生皂法、两相交替法和机械法。

学习目标检测

一、名词解释

1. O/W 乳剂

2. 增溶

3. 乳析

4. 临界胶束浓度

5. 助悬剂

二、填空题

1.混悬型液体药剂在标签及说明书上,应注明_____。

2.乳剂是由_____、_____和_____三者组成。

3.表面活性剂在药剂学中的应用有_____、_____、_____、_____和_____等。

4.增加药物溶解度的方法有_____、_____、_____、_____。

5.混悬剂的稳定剂包括_____、_____、_____和_____。

三、A 型题 (单项选择题)

1.下列属于均相液体制剂的是

A.普通乳剂　　　B.纳米乳剂　　　C.溶胶剂　　　D.高分子溶液剂　　　E.混悬剂

2.关于液体制剂的特点,说法错误的是

A.分散度大,吸收快　　　　　　B.易霉变,需加入防腐剂

C.携带运输方便　　　　　　　　D.易引起药物的化学降解

E.给药途径广,可内服也可外用

3.有关液体制剂质量要求,描述错误的是

A.液体制剂均应是澄明溶液　　　B.口服液体制剂应口感好

C.外用液体制剂应无刺激性　　　D.液体制剂应浓度准确

E.液体制剂应具有一定的防腐能力

4.制备液体制剂首选的溶剂是

A.乙醇　　　　B.丙二醇　　　　C.蒸馏水　　　D.植物油　　　　E. PEG

5.下列溶剂属于极性溶剂的是

A.丙二醇　　　B.聚乙二醇　　　C.二甲基亚砜　D.液状石蜡　　　　E.乙醇

四、B 型题 (配伍选择题)

【1～4】 A.低分子溶液剂　　B.高分子溶液剂　　C.乳剂　　D.溶胶剂　　E.混悬剂

1.低分子药物分散在分散介质中形成的液体制剂，分散微粒小于1nm的是

2.由高分子化合物分散在分散介质中形成的液体制剂是

3.疏水胶体溶液是指

4.由不溶性液体药物以小液滴状态分散在分散介质中形成的多相分散体系是

【5～8】　A.吐温类　　　B.司盘类　　　C.卵磷脂　　　D.季铵化物　　　E.肥皂类

5.可作为油/水型乳剂的乳化剂，且为非离子型表面活性剂的是

6.可作为水/油型乳剂的乳化剂，且为非离子型表面活性剂的是

7.主要用于杀菌和防腐，且属于阳离子型表面活性剂的是

8.一般只用于皮肤用制剂的阴离子型表面活性剂的是

五、X型题（多项选择题）

1.影响乳剂类型的因素是

A.乳化剂的 HLB 值　　　　　　　　B.乳粒的大小

C.内相与外相的体积比　　　　　　　D.温度

E.制备方法

2.属于乳剂的不稳定表现有

A.分解　　　　　　B.转相　　　　　C.合并　　　　D.破裂　　　　　E.酸败

3.液体制剂中常用的防腐剂有

A.苯甲酸钠　　　B.酒石酸盐　　　C.羟苯酯类　　D.山梨酸　　　　E.乙醇

4.干胶法制备乳剂油、水、胶的正确比例是

A.植物油∶水∶胶（4∶2∶1）　　B.植物油∶水∶胶（2∶2∶1）

C.挥发油∶水∶胶（4∶2∶1）　　D.液体石蜡∶水∶胶（3∶2∶1）

E.挥发油∶水∶胶（2∶2∶1）

5.混悬剂处于絮凝状态的特点包括

A.沉降速度快　　　　　　　　　　B.有明显的沉降面

C.沉降体积大　　　　　　　　　　D.ζ电位显著增加

E.经振摇能迅速恢复均匀的混悬状态

六、简答题

1.简述起浊现象。

2.简述乳剂转相的条件。

3.液体制剂的种类及其主要特征。

无菌制剂

第六章

根据人体对环境微生物的耐受程度，中国药典对不同给药途径的药物制剂大体分为无菌制剂和非无菌制剂两大类。

广义的无菌制剂根据制备工艺不同可分为：灭菌制剂与无菌制剂。灭菌制剂是指采用物理、化学方法杀灭或除去所有活的微生物繁殖体和芽孢的一类药物制剂。无菌制剂是指采用无菌操作方法或技术，制备的不含任何活的微生物繁殖体和芽孢的一类药物制剂。灭菌制剂与无菌制剂主要包括注射用制剂（如小容量注射剂、大容量注射剂、粉针剂等）、眼用制剂（如滴眼剂、眼用膜剂、软膏剂和凝胶剂等）、植入型制剂（如植入片等）、创面用制剂（如溃疡、烧伤及外伤用溶液、软膏剂和气雾剂等）和手术用制剂（如止血海绵剂和骨蜡等）。

而非无菌制剂是指允许一定限量的微生物存在，但不得有规定控制菌存在的药物制剂，如口服制剂不得含大肠杆菌等有害菌。

第一节　注射剂概述

1. 若病人高烧或昏迷不醒时，医生会如何用药呢？

2. 实物演示：注射用青霉素钠、维生素 C 注射液和生理盐水。　说一说：三种制剂以什么方式给药？　如何制备？

一、注射剂的定义

注射剂俗称针剂，是指专供注入机体内的一种制剂。其中包括灭菌或无菌溶液、乳浊液、混悬液及临用前配成液体的无菌粉末等类型。近年来，随着注射制剂新技术的研究深入，还出现了脂质体、微球、微囊、无针注射剂等新型注射给药系统，并已实现商品化。

注射剂一般由药物、溶剂、附加剂及特制的容器组成，由于它可在皮内、皮下、肌内、静脉、脊椎腔及穴位等部位给药，为药物作用的发挥提供了有效途径，因而在临床尤其是危重急症疾病的治疗中应用十分广泛。

二、分类和特点

1. 按分散系统分类

注射剂按分散系统可分溶液型、混悬型、乳剂型和粉末型注射剂四类。

（1）溶液型注射剂：包括用水、油及非水溶剂制备的溶液型注射液。易溶于水且在水溶液中稳定的药物可制成水溶液的注射液，如维生素 C 注射液、氯化钙注射液；不溶于水而溶于油中的药物则可制成油溶液的注射液，如黄体酮注射液、己烯雌酚注射液等。也有用其他非水性溶剂或复合溶剂制成的溶液型注射剂，如氯霉素注射液、洋地黄毒苷注射液等。

（2）混悬型注射剂：水难溶性药物或为延效给药时间的药物，可制成水或油的混悬型注射剂，供肌肉注射。注射用混悬液一般不得用于静脉注射与椎管注射，如醋酸可的松注射液、鱼精蛋白锌胰岛素注射液等。

（3）乳剂型注射剂：水不溶性药物，根据医疗需要可以制成乳剂型注射剂，如静脉注射脂肪乳等。

（4）粉末型注射剂：亦称粉针，系将供注射用的无菌粉末状药物装入安瓿或其他适宜容器中，临用前用适当的注射用溶剂溶解或混悬后使用的制剂，如青霉素、阿奇霉素、辅酶A、α-糜蛋白酶等粉针剂。

2. 注射剂的特点

注射剂是临床应用最广泛的剂型之一，因为它具有下列特点。

（1）作用可靠，药效迅速。因药液直接注入组织或血管，所以吸收快，作用迅速。尤其是静脉注射，往往注射结束，血药浓度已达最大值，故特别适用于危重病人的抢救或提供能量。注射剂由于不经过胃肠道，不受消化液及食物的影响，无肝脏首过效应，因此作用可靠，易于控制。

（2）适用于不宜口服的药物。某些药物，如青霉素或胰岛素可被消化液破坏，庆大霉素口服不易吸收，所以这些药物可设计成注射剂。

（3）适用于不能口服给药与禁食的患者。如对昏迷、肠梗阻、严重呕吐等无法进食的病人和手术后需禁食的病人，可以注射给药和补充高能营养。

（4）产生局部定位作用。如局部麻醉药可以产生局部定位作用，有些药物还可用注射方式延长药物的作用。

（5）产生定向作用。如脂质体或静脉乳剂在肝、脾等器官药物分布较多，可产生定向作用。

3. 注射剂与其他剂型相比的不足之处

（1）注射剂不如口服给药安全，注射剂一经注入体内，药物起效快，易产生不良反应，需严格控制用药。

（2）注射剂用药必须有一定的注射技术，用药不方便，一般患者不能自行使用。

（3）工艺复杂，有严格的质量要求，必须具备相应的生产条件和设备，生产成本高。

生活常识

注射剂有很多特点，可避免口服剂型的一些局限性，使人们在特殊情况下也有药物可用。但如果不能正确对待注射剂的优点，就会成为一个误区。若无限夸大注射剂的好处，同时忽略其短处，即价格和风险时，就不可避免地出现滥用注射剂的问题。

人们对注射剂的错误认识，常见有三条：①打针治疗，病好得快；②注射治疗，节约用药；③打针的药，都是好药。有了这些认知，只要"不差钱"，甚至借钱，就会首选注射剂。这3个认识，虽流传较广，但都不正确。要推行科学的"口服优先"原则，以及能肌肉注射就不静脉注射原则，破除注射剂的使用误区。

三、注射剂的质量要求

由于注射剂直接注入人体内，因此对注射剂的处方设计、原辅料的选择、生产工艺、生产过程控制以及产品质量检查均有严格要求。

注射剂的质量应符合下列要求。

（1）无菌：注射剂成品中不得含有任何活的微生物和芽孢。

（2）无热原：是注射剂的重要质量指标，特别是供静脉及脊椎注射的制剂。

（3）可见异物：不得有肉眼可见的浑浊或异物。

（4）安全性：注射剂不能引起对组织的刺激性或发生毒性反应，以确保用药安全。

（5）渗透压：要求与血浆的渗透压相等或接近。供静脉注射的大剂量注射剂还要求具有等张性。

（6）pH值：要求与血液相等或接近（血液pH值约7.4），一般可控制pH值在4～9范围内。

（7）稳定性：要求具有必要的物理和化学稳定性，以确保产品在贮存期内安全有效。

（8）降压物质：有些注射剂，如复方氨基酸注射液，其降压物质必须符合相关规定，以确保安全用药。

四、热原

热原（pyrogen）从广义说，是指微量即能引起恒温动物体温异常升高的物质的总称。大多数细菌都能产生热原，以革兰氏阴性杆菌致热能力最强。在药物制剂生产中，引起热原反应的主要物质是革兰氏阴性菌细胞壁中降解的脂多糖等，也称细菌内毒素或内毒素。

 知识延伸

热原反应

热原是微生物的一种内毒素（endotoxin），存在于细菌的细胞膜和固体膜之间，由磷脂、脂多糖和蛋白质组成的复合物。其中脂多糖是内毒素的主要成分，脂多糖组成因菌种不同而异。

若将含有热原的注射液注入体内，约半小时后就会产生发冷、寒战、体温升高、恶心呕吐等不良反应，严重者出现昏迷、虚脱，甚至有生命危险，这种现象称为热原反应。

1. 热原的性质

（1）耐热性：热原一般在60℃加热1h不受影响，100℃加热也不降解，但在250℃加热30～45min、200℃加热60min或180℃加热3～4h可使热原彻底破坏。

（2）过滤性：热原体积小，约为1～5nm，可通过一般的滤器，即使采用微孔滤膜过滤，也不能截留，但可用活性炭吸附。

（3）水溶性：热原能溶于水。

（4）不挥发性：热原本身不挥发，但可随水蒸气中雾滴带入纯化水，需采取适当措施将蒸汽和雾滴分离，防止热原的带入。

（5）其他：热原能被强酸、强碱、强氧化剂破坏。另外，超声波及某些表面活性剂（如去氧胆酸钠）也能使之失活。

2. 热原的主要污染途径

（1）经注射溶剂带入：如注射用水，是热原污染的主要来源，故注射用水应新鲜使用，蒸馏器质量要好，环境应洁净。

（2）经原辅料带入：易滋生微生物的药物和辅料，如右旋糖苷、水解蛋白或抗生素等药物，葡萄糖、乳糖等辅料，在贮藏过程中，因包装损坏而易污染。

（3）经使用的容器、用具、管道及装置等带入：在生产中，未按 GMP 规定和要求认真清洗处理，常易导致热原污染。

（4）经制备过程带入：制备过程中室内卫生条件差，操作时间过长，产品灭菌不及时或不合要求，均增加细菌污染的机会，从而增加热原产生的可能性。

（5）经输液器带入：输液本身不含热原，而因输液器具如乳胶管、针头与针筒等污染而引起热原反应。

3. 热原的去除方法

（1）高温法：对能耐受高温加热处理的容器与用具，如针头、针筒或其他玻璃器皿，在洗净后，于 250℃ 加热 30min 以上，破坏热原。

（2）酸碱法：玻璃容器、用具可用重铬酸钾硫酸清洗液或稀氢氧化钠液处理，可将热原破坏。亦可用强氧化剂破坏。

（3）吸附法：常用的吸附剂有活性炭，活性炭对热原有较强的吸附作用，同时有助滤和脱色作用。

（4）离子交换法：用弱碱性阴离子交换树脂与弱酸性阳离子交换树脂除去热原。

（5）凝胶过滤法：用二乙氨基乙基葡聚糖凝胶（分子筛）制备无热原去离子水。

（6）反渗透法：用反渗透法通过醋酸纤维膜除去热原。

（7）超滤法：一般用 3.0～15nm 超滤膜除去热原。

（8）其他方法：采用二次以上湿热灭菌法，或适当提高灭菌温度和时间。另外，微波亦可破坏热原。

五、注射剂用溶剂

（一）注射用水

5. 纯化水的制备

制药用水的种类有饮用水、纯化水、注射用水和灭菌注射用水。《中国药典》规定纯化水为原水经蒸馏法、离子交换法、反渗透法或其他适宜的方法制得的供药用的水；注射用水为纯化水经蒸馏所得的纯化水；灭菌注射用水为经灭菌后的注射用水。

纯化水用作配制普通药剂的溶剂或试验用水，而不得用于注射剂的配制；注射用水用作配制注射剂用的溶剂；灭菌注射用水主要用于注射用灭菌粉末的溶剂或注射液的溶剂或稀释剂。

1. 制药用水的制备方法

制药用水的制备过程中应严格监测各生产环节，防止微生物污染。制药用水常用的制备方法如下。

（1）离子交换法

① 离子交换树脂的类型：我国医药生产中，常用的树脂有两种：一种是 732 型苯乙烯强酸性阳离子交换树脂；另一种是 717 型苯乙烯强碱性阴离子交换树脂。

② 离子交换的基本原理：阳、阴离子交换树脂在水中是解离的，当原水通过阳离子交换树脂时，水中阳离子被树脂所吸附，树脂上的阳离子 H^+ 被置换到水中，并和水中的阴离子组成相应的无机酸；含无机酸的水再通过阴离子交换树脂时，水中阴离子被树脂所吸附，树脂上的阴离子 OH^- 被置换到水中，并和水中的 H^+ 结合成水。如此原水不断地通过阳、阴离子交换树脂进行交换，得到去离子水。

用离子交换树脂法制备纯化水时，通常采用的工艺流程：

饮用水→过滤→阳树脂床→阴树脂床→混合床→去离子水

离子交换法是利用离子交换树脂除去水中阴、阳离子的方法，同时对细菌、热原也有一定的清除作用。本法是制备纯化水的基本方法之一，具有所得水化学纯度高、设备简单、成本低等优点，但不能完全清除热原，且离子交换树脂需要经常再生，耗酸碱量大。当水源含盐量超过 500mg/L 时，不适用于直接用离子交换法制备纯水。

（2）反渗透法

① 反渗透法的原理：用一个半透膜将 U 形管内的纯水与盐水隔开，则纯水就透过半透膜扩散到盐溶液一侧，这就是渗透过程。两侧液柱产生的高度差，即表示此盐溶液所具有的渗透压。但若在渗透开始时就在盐溶液一侧施加一个大于此盐溶液渗透压的力，则盐溶液中的水将向纯水一侧渗透，结果水就从盐溶液中分离出来，这一过程就称作反渗透。

实践证明，一级反渗透装置除去氯离子的能力达不到药典的要求，只有二级反渗透装置才能较彻底地除去氯离子，分子量大于 300 的有机物几乎全部除去。热原的分子量在 1000 以上故可除去。

反渗透法制备纯化水过程是以饮用水为水源，一般采用两级反渗透系统，其工艺流程如下：

饮用水→预处理→一级高压泵→一级反渗透→二级高压泵→二级反渗透→纯化水

一级反渗透能除去 90％～95％的一价离子和 98％～99％的二价离子，同时能除去病毒等微生物，但除去氯离子的能力较差，二级反渗透装置能较彻底地除去氯离子。一般认为反渗透法除去微生物、有机微粒和胶体物质的机理是机械的过筛作用。有机物的排除率与相对分子质量有关，相对分子质量大于 300 的有机物几乎可以完全除尽，故可除去热原。如果采用二级反渗透装置结合离子交换树脂处理，就可稳定地制得符合要求的高纯水。

② 反渗透法的特点：反渗透法具有除盐、除热原效率高；制水过程为常温操作，对设备不会腐蚀，也不会结垢；制水设备体积小，单位体积产水量高；制水设备及操作工艺简单，能源消耗低等优点。但反渗透膜对原水质量要求较高，如原水中悬浮物、有机物、微生物等均会降低膜的使用效果，因此应预先用离子交换法或膜过滤法处理原水。

（3）电渗析法

当原水含盐量高达 3000mg/L 时，离子交换法不宜制纯化水，但可采用电渗析法处理。本法原理为：将阳离子交换膜装在阴极端，显示负电场；阴离子交换膜装在阳极端，显示正电场。在电场作用下，负离子向阳极迁移，正离子向阴极迁移，从而去除水中的电解质而得纯化水。

① 电渗析器的结构：电渗析器由阴离子交换膜、阳离子交换膜、隔板、极板，压紧装置等部件组成。离子交换膜可分为均相膜、半均相膜、导向膜，制备纯化水均用导向膜；是将离子交换树脂粉末与尼龙网热压在一起，再固定在聚乙烯膜上，膜厚一般为 0.5mm，阳离子膜为聚乙烯苯乙烯酸型，阴离子膜为聚乙烯苯乙烯季铵型。

② 电渗析工作原理：电渗析依据离子在电场作用下定向迁移及交换膜的选择透过性而设计的。由于阳膜荷负电，只允许溶液中的阳离子通过，阴离子受膜排斥；而阴膜荷正电，允许阴离子通过，阳离子受膜排斥，阳膜与阴膜将容器分隔成三个室，两端室各插一惰性电极，溶液中的阳离子和阴离子分别透过阳膜和阴膜，离开中隔室，被两端室电极所吸收，结果使中隔室溶液中的离子随电流的通过而逐渐降低，盐分被除去而使水得到纯化。电渗析制备纯化水过程中，实际都采用多层离子交换膜的电渗析器，即阳膜、阴膜交替排列，惰性电极装在两端，这样就仅有一对电极反应，可以从多个淡水室得到纯水。

电渗析主要除去带电荷的杂质，对于不带电荷的杂质除去能力则很弱，而且使膜污染而增加阻力，可降低电流效率，故原水应经预处理除去悬浮的杂质后再进入电渗析器。

电渗析法较离子交换法经济、节约酸碱，但制得的水纯度不高，比电阻较低，一般在5万～10万 Ω·cm。当原水含盐量高达 3000mg/L 时，用离子交换法制备纯化水时树脂会很快老化，故此时将电渗析法与离子交换法结合应用来制备纯化水较适合。

（4）蒸馏法

蒸馏法是采用蒸馏水器来制备制药用水的方法。制药企业采用的蒸馏水器形式很多，但基本结构相似，一般由蒸发锅、隔膜器和冷凝器组成。目前制药企业多采用多效蒸馏水器、气压式蒸馏水器等来制备制药用水。

① 多效蒸馏水器：多效蒸馏水器是近年国内广泛采用的制备注射用水的重要设备，具有耗能低、产量高、水质优及自动化程度高等优点。其主要结构由圆柱形蒸馏塔、冷凝器及一些控制元件组成。多效蒸馏水器的效数不同但工作原理相同，以三效蒸馏水器为例来介绍多效蒸馏水器的工作原理。

一效塔内纯化水经高压三效蒸汽加热（温度可达 130℃）而蒸发，蒸汽经隔沫装置作为热源进入二效塔加热室，二效塔内的纯化水被加热产生的蒸汽作为三效塔的热源进入塔内加热纯化水，二效塔、三效塔的加热蒸汽被冷凝后生成的蒸馏水和三效塔内的蒸汽冷凝后蒸馏水汇集于收集器而成为注射用水。多效蒸馏水器的性能取决于加热蒸汽的压力和级数，压力愈大则产量愈大，效数愈多则热能利用效率愈高。从多方面因素如出水质量、能源消耗、占地面积、维修能力等考虑，选用四效以上的蒸馏水机较为合理。

② 气压式蒸馏水器：气压式蒸馏水器是利用动力对二次蒸汽进行压缩、循环蒸发而制备注射用水的设备，主要由自动进水器、热交换器、加热室、蒸发室、冷凝器及蒸气压缩机等组成。其工作原理是将进料水加热汽化产生二次蒸汽；把二次蒸汽经压缩机压缩成过热蒸汽，其压强、温度同时升高；使过热蒸汽通过管壁与进水进行热交换，使进水蒸发而过热蒸汽被冷凝成冷凝液，此冷凝液就是所制备的注射用水。气压式蒸馏水器具有多效蒸馏水器的优点，且不需冷却水，但电能消耗大。

我国药典规定采用注射用水的制备应采用蒸馏法，《美国药典》从 19 版开始就收载了此法为制备注射用水的法定方法之一。

2. 注射用水的质量要求

《中国药典》规定，除氯化物、硫酸盐、钙盐、硝酸盐、亚硝酸盐、二氧化碳、易氧化物、不挥发物与重金属按纯化水检查应符合规定外，还规定 pH 值应为 5.0～7.0，氨含量不超过 0.00002%，热原检查应符合规定，并规定应于制备后一般 12h 内使用。

（二）注射用非水溶剂

（1）乙醇：能与水、甘油、挥发油等任意混溶，可供静脉或肌内注射。采用乙醇为注射溶剂浓度可达 50%，但乙醇浓度超过 10% 时可能会有溶血或疼痛感。

（2）丙二醇（PG）：能与水、乙醇、甘油混溶，能溶解多种挥发油，可供静注或肌注。注射用溶剂或复合溶剂常用量为 10%～60%，用于皮下或肌注时有局部刺激性。

（3）聚乙二醇（PEG）：能与水、乙醇相混溶，化学性质稳定，PEG-300、PEG-400 均可用作注射用溶剂，因 PEG-300 的降解产物可能会导致肾病变，因此 PEG-400 更常用。

（4）甘油：能与水或醇任意混溶，但在挥发油和脂肪油中不溶，由于黏度和刺激性较大，不单独作注射用溶剂。常用浓度 1%～50%，但大剂量注射会导致惊厥、麻痹、溶血。常与乙醇、丙二醇、水等组成复合溶剂。

（5）二甲基乙酰胺（DMA）：能与水、乙醇任意混溶，对药物的溶解范围大，为澄明中性溶液，但连续使用时，应注意其慢性毒性。

（6）植物油：是最常用的注射用油，通过压榨植物的种子或果实制得，需经中和游离脂肪酸、除臭、脱水、脱色、灭菌等精制处理后方可应用。常用注射用油为麻油（最适用注射用油，因含天然抗氧剂，是最稳定植物油）、茶油等。植物油作为注射用油仅用于肌肉注射，其质量要求应符合中国药典规定。

（7）油酸乙酯：为浅黄色油状液体，能与脂肪油混溶，作为注射用油仅用于肌肉注射。贮存过程中会氧化变色，故常加抗氧剂。

（8）苯甲酸苄酯：为无色油状或结晶，能与乙醇、脂肪油混溶，作为注射用油仅用于肌肉注射。

六、注射剂的附加剂

为确保注射剂安全、有效和稳定，在注射剂处方中除主药和溶剂以外还可加入其他物质，这些物质统称为附加剂。其主要作用是：增加药物的理化稳定性；增加主药的溶解度；抑制微生物生长；减轻疼痛或对组织的刺激性等。注射剂中附加剂的类型和用量各国药典均有明确的规定。

常用注射剂附加剂有：增溶剂、润湿剂、乳化剂、助悬剂、pH 和等渗调节剂、局麻剂、抑菌剂、抗氧剂、稳定剂等。常用的附加剂见表 6-1。

表 6-1　注射剂常用附加剂

附加剂	浓度范围/%	附加剂	浓度范围/%
增溶剂、润湿剂、乳化剂：		**抗氧剂：**	
聚氧乙烯蓖麻油	1～65	亚硫酸钠	0.1～0.2
聚山梨酯 20	0.01	亚硫酸氢钠	0.1～0.2
聚山梨酯 40	0.05	焦亚硫酸钠	0.1～0.2
聚山梨酯 80	0.04～4.0	硫代硫酸钠	0.1
聚乙二醇 40 蓖麻油	7.0～11.5	**等渗调节剂：**	
卵磷脂	0.5～2.3	氯化钠	0.5～0.9
Pluronic F68	0.21	葡萄糖	4～5
缓冲剂：		甘油	2.25
醋酸—醋酸钠	0.22,0.8	**助悬剂：**	
枸橼酸—枸橼酸钠	0.5,4.0	明胶	2.0
乳酸	0.1	甲基纤维素	0.03～1.05
酒石酸—酒石酸钠	0.65,1.2	羧甲基纤维素	0.05～0.75
磷酸氢二钠—磷酸二氢钠	0.71,1.7	果胶	0.2
碳酸氢钠—碳酸钠	0.005,0.06	**局麻剂：**	
抑菌剂：		利多卡因	0.05～1.0
苯甲醇	1～2	盐酸普鲁卡因	1.0
羟丙丁酯、甲酯	0.01～0.015	苯甲醇	1.0～2.0
苯酚	0.5～1.0	三氯叔丁醇	0.3～0.5
三氯叔丁醇	0.25～0.5	**填充剂：**	
硫柳汞	0.001～0.02	乳糖	1～8
螯合剂：		甘氨酸	1～10
EDTA-2Na	0.01～0.05	甘露醇	1～2
保护剂：		**稳定剂：**	
乳糖	2～5	肌酐	0.5～0.8
蔗糖	2～5	甘氨酸	1.5～2.25
麦芽糖	2～5	烟酰胺	1.25～2.5
人血白蛋白	0.2～2	辛酸钠	0.4

七、注射剂的等渗调节与等张调节

1. 注射剂的等渗调节

等渗溶液是指与血浆渗透压相等的溶液。如 0.9% 的氯化钠溶液、5% 的葡萄糖溶液与血浆具有相同的渗透压，为等渗溶液。高于或低于血浆渗透压的溶液则称为高渗溶液或低渗溶液。如 20%～25% 的甘露醇溶液为高渗溶液。

常用的渗透压调节剂有氯化钠、葡萄糖等。调节渗透压的方法有冰点降低数据法、氯化钠等渗当量法等。

（1）冰点降低数据法：血浆和泪液的冰点值均为 −0.52℃，因此，任何溶液只要将其冰点调整为 −0.52℃，即成等渗溶液。表 6-2 列出一些药物的 1% 水溶液的冰点降低数据，根据这些数据，可以计算该药物配成等渗溶液的浓度。

表 6-2　一些药物水溶液的冰点降低值与氯化钠等渗当量

名称	1%（g/mL）水溶液冰点降低值/℃	1g 药物氯化钠等渗当量（E）	等渗溶液的溶血情况		
			浓度/%	溶血/%	pH 值
硼酸	0.28	0.47	1.9	100	4.6
盐酸乙基吗啡	0.19	0.15	6.18	38	4.7
硫酸阿托品	0.08	0.1	8.85	0	5.0
盐酸可卡因	0.09	0.14	6.33	47	4.4
氯霉素	0.06				
依地酸钙钠	0.12	0.21	4.50	0	6.1
盐酸麻黄碱	0.13	0.28	3.2	96	5.9
无水葡萄糖	0.10	0.18	5.05	0	6.0
葡萄糖（H_2O）	0.091	0.16	5.51	0	5.9
盐酸吗啡	0.086	0.15			
碳酸氢钠	0.381	0.65	1.39	0	8.3
氯化钠	0.58		0.9	0	6.7
青霉素 G 钾		0.16	5.48	0	6.2
硝酸毛果芸香碱	0.133	0.22			
聚山梨酯 80	0.01	0.02			
盐酸普鲁卡因	0.12	0.18	5.05	91	5.6

低渗溶液调为等渗溶液，其加入等渗调节剂的量可按下式算出：

$$W = \frac{0.52 - a}{b} \tag{6-1}$$

式中，W 为每 100mL 低渗溶液中需添加等渗调节剂的克数；a 为未调整的低渗溶液的冰点降低值，若溶液中含有两种或多种药物，或有其他附加剂时，则 a 为各药物冰点降低值的总和；b 为 1% 渗透压调节剂水溶液的冰点降低值。

例：配制 2% 盐酸普鲁卡因溶液 1000mL，需加入多少氯化钠调节等渗？

从表中可知，1% 盐酸普鲁卡因溶液的冰点下降度为 0.12，则 2% 盐酸普鲁卡因溶液的冰点下降度 a 为 0.12×2＝0.24（℃）；1% 氯化钠溶液的冰点下降度（b）为 0.58℃，则可得：

$$W = (0.52 - 0.24)/0.58 = 0.48(g)$$

即配制 2% 盐酸普鲁卡因溶液 1000mL 需加入氯化钠 4.8g 调节等渗。

（2）氯化钠等渗当量法：氯化钠等渗当量系指与 1g 药物呈现等渗效应的氯化钠的量。如硼酸的氯化钠等渗当量为 0.47，即 1g 硼酸在溶液中能产生与 0.47g 氯化钠相同的渗透效应。因此，查出药物的氯化钠等渗当量后，即可按下式计算调节剂的用量：

$$X = 0.009V - EW \tag{6-2}$$

式中，X 为配成体积为 V（mL）的等渗溶液需要加入氯化钠的量，g；V 为欲配制溶液的体积；E 为药物的氯化钠等渗当量；W 为药物重量；0.009 为每毫升等渗氯化钠溶液中所含氯化钠的量，g。

例： 配制 2% 盐酸可卡因注射液 150mL，需加入多少克氯化钠才能调整为等渗溶液？

分析： 查表 6-2 知盐酸可卡因的 E 值为 0.14，2% 盐酸可卡因注射液 150mL 需要药物 $W=3g$，则

$$X=0.009\times150-0.14\times3=0.93(g)$$

即配制 2% 盐酸可卡因注射液 150mL，需加入 0.93g 氯化钠才能调整为等渗溶液。

2. 注射剂的等张调节

等张溶液系指与红细胞膜张力相等的溶液，这是一个生物学概念。红细胞膜对于许多药物的水溶液可视为理想的半透膜，即它只让溶剂分子通过，而不让溶质分子通过，因此，其等渗浓度与等张浓度相等。如 0.9% 氯化钠溶液既是等渗溶液也是等张溶液。而对于尿素、甘油、普鲁卡因等药物的水溶液，红细胞膜并不是理想的半透膜，它们能自由通过细胞膜，同时促进细胞外水分进入细胞，使红细胞胀大破裂而溶血。所以 1.9% 的尿素溶液、2.6% 的甘油溶液是等渗溶液但不是等张溶液。

由于等渗和等张溶液的定义不同，等渗溶液不一定等张，等张溶液亦不一定等渗。因此，在新产品的处方设计时，即使所设计的溶液为等渗溶液，为安全用药，亦应进行溶血试验，必要时加入氯化钠、葡萄糖等调节成等张溶液。

第二节 小容量注射剂

小容量注射剂是指体积在 1～50mL 的液体注射剂，其一般生产过程包括：原辅料和容器的前处理→称量→配液→滤过→灌封→灭菌→检漏→质检→印字→包装。

一、原辅料的准备

供注射用的原辅料必须符合中国药典所规定的各项指标。在大生产前，注射用原辅料经检验合格后方可使用。

配制前，应正确计算原料的用量，称量时应两人核对。若在制备过程中（如灭菌后）或贮藏期间药物含量易下降，应酌情增加投料量。含结晶水的药物应注意其换算。

二、注射容器的处理

1. 安瓿的种类和式样

安瓿的容积通常有 1、2、5、10、20(mL) 等几种规格。式样多为曲颈安瓿，应易于折断，分色环易折和点刻痕易折安瓿两种。色环易折安瓿用力一折即平整断裂，不易产生玻璃碎屑和微粒；点刻痕易折安瓿是在曲颈部分刻有一微细刻痕，刻痕上方中心标有直径为 2mm 的色点，折断时，施力于刻痕中间的背面，折断后，断面平整。

近年开发了一种可同时盛装粉末与溶剂的注射容器，容器分为上下两室，下室装无菌药物粉末，上室盛注射用溶剂，中间用特制隔膜分开，用时将顶部的塞子压下，隔膜打开，溶剂流入下室，将药物溶解后使用。此种注射用容器特别适用于一些在溶液中不稳定的药物。

安瓿材质一般为中性玻璃。含锆的中性玻璃具有较高的化学及热稳定性，其耐酸、耐碱、耐腐蚀，内表面耐水性较高。安瓿包装件应贮存在清洁、通风、干燥、无污染的室内，贮存期不宜超过 12 个月。

2. 安瓿的洗涤

安瓿一般使用纯化水灌瓶蒸煮，质量较差的安瓿需用 0.5% 的醋酸水溶液，灌瓶蒸煮（100℃×30min）热处理。蒸煮安瓿的目的是使得瓶内的灰尘、沙砾等杂质经加热浸泡后落入水中，容易洗涤干净，同时也是一种化学处理，让玻璃表面的硅酸盐水解，微量的游离碱和金属盐溶解，使安瓿的化学稳定性提高。

目前国内药厂使用的安瓿洗涤设备有三种：喷淋式安瓿洗涤机组、汽水喷射式安瓿洗涤机组、超声波安瓿洗涤机组。

3. 安瓿的干燥与灭菌

安瓿洗涤后，一般在置于 120~140℃ 烘箱内干燥。盛装无菌操作或低温灭菌的安瓿在 180℃ 干热灭菌 1.5h。

安瓿灭菌干燥机是对洗净的安瓿进行杀灭细菌和除热原的干燥设备，可以分为红外线灭菌干燥机和热空气灭菌干燥机，二者均为隧道式灭菌干燥机，有利于安瓿的烘干、灭菌连续化。灭菌干燥机由 3 个温控段组成：预热段、灭菌干燥段和冷却段。预热段内安瓿由室温升至 100℃ 左右，大部分水分在这里蒸发；灭菌段为高温干燥灭菌区，温度达 300~450℃，残余水分进一步蒸干，细菌及热原被杀灭；降温区是由高温降至 100℃ 左右。

近年来，安瓿干燥已广泛采用远红外线加热技术，一般在碳化硅电热板的辐射源表面涂远红外涂料，如氧化钛、氧化锆等，可辐射远红外线，温度可达 250~300℃。具有干燥效率高、快速、节能等特点。

三、注射液的配制

1. 配制用具的选择与处理

常用装有搅拌器的夹层锅配液，以便加热或冷却。配制用具的材料有：玻璃、（耐酸碱）搪瓷、不锈钢、聚乙烯等。

配制浓的盐溶液不宜选用不锈钢容器；需加热的药液不宜选用塑料容器。配制用具用前要用硫酸清洁液或其他洗涤剂清洗干净，并用新鲜注射用水荡洗或灭菌后备用。容器用毕应立即刷洗，净后放置。

2. 配制方法

注射液的配制方法分为浓配法和稀配法两种。将全部药物加至部分溶剂中配成浓溶液，加热或冷藏后过滤，再稀释至所需浓度，此操作称之为浓配法，可滤除溶解度小的杂质和热原。将全部药物加入溶剂中，一次配成所需浓度，再行过滤，此操作称之为稀配法，优质原料可用此法。

3. 注意事项

（1）配制所用的注射用水其贮存时间不得超过 12h。

（2）配制应在洁净的环境中进行，所用器具及原料附加剂尽可能进行灭菌，以减少污染。

（3）配制毒剧药品注射液时，应严格称量与校核，谨防交叉污染。

（4）配制油性注射液，常将注射用油先经 150~160℃ 干热灭菌 1~2h，冷却至适宜温度（一般在主药熔点以下 20~30℃），趁热配制、过滤（一般在 60℃ 以下），温度不宜过低，否则黏度增大，不易过滤。半成品溶液经质量检查合格后方可过滤。

（5）对不稳定的药物应注意调配顺序，一般先加稳定剂或通入惰性气体等，必要时需控制温度或避光操作。

（6）对于不易滤清的药液可加 0.1%~0.3% 活性炭处理，小量注射液可用纸浆或纸浆混炭处理。使用活性炭时应注意其对药物的吸附作用，特别对小剂量药物如生物碱盐等，要比较加炭前后药物含量的变化，确定能否使用。活性炭在酸性溶液中吸附作用较强，在碱性溶液中有时出现"胶溶"或脱吸附现象，反而使溶液中杂质增加，故活性炭最好用酸处理并活化后使用。

四、注射液的过滤

注射剂生产中，一般采用二级过滤，先将药液用常规的滤器如砂滤棒（常用中号）、板框压滤器等进行初滤（粗滤），再用 4 号垂熔玻璃滤器和微孔滤膜精滤。微孔滤膜一般选用孔径为 $0.45\mu m$ 滤膜，对于不耐热产品需要滤过除菌时可选用 $0.22\mu m$ 的滤膜。

注射剂的滤过装置，根据需要可选用以下几种。

1. 高位静压滤过装置

该装置适用于生产量不大、缺乏加压或减压设备的情况，特别在有楼房时，药液在楼上配制，通过管道滤过到楼下进行灌封。此法压力稳定，质量好，但是滤速稍慢。

2. 减压滤过装置

该装置适用于各种滤器，设备要求简单，但压力不够稳定，操作不当，易使滤层松动，影响质量。一般可采用先经滤棒和垂熔玻璃滤球预滤，再经膜滤器精滤，此装置可连续滤过，整个系统都处于密闭状态，药液不易污染。但进入系统中的空气必须经滤过处理。

3. 加压滤过装置

加压滤过多用于药厂大量生产，压力稳定，滤速快、质量好、产量高。由于全部装置保持正压，如果滤过时中途停顿，对滤层影响较小，同时外界空气不易漏入滤过。但此法需要离心泵和压滤器等耐压设备，适于配液、滤过及灌封工序中同一平面的情况。无菌滤过宜采用此法，以利于防止污染。

五、注射液的灌封

灌封系指将过滤洁净的药液，定量地灌注入经过清洗、干燥及灭菌处理的安瓿内，并加以封口的过程。

1. 灌封方法与设备

安瓿的灌封操作分为手工和机械灌封两种。手工灌封常用于小试，药厂多采用全自动灌封机，采用洗、灌、封联动机，生产效率高。

药液的灌注和封口一般要求在同一台设备上完成。对于易氧化的药品，还要在灌装药液的同时充入惰性气体以置换安瓿内药液上部的空气。

目前，国内药厂所采用的安瓿灌封设备主要是拉丝灌封机，由压瓶、加热和拉丝三个机构组成。

2. 灌封过程中常出现的问题及其解决措施

在安瓿灌封过程中可能出现的问题有：剂量不准，封口不严（毛细孔）、出现大头、焦头、瘪头、爆头等，应分析缘由及时解决。

焦头主要因安瓿颈部沾有药液，熔封时炭化所致。灌药室给药太急，溅起药液在安瓿瓶壁上；针头往安瓿里灌药时不能立即回缩或针头安装不正；压药与打药行程不配合等都会导致焦头的产生。充 CO_2 时容易发生瘪头、爆头现象。

六、注射液的灭菌与检漏

1. 灭菌

灭菌是注射剂生产必不可少的环节，除采用无菌操作生产工艺制备的注射剂外，一般注射剂在灌封后必须尽快进行灭菌，以保证产品的无菌。但灭菌时应注意避免药物的降解，以免影响药效。

2. 检漏

灭菌后的安瓿应立即进行漏气检查。若安瓿未严密熔合，有毛细孔或微小裂缝存在，则药液易被微生物与污物污染或药物泄漏，污损包装，应检查剔除。

一般将灭菌与检漏在同一密闭容器中完成。利用湿热法的蒸汽高温灭菌，未冷却降温之前，立即向密闭容器注入色水，将安瓿全部浸没后，安瓿内的气体与药水遇冷成负压，此时若安瓿封口不严密，会发生色水渗入安瓿现象，从而同时实现灭菌和检漏工艺。

注射液灭菌一般宜采用双扉柜式灭菌检漏柜，它通常具有灭菌、检漏和冲洗 3 种功能。

七、注射液的灯检

经灭菌检漏、外壁洗擦干净的安瓿通过一定照度的光线照射，用人工或光电设备可进一步判别是否存在破裂、漏气、装量过满或不足等问题。空瓶、焦头、泡头或有色点、混浊、结晶、沉淀以及其他异物等不合格的安瓿，需加以剔除。检查的方式有人工目测和仪器检查。

八、安瓿印字包装

安瓿印字包装是注射剂生产的最后工序，包括安瓿印字、装盒、添加说明书、贴标签、捆扎多道工作。灯检、热原、pH 值等检查合格的安瓿，还需于瓶身上正规印写药品名称、规格、生产批号等标记，并将印字后的安瓿装入贴有明确标签的纸盒里。目前，我国厂家多采用半机械化安瓿印包生产线进行生产。

九、小容量注射剂的质量控制

小容量注射剂的质量检查有热原、可见异物、无菌等项目。

1. 热原检查

目前各国药典收载的方法有家兔法和鲎试验法。家兔法中对家兔的要求、试验前的准备、检查法以及结果判断等，在药典中均有明确规定；家兔法可以反映动物复杂的升温过程，可将内毒素以及内毒素以外的热原皆能检测出来。

鲎试验法具有灵敏度高，操作简单，实验费用少，结果迅速可得等优点，但由于其对革兰氏阴性菌之外的内毒素不够灵敏，尚不能完全取代家兔法。鲎试验法原理是利用鲎的变形细胞溶解物与内毒素之间的胶凝反应，特别适用于某些不能用家兔进行热原检测的品种，如放射性药剂、肿瘤抑制剂等。因为这些制剂具有细胞毒性而具有一定的生物效应。此法可用于检查输液、注射剂、放射性药剂的热原。

2. 可见异物检查

除另有规定外，照可见异物检查法检查，应符合规定。可见异物检查不但可以保证用药安全，而且可以发现生产中的问题，分析来源，采取相应改进措施。可见异物检查法有灯检法和光散射法。一般常用灯检法，但灯检法不适用的品种，如用深色透明容器包装或液体色泽较深（一般深于各标准比色液 7 号）的品种可选用光散射法。

3. 无菌检查

按《中国药典》2015 年版无菌检查法项下的方法检查，应符合规定。

此外，鉴别试验、含量测定、pH 值测定、杂质检查、溶血检查及安全试验等项目，应根据具体品种要求进行检查。

十、小容量注射剂举例

1. 维生素 C 注射液

【处方】　维生素 C104g　　　碳酸氢钠 49g　　　依地酸二钠 0.05g

焦亚硫酸钠 2g　　注射用水加至 1000mL

【制法】　在配制容器中加入配制量 80% 的注射用水，通入二氧化碳饱和，加维生素 C 溶解后，分次缓缓加入碳酸氢钠，搅拌使完全溶解，加入预先配制好的依地酸二钠溶液和焦亚硫酸钠溶液，搅拌均匀，调节药液 pH6.0～6.2，添加二氧化碳饱和的注射用水至足量，用垂熔玻璃漏斗与滤膜器滤过，溶液中通入二氧化碳，并在二氧化碳或氮气流下灌封，最后用 100℃ 流通蒸气 15min 灭菌。

【附注】　①本品用于预防及治疗坏血病；②维生素 C 分子中有烯二醇式结构，显酸性，注射时有刺激性，产生疼痛，故加入碳酸氢钠（或碳酸钠）调节 pH 值，以减轻疼痛，并增强本品的稳定性；③维生素 C 易氧化水解，空气中的氧气、溶液 pH 值和金属离子（特别是铜离子）对其稳定性影响较大，因此在处方中加有抗氧剂（亚硫酸氢钠）、金属离子络合剂及 pH 值调节剂，在工艺中采用充惰性气体等措施，以提高产品稳定性；④维生素 C 的稳定性与温度有关，在生产过程中应注意温度的控制。

2. 醋酸可的松注射剂

【处方】　醋酸可的松微晶 25g　　　　　　　　硫柳汞 0.01g

氯化钠 9g　　　　　　　　　　　　聚山梨酯 80 3.5g

羧甲基纤维素钠（30～60cPa·s）5g　　注射用水加至 1000mL

【制法】　①取总量 50% 的注射用水，加硫柳汞、羧甲基纤维素钠溶解，用 200 目尼龙筛滤过，密闭备用；②另取适量注射用水加氯化钠溶解，用 G3 垂熔漏斗滤过，密闭备用；③将①置水浴中加热，加入②混匀后，再依次加入聚山梨酯 80、醋酸可的松微晶，搅匀，继续加热 30min；④冷却至室温，加注射用水调至总体积，用 200 目尼龙筛滤过两次，于搅拌下分装于 5mL 模制瓶内，盖塞扎口密封；灭菌即得。

【附注】　①本品为混悬型注射剂，质量检查除按溶液型注射剂的项目检查外，另应增加刺激性试验、过敏试验等项目；②原料在配制前进行异物和细度检查，为防止药物微晶结块，混悬型注射剂灭菌过程中必须振摇；③灭菌前后均应检查有无结块现象。

第三节　大容量注射剂

课堂互动

刚做完手术的患者，不能立即饮食，为维持生命。应该以什么方式，给予哪些种类的药剂？

一、概述

供静脉滴注用的大容量注射液（除另有规定外，一般不小于 100mL，生物制品一般不小于 50mL）也称输液剂，通常包装在玻璃瓶、塑瓶或复合膜袋中，不含任何防腐剂或抑菌剂。其规格按国家标准有 50、100、250、500、1000（mL）5 种。

输液剂主要用于：纠正体内水和电解质代谢紊乱；恢复和维持血容量以防止休克；在各

种原因引起中毒时，用以扩充血容量、稀释毒素、促使毒物排泄；调节体液平衡；补充营养、热量和水分。由于其给药方式和给药剂量与小容量注射剂不同，故其质量要求、生产工艺均有一定差异。

1. 输液剂的分类

（1）电解质输液：用以补充体内水分、电解质，纠正体内酸碱平衡等，如乳酸钠注射液等。

（2）营养输液：用于不能口服吸收营养或急需补充营养的患者，如氨基酸输液、脂肪乳输液等。

（3）胶体输液：用于调节体内渗透压，如右旋糖酐、羟乙基淀粉、变性明胶注射液等。

（4）含药输液：含有治疗药物的输液，如乳酸左氧氟沙星、替硝唑、苦参碱等注射液。

2. 输液剂的质量要求

溶液型输液剂除应符合小容量注射剂的一般质量要求外，应无热原，不溶性微粒须符合规定，pH 值力求与血液一致，除另有规定外，渗透压尽可能与血液等渗不含防腐剂或抑菌剂，输入人体后不能引起血象的任何异常变化。

乳剂型输液剂除应符合上述质量要求外，其分散相液滴粒度 90％ 的乳滴粒径应在 $1\mu m$ 以下，除另有规定外，不得有大于 $5\mu m$ 的液滴，应能耐受热压灭菌，贮藏期间稳定。

二、输液剂的制备

输液剂的制备主要采用最终灭菌生产工艺，即先将配制好的药液灌封于输液瓶或输液袋内再热压灭菌。输液剂包装材料有玻璃瓶、塑料瓶、复合膜袋 3 种，其制备工艺流程大致相同，见图 6-1（以玻璃容器为例）。

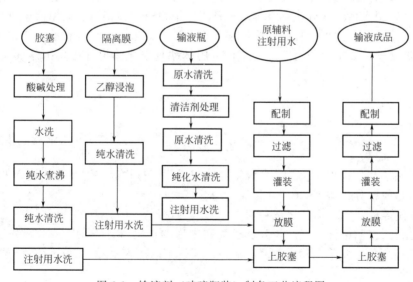

图 6-1　输液剂（玻璃瓶装）制备工艺流程图

（一）输液容器的准备

1. 输液容器

输液容器常用的有 2 种。一种是注射时不需要补充空气，通过包装容器变形挤压液体，注入体内的容器，可避免因注射环境不良造成的药液污染，如非 PVC 多层共挤膜（软袋）和软质瓶；其主要材料是多层共挤膜、

6.输液的包装

低密度聚乙烯（LDPE），通过特殊加工工艺使瓶身容易变形。另一种是注射时需补充空气的输液瓶，通过注射时包装容器与人体产生静压差，挤压液体注入身体。注射过程中必须补充空气，以防产生真空，空气从输液现场获得，无法完全避免环境的不良影响。如钠钙玻璃或硼硅玻璃模制瓶、LDPE 或 PP 塑料输液瓶。

无论是哪种输液瓶，在灌装药液前，都要经过清洗。对于玻璃输液瓶，洗瓶通常采用粗洗—精洗工艺。粗洗常用毛刷刷洗或超声波清洗，以去除瓶内外壁的各种污染物。精洗多采用多道注射用水喷射淋洗，以彻底去除污染物。应对精洗后的输液瓶进行可见异物检查。精洗设备安装在 D 级区，经最终清洗的输液瓶应在 A 级环境下存放或输送，直至完成压塞。塑料容器清洗的主要目的是除去异物，一般采用过滤空气吹洗的清洗方式，以降低生产成本。过滤空气时多用 0.2μm 孔径滤芯，既可滤除尘埃粒子，又可滤除空气中的浮游微生物。

2. 胶塞的处理

（1）胶塞的要求

① 具有适宜的硬度、尺寸以及形状，以供不同的需求。

② 胶塞生产商要对胶塞进行预清洗从而尽量减少残留的着色剂、增塑剂。

③ 不得吸附任何待包装的药品。

④ 不得向药品中释放任何物质。

⑤ 需具有光滑的表面和干净光滑的边缘。

⑥ 极低的脆碎性。

（2）胶塞的清洗

药用胶塞的种类通常有卤化丁基胶塞、硅橡胶塞等，以卤化丁基胶塞最为常用。丁基胶塞使用前应由洗塞机进行清洗，必要时加入一定量的甲基硅油进行硅化。先将胶塞采用真空吸料方式吸入胶塞清洗机，然后按设定的清洗程序开始清洗，具体工序为：饮用水清洗→纯化水清洗→注射用水精洗→硅化真空排水→预真空消毒→管道消毒→高温灭菌→真空排水→热空气干燥→冷却。在这个过程中，为增强胶塞的清洗效果，也可以在前面纯化水清洗时同时进行超声波处理。如采用的为免洗胶塞，可用脉动真空灭菌柜进行高压蒸汽灭菌，121℃灭菌 30min。

 知识延伸

卤化丁基胶塞

卤化丁基胶塞是药用氯化丁基橡胶塞或药用溴化丁基橡胶塞的简称。国际上根据洁净度把卤化丁基胶塞分为 4 类。

（1）需洗涤的胶塞：需要清洗和用二甲基硅油进行硅化。清洗时需要用清洁剂和大量清洗用水进行漂洗和精洗，以除去胶塞表面和内在的异物（纤维、胶屑和微粒等），根据使用情况直接灭菌、烘干，然后封装药品，或者直接封装药品最后进行终端灭菌。因其使用复杂，目前较少使用。

（2）需漂洗的胶塞：目前国内常用的胶塞种类，这类胶塞在使用前只需用少量热水漂洗即可使用，或灭菌、烘干，或终端灭菌。

（3）只需灭菌的胶塞：又叫待灭菌胶塞或免洗胶塞，是指制药企业拿到产品拆开包装后只需灭菌即可使用的胶塞。其特点是：已有效去除了细菌内毒素、微生物和可见与不可见微粒。

（4）即用的胶塞：又叫待用胶塞，是洁净等级最高的胶塞，打开包装即可直接使用。

（二）配液

配液是保证输液质量的首要环节。配液多用浓配法，即先配成较高浓度的溶液，必要时加入 0.01％～0.5％的针用活性炭煮沸以吸附热原、杂质和色素。冷却至 45～50℃，经滤过脱炭处理后再加新鲜注射用水稀释至所需浓度。原料质量好的，也可采用稀配法。配制称量时必须严格核对原辅料的名称、规格、重量，配好后要检查半成品质量。

（三）滤过

生产输液的滤过方法、滤过装置与小容量注射剂基本相同。滤过多采用加压滤过法，黏度较高时可采用保温滤过。滤过器一般用陶瓷滤棒、垂熔玻璃滤棒或钛滤棒进行预滤，当最初的滤液可见异物不合要求时，可进行回滤。精滤多采用微孔滤膜滤过器，常用滤膜孔径为 $0.65\mu m$ 或 $0.85\mu m$，也可用双层微孔滤膜滤过，上层为 $3\mu m$ 微孔膜，下层为 $0.8\mu m$ 微孔膜，这些装置可大大提高产品质量。精滤后需进行半成品质量检查，合格后方可开始灌装。

（四）灌封

输液剂灌封由灌注、压丁基胶塞、轧铝塑盖三步组成。灌封操作分别可由旋转式自动灌封机、自动压塞机、自动落盖轧口机联动完成整个灌封过程；灌封后应进行检查，剔除轧口松动的产品再进行灭菌处理。

（五）灭菌

输液从配制到灭菌，以不超过 4h 为宜。根据输液的质量要求及输液容器大而厚的特点，输液灭菌开始应逐渐升温，一般预热 20～30min。输液瓶装输液灭菌条件一般为 115℃下灭菌 30min；塑料袋装输液灭菌条件为 109℃下灭菌 45min。

案例 6-1

"欣弗"事件

某制药厂生产的有问题的抗生素"欣弗"注射液致死 6 人震惊全国。据悉，厂家在生产过程中没有严格按照 GMP 操作要求，将"欣弗"注射液的申报标准灭菌温度和灭菌时间在实际生产时做了适当调整。

请大家思考输液剂灭菌的必要性。

（六）质量检查

按药典规定，输液剂除符合注射剂一般要求外，应无热原，不溶性微粒应符合规定，并尽可能与血液等渗。

1. 可见异物和不溶性微粒

按《中国药典》2020 年版收录要求检查。除另有规定外，照可见异物检查法和不溶性微粒检查法检查，均应符合规定。

2. 热原与无菌检查

按《中国药典》2020 年版规定，对输液进行严格热原与无菌检查。

3. pH 值、含量测定及渗透压检查

按《中国药典》2020 年版规定，根据具体品种要求进行测定和检查。

三、输液的包装、运输与贮存

输液剂经质量检验合格后，应立即贴上标签，标签上应印有品名、规格、批号、日期、使用事项、制造单位等项目，以免发生差错，并供使用者随时核查。贴好标签后装箱，封妥，送入仓库。包装箱上亦应印上品名、规格、生产厂家等项目。装箱时应注意装严装紧，便于运输。

四、输液剂举例

1. 葡萄糖注射液

【处方】　注射用葡萄糖50g　100g　　　注射用水加至1000mL　1000mL

【制法】　取注射用水适量，加热煮沸，加入葡萄糖搅拌溶解，使成50%~70%的浓溶液，用1%盐酸调节pH值为3.8~4.0，加浓溶液量0.1%~0.2%（g/mL）的活性炭，混匀，煮沸20~30min，于40~45℃滤过脱炭。滤液中加入热注射用水稀释至全量，测pH值、含量，合格后，精滤至澄明，灌装、封口，115.5℃×30min热压灭菌。

【附注】　①本品为5%、10%的葡萄糖灭菌水溶液，含葡萄糖（$C_6H_{12}O_6 \cdot H_2O$）应为标示量的95.0%~105.0%；②本品采用浓配法，可以避免由于葡萄糖中未完全糖化的糊精或少量杂质引起的澄明度不合格；③加入适量盐酸的目的是使糊精继续水解为葡萄糖，以改善输液的澄明度；④活性炭有较好的吸附作用，可吸附溶液中蛋白质类杂质，是保证滤液澄明度的综合措施之一；⑤本品加热温度过高或加热时间过长均可导致产品颜色变黄和pH值下降。葡萄糖溶液变色的原因，一般认为葡萄糖在弱碱性溶液中能脱水形成有色聚合物。因此，为防止溶液变色，一方面要严格控制灭菌温度与灭菌时间，同时要控制pH值在3.8~4.0范围。

2. 右旋糖酐输液（血浆代用品）

【处方】　右旋糖酐（中分子）60g　　　氯化钠9g　　　注射用水加至1000mL

【制备】　将注射用水加热至沸，加入处方量的右旋糖酐，搅拌使溶解，配制成12%~15%的溶液，加入1.5%的活性炭，保持微沸1~2h，加压过滤脱炭，加注射用水稀释成6%的浓度，然后加入氯化钠使溶解，冷却至室温，测定含量和pH值，pH值应控制在4.4~4.9，再加活性炭0.5%，加热至70~80℃，过滤至药液澄明后灌装，112℃×30min热压灭菌即得。

【附注】　①血浆代用液在有机体内有代替血浆的作用，但不能代替全血，对于血浆代用液的质量，除应符合注射剂有关规定外，代血浆应不妨碍血型试验，不得在脏器中蓄积；②右旋糖酐是用蔗糖经过特定细菌发酵后产生的葡萄糖聚合物。因右旋糖酐经生物合成，易夹杂热原，故活性炭用量较大；③因本品黏度较大，需在高温下过滤，本品灭菌一次，其分子量下降3000~5000，受热时间不能过长，以免产品变黄；④本品在贮存过程中易析出片状结晶，主要与贮存温度和分子量有关。

第四节　粉针剂

课堂互动

粉针剂与溶液型注射剂相比有哪些优点？　哪些药物必须制成粉针剂贮存待用？

一、概述

粉针剂是注射用无菌粉末的简称，系指原料药物或与适宜辅料制成的供临用前用无菌溶液配制成注射液的无菌粉末或无菌块状物，一般采用无菌分装或冷冻干燥法制得。以冷冻干燥法制备的注射用无菌粉末，也可称为注射用冻干粉针剂。粉针剂适用于在水中不稳定的药物，特别是对湿热敏感的抗生素及生物制品。

根据药物的性质与生产工艺条件不同，粉针剂可分为2种：一种是无菌分装粉针剂，凡在水溶液中不稳定的药物，如某些抗生素（青霉素G、先锋霉素等）、苯妥英钠、硫喷妥钠等多采用无菌分装技术制成粉针剂；另一种是冷冻干燥粉针剂，一些虽在水中稳定但加热即分解失效的药物，如酶制剂及血浆、蛋白质等生物制品常制成冷冻干燥粉针剂。

粉针剂的质量除应符合最终灭菌注射剂的质量要求外，对无菌分装的原料还应符合下列质量要求：粉末无异物，配成溶液或混悬液的澄明度检查合格；粉末的细度或结晶应适宜，便于分装；无菌、无热原。

二、无菌分装粉针剂的制备

无菌分装粉针剂的生产工艺常采用直接分装法，系将精制的无菌粉末在无菌条件下直接进行分装，目前多采用容量分装法。生产工艺流程见图6-2。

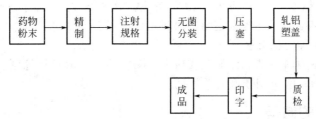

图6-2 无菌分装粉针剂生产工艺流程

1. 药物的准备

待分装原料可用无菌滤过、无菌结晶或喷雾干燥法处理，必要时需进行干燥、粉碎、过筛等，精制成无菌粉末，生产上常把无菌粉末的精制、烘干、包装简称为精烘包。

为了制定合理的生产工艺，首先需掌握药物的物理化学性质。主要测定待分装物料的热稳定性、临界相对湿度、粉末晶型和粉末松密度。根据物料的临界相对湿度设计分装室的相对湿度，根据物料的粉末晶型和松密度选择适宜的分装容器和分装机械，根据物料的热稳定性决定产品是否可采取最终补充灭菌措施。

2. 包装材料

包装材料有安瓿或抗生素瓶、丁基胶塞和铝塑盖。抗生素瓶现规定为低硼硅玻璃管制注射瓶。丁基胶塞若用于冷冻产品则为双叉型，便于冰的升华。用饮用水内外洗刷干净后，再用纯化水、新鲜滤过的注射用水内外淋洗干净，其干燥与灭菌工艺与安瓿相同。丁基胶塞经清洁处理后，使用前需经125℃干热灭菌2.5h。

3. 分装

药物粉末精制后，符合无菌注射用规格可进行分装。除特殊规定外，分装室温度为18～26℃，相对湿度应控制在分装产品的临界相对湿度以下。若分装室过于干燥，粉末易带电荷，流动性降低；若湿度过高，粉末吸湿后易粘连，也不易分装均匀。分装机械有插管分装机、螺旋自动分装机与真空吸粉分装机等。分装后的抗生素瓶立即压丁基胶塞、轧铝塑盖密封。

4. 灭菌及异物检查

对于耐热的品种，如青霉素，一般可按照前述条件进行补充灭菌，以确保安全。对于不耐热品种，必须严格无菌操作。异物检查一般在传送带上目检。

5. 无菌分装工艺中存在的问题及解决办法

（1）装量差异：物料流动性差是主要原因。物料含水量和吸潮、药物晶态、粒度、堆密度以及机械设备性能等均会影响流动性，以致影响装量，应根据具体情况分别采取措施。

（2）可见异物：由于药物粉末经过一系列处理，污染机会增加，导致可见异物的出现。应严格控制原料质量及其处理方法和环境，防止污染。

（3）无菌问题：由于产品系无菌操作制备，极易受到污染，而且微生物在固体粉末中的繁殖慢，不易为肉眼所见，危险性大。为解决此问题，一般都采用层流净化装置。

（4）吸潮变质：一般认为是由于胶塞透气和铝盖松动所致。因此，一方面要进行橡胶塞密封性能的测定，选择性能好的胶塞，另一方面，铝盖压紧后瓶口应烫蜡，以防水气透入。

6. 无菌分装粉针剂举例

注射用苯巴比妥钠

【处方】　苯巴比妥 1000g　　　氢氧化钠 172g　　　80％乙醇 26000mL

【制法】　向反应釜中加入处方量的 80％乙醇，在不断搅拌下加入氢氧化钠使全溶；反应釜夹层通冷却水保持温度 45～50℃，继续分次加入苯巴比妥使全溶，加活性炭恒温搅拌 20min，粗滤脱炭、精滤，滤液输入无菌室备用。精滤液输至洁净反应釜中，加热回流（78℃）1～2h，析出结晶，冷却至室温，出料甩滤，结晶用无水乙醇洗涤，母液回收乙醇，结晶经干燥后过筛，即可供分装用。

【附注】　①本品为白色结晶性颗粒或粉末；②主要用于治疗抗惊厥、癫痫，是治疗癫痫持续状态的重要药物；③可用于麻醉前用药。

三、冻干粉针剂的制备

对一些必须在固体环境下保存，但无法直接制成无菌粉末的药物，可采用冷冻干燥技术解决。即将药物配制成水溶液，经无菌过滤、灌装后将其在低温下冻结成固体，再在一定真空度和低温下将水分从冻结状态下升华除去，从而达到低温脱水和干燥的目的。

1. 制备工艺

冻干粉末的制备工艺可以分为预冻、减压、升华、干燥等几个过程。此外，药液在冻干前需经过滤、灌装等处理过程。

（1）预冻：是恒压降温过程。药液随温度的下降冻结成固体，温度一般应降至产品共熔点以下 10～20℃以保证冷冻完全。若预冻不完全，在减压过程中可能产生沸腾冲瓶的现象，使制品表面不平整。

（2）升华干燥：首先是恒温减压过程，然后是在抽气条件下恒压升温，使固态水升华逸去。升华干燥法分为 2 种，一种是一次升华法，适用于共熔点为 -10～-20℃且溶液黏度不大的制品。首先将预冻后的制品减压，待真空度达一定数值后，启动加热系统缓缓加热，使制品中的冰升华，升华温度约为 -20℃，药液中的水分可基本除尽。

另一种是反复冷冻升华法，该法的减压和加热升华过程与一次升华法相同，只是预冻过程须在共熔点与共熔点以下 20℃之间反复升降预冻，而不是一次降温完成。通过反复升温降温处理，使得制品晶体的结构由致密变疏松，从而有利于水分升华。因此，本法常用于结构较复杂、稠度大及熔点较低的制品，如蜂蜜、蜂王浆等。

（3）解析干燥：升华完成后，温度继续升高至 0℃或室温，并保持一段时间，进一步去除制品中残余的结合水，使其达到 0.5％～4％，最终得到干燥物料。一般以药品水分含量低于或接近于 2％较为理想。

2. 冷冻干燥中存在的问题及处理方法

（1）含水量偏高：主要原因是装入容器药液过厚，升华干燥过程中供热不足、冷凝器温度偏高或真空度不够。可采用旋转冷冻机及其他相应的方法解决。

（2）喷瓶：主要原因是供热太快，受热不匀或预冻不完全，在升华过程中使制品部分液化，在真空减压条件下产生喷瓶。解决的办法是控制预冻温度在低共熔点以下 10～20℃，同时加热升华，温度不宜超过低共熔点。

（3）产品外形不饱满或萎缩：主要原因是样品黏度较大，冻干时，开始形成的已干外壳结构致密，升华的水蒸气穿过阻力很大，水蒸气在已干层停滞时间较长，使部分药品逐渐潮解，以致体积收缩，外形不饱满或成团粒。解决办法主要可从配制处方和冻干工艺两方面考虑，如加入适量甘露醇、氯化钠等填充剂，或采用反复预冻升华法，改善结晶状态和制品的通气性，使水蒸气顺利逸出，产品外观即可得到改善。

3. 注射用无菌粉末举例

注射用细胞色素 C

【处方】　细胞色素 C15mg　　葡萄糖 15mg　　亚硫酸钠 2.5mg
　　　　　亚硫酸氢钠 2.5mg　　注射用水 0.7mL

【制法】　在无菌操作室中，称取细胞色素 C、葡萄糖，置适当的容器中，加注射用水，在氮气流下加热（75℃以下），搅拌使溶解，再加入亚硫酸钠与亚硫酸氢钠使溶解，用 2mol/L 的 NaOH 溶液调节 pH 值至 7.0～7.2，然后加配制量 0.1%～0.2% 的针用炭，搅拌数分钟，滤过，测定含量与 pH 值，合格后精滤，分装于西林瓶中，半具塞，−40℃ 冻结，干燥 30h，全压塞、轧盖即得。

【附注】　本品系用细胞色素 C 加适宜的赋形剂与抗氧剂，经冷冻干燥制得的无菌制品。

第五节　滴眼剂

知识延伸

眼用制剂

凡供洗眼、滴眼用以治疗或诊断眼部疾病的液体制剂，称为眼用制剂。多数为真溶液或胶体溶液，少数为混悬液或油溶液。眼部给药后，在眼球内外部发挥局部治疗作用。近年来，一些眼用新剂型，如眼用膜剂、眼胶以及接触眼镜等也已逐步应用于临床。滴眼剂是临床上使用最为广泛的一种眼用制剂。

一、概述

1. 滴眼剂的概念

滴眼剂系指由原料药物与适宜辅料制成的供滴入眼内的无菌液体制剂。常用作杀菌、消炎、收敛、缩瞳、麻醉或诊断之用，有的还可作滑润或代替泪液之用。

2. 滴眼剂的质量要求

滴眼液虽然是外用剂型，但质量要求类似注射剂，对 pH 值、渗透压、无菌、澄明度等都有一定要求。

（1）pH 值：正常眼可耐受的 pH 值范围为 5.0～9.0。pH 值 6～8 时眼无不适感觉，小于 5.0 和大于 11.4 对眼有明显的刺激性，可增加泪液的分泌，导致药物迅速流失，甚至损伤角膜。滴眼剂的 pH 调节应兼顾药物的溶解度、稳定性、刺激性的要求，同时亦应考虑 pH 对药物吸收及药效的影响。

（2）渗透压：眼球对渗透压的感觉不如对 pH 敏感，能适应的渗透压范围相当于 0.6%～1.5% 的氯化钠溶液，但超过 2% 就有明显的不适。低渗溶液应该用合适的调节剂调成等渗，如氯化钠、硼酸、葡萄糖等。除另有规定外滴眼剂应与泪液等渗。

（3）无菌：滴眼剂属于无菌制剂，按照无菌检查法（见《中国药典》2020 年版通则）检查要符合规定。滴眼剂为无菌制剂，但滴眼剂多数为多剂量制剂，在使用过程中无法始终保持无菌，因此可以添加抑菌剂。但用于眼外伤或眼部手术用的滴眼剂要绝对无菌，不得加抑菌剂，为单剂量包装。

（4）可见异物：除另有规定外，滴眼剂照可见异物检查法（见《中国药典》2015 版通则）中滴眼剂项下的方法检查，应符合规定。

（5）黏度：合适的黏度在 4.0～5.0cPa·s（厘泊）之间。滴眼剂的黏度适当增大可使药物在眼内停留时间延长，从而增强药物的作用。

（6）稳定性：眼用溶液类似注射剂，应注意稳定性问题，如毒扁豆碱、后马托品、乙基吗啡等。

二、滴眼剂的制备

1. 容器及附件的处理

滴眼液的包装材料现多用聚烯烃塑料制品。若滴眼瓶为一般中性玻璃瓶，则配有滴管并封有铝盖。也有采用配有橡胶帽塞的滴眼瓶。

滴眼瓶的玻璃质量要求与输液瓶相同，遇光不稳定者可选用棕色瓶。洗涤方法与注射剂容器同，玻璃瓶可用干热灭菌，塑料瓶可用气体灭菌。

橡胶塞、帽的处理系先用 0.5%～1.0% 碳酸钠煮沸 15min，放冷，刷搓，常水洗净，再用 0.3% 盐酸煮沸 15min，放冷，刷搓，洗净重复 2 次，最后用过滤的纯化水洗净，煮沸灭菌后备用。因橡胶塞、帽等直接与药液接触，有可能吸附药物与抑菌剂，常采用饱和吸附的办法解决。

2. 配制与过滤

眼用溶液剂的配制：将药物和附加剂溶于适量溶剂中，必要时加活性炭（0.05%～0.3%）处理，经滤棒、垂熔滤球或微孔滤膜过滤至澄明，加溶剂至足量，灭菌后做半成品检查，备用。

眼用混悬剂的配制：先将微粉化药物灭菌，另取表面活性剂、助悬剂加少量灭菌纯化水配成黏稠液，再与主药用乳匀机搅匀，添加无菌纯化水至全量。

3. 无菌灌装

生产上多采用减压灌装，灌装的方法因瓶的类型和生产量大小而改变。

4. 质量检查

对 pH 值、渗透压、无菌、可见异物、主药含量、装量差异等进行检查，并抽样检查绿脓杆菌及金黄色葡萄球菌。

三、滴眼剂举例

1. 水杨酸毒扁豆碱滴眼液

【处方】　水杨酸毒扁豆碱 5g　　　氯化钠 6.2g　　　维生素 C5g
　　　　　尼泊金乙酯 0.3g　　　依地酸钠 1g　　　纯化水加至 1000mL

【制法】　将氯化钠、尼泊金乙酯用纯化水加热溶解，放冷。再加依地酸钠、维生素 C 以及水杨酸毒扁豆碱使溶，滤过，自滤器加纯化水至足量，搅匀，灌装，灭菌。

【附注】　①水杨酸毒扁豆碱不稳定，光、热、金属离子能促进水解和氧化，加入维生素

C可以防止水杨酸毒扁豆碱变色，并可调节pH值，本品在pH 5时较为稳定；②依地酸钠为金属离子络合剂，对本品起到间接稳定作用；③尼泊金乙酯为抑菌剂；④氯化钠为渗透压调节剂；⑤本品水溶液若呈粉红色，效力并不损失，微红色时也可使用，只有红色较深时才不能使用。

2. 醋酸可的松滴眼液（混悬液）

【处方】 醋酸可的松（微晶）5.0g　　吐温-80 0.8g　　　　硝酸苯汞0.02g

　　　　 硼酸20.0g　　　　　　　 羧甲基纤维素钠2.0g　　纯化水加至1000mL

【制法】 取硝酸苯汞溶于处方量50%的纯化水中，加热至40～50℃，加入硼酸、吐温-80使其溶解，3号垂熔漏斗过滤，备用；另将羧甲基纤维素钠溶于处方量30%的纯化水中，用垫有200目尼龙布的布氏漏斗过滤，加热至80～90℃，加入醋酸可的松微晶，搅匀，保温30min，冷至40～50℃，再与硝酸苯汞等溶液合并，加纯化水至足量，200目尼龙筛过滤2次，分装，封口，灭菌。

【附注】 ①醋酸可的松微晶应在5～20μm之间；②羧甲基纤维素钠为助悬剂，因与羧甲基纤维素钠有配伍禁忌，不宜加入阳离子型表面活性剂；③为防止结块，灭菌过程中应振摇，或采用旋转无菌设备；④硼酸为pH调节剂，本品pH值为4.5～7.0。

本章小结

1.灭菌制剂与无菌制剂的含义、分类及有关基本概念。

2.热原的基本性质、污染途径、除去方法。

3.注射剂与输液的含义、特点、分类、质量要求、制备方法及存在的主要问题。

4.注射用溶剂与附加剂的应用。

5.注射剂等渗与等张的调节。

6.注射用无菌粉末的特点、制备方法及存在的主要问题。

7.眼用液体制剂的概念、制备及质量要求。

学习目标检测

一、名词解释

1.热原

2.等渗溶液

3.输液

4.注射用无菌粉末

二、填空题

1.常用的等渗调节剂有_____和_____。

2.注射剂的pH值一般控制在_____范围内。

3.热原具有_____、_____、_____、_____等性质。

4.《中国药典》规定注射用水的pH值是_____。

三、A型题（单项选择题）

1.关于注射剂的特点，描述不正确的是

A.药效迅速作用可靠　　　　　　　B.适用于不宜口服的药物

C.适用于不能口服给药的病人　　　D.不能产生延长药效的作用

E. 可以用于疾病诊断

2. 制备注射用水，由纯化水作为水源采用的处理方法是

A. 离子交换法   B. 渗透法   C. 蒸馏法

D. 电渗析法   E. 滤过法

3. 焦亚硫酸钠在注射剂中作为

A. pH 调节剂   B. 金属离子络合剂   C. 稳定剂

D. 抗氧剂   E. 增溶剂

4. 正清风痛宁注射液中，乙二胺四乙酸二钠为

A. 抑菌剂   B. 止痛剂   C. pH 调节剂

D、金属离子络合剂   E. 等渗调节剂

5. 注射用青霉素粉针，临用前应加入

A. 酒精   B. 纯化水   C. 去离子水

D. 灭菌注射用水   E. 注射用水

6. 可作为血浆代用液的是

A. 葡萄糖注射液   B. 右旋糖酐   C. 氯化钠注射液

D. 氨基酸输液   E. 脂肪乳剂输液

四、B 型题（配伍选择题）

【1～4】 A. 耐热性   B. 滤过性   C. 被吸附性   D. 水溶性   E. 酸碱性

1. 高温法破坏热原是利用热原的

2. 用重铬酸钾硫酸溶液破坏热原是利用热原的

3. 用活性炭除去热原是利用热原的

4. 用弱碱性阴离子交换树脂除去热原是利用热原的

【5～8】 A. 亚硫酸氢钠   B. 磷酸氢二钠   C. 苯甲醇   D. 葡萄糖   E. 卵磷脂

5. 抗氧剂可选用

6. pH 调节剂可选用

7. 抑菌剂可选用

8. 止痛剂可选用

五、X 型题（多项选择题）

1. 注射剂中防止药物氧化的附加剂有

A. 磷酸盐   B. 硫柳汞   C. 依地酸二钠   D. 硫脲   E. 苯甲醇

2. 热原的化学组成包括

A. 淀粉   B. 脂多糖   C. 蛋白质   D. 磷脂   E. 纤维素

3. 下列溶剂不能用来溶解粉针的有

A. 去离子水   B. 重蒸馏水   C. 高纯水   D. 灭菌注射用水   E. 饮用水

4. 下列需制成粉针的药物不稳定的类型有

A. 遇热   B. 遇水   C. 遇光   D. 遇氧气   E. 遇冷

六、简答题

请问在无菌分装工艺中存在哪些问题？有什么解决办法？

第七章

浸出制剂

第一节　概　　述

　　浸出制剂系指采用适宜的浸出溶剂和方法浸出药材中的有效成分，直接制得或再经一定的制备过程而制得的一类药剂，可供内服和外用。

　　浸出制剂在中国有着悠久的历史。最早的记载是公元前 1766 年商汤的"伊尹创制汤液"，继汤剂后又有酒剂、酊剂、流浸膏剂、浸膏剂及煎膏剂等。近年来，运用现代科学技术和设备进行浸出制剂实验研究，研制出许多浸出制剂新品种，应用新技术、新工艺提取药材中有效部位或多种有效成分，改革和发展了新剂型如中药颗粒剂、片剂、注射剂、膜剂、气雾剂、滴丸剂等。

一、浸出制剂的分类

　　浸出制剂是按制法分类的一类制剂的总称。中药传统剂型包括汤剂、煎膏剂、酒剂及煮散等；西为中用的剂型包括流浸膏、浸膏、配剂等；现代发展的剂型有合剂、颗粒剂、糖浆剂及口服液等。浸出制剂按浸出溶剂及制备特点分为 5 类。

　　（1）水浸出制剂：指在一定的加热条件下，用水浸出的制剂。如汤剂、中药合剂等。

　　（2）含醇浸出制剂：指在一定条件下用适当浓度的乙醇或酒浸出的制剂。如酊剂、酒剂、流浸膏剂等。有些流浸膏剂虽是用水浸出有效成分，但其成品中一般加有适量乙醇。

　　（3）含糖浸出制剂：指在水浸出制剂基础上，经精制、浓缩等处理后，加入适量糖或蜂蜜或其他赋形剂制成。如煎膏剂、颗粒剂、糖浆剂等。

　　（4）精制浸出制剂：指选用适当溶剂浸出有效成分后，浸出液经过适当精制处理而制成的药剂。如口服液、注射剂、片剂、滴丸等。

　　（5）其他浸出剂型：以提取物为原料制备的颗粒剂、片剂、浓缩丸剂等。

二、浸出制剂的特点

　　浸出制剂的成品中除含有有效成分外，还含有一定量无效成分，因此，浸出制剂具有以下特点。

　　1.此类制剂能保持原药材各种成分的综合疗效，故符合中医药理论。如阿片酊不仅具有镇痛作用，还有止泻功能，但从阿片粉中提取的纯吗啡只有镇痛作用。

　　2.因经去粗取精的过程，故与原药材相比可减少服用剂量。在浸出过程中去除了酶、脂肪等无效成分，不但增加了某些有效成分的稳定性，也提高了制剂有效性和安全性。

　　3.部分浸出制剂如浸膏、流浸膏等常作为胶囊剂、片剂、颗粒剂、浓缩丸剂、软膏剂、栓剂等的原料。

　　4.运输、携带时玻璃容器易损，瓶塞若封闭不严溶媒易挥发，有时产生浑浊或沉淀。

5.浸出制剂中均有不同程度的无效成分，如高分子物质，黏液质、多糖等，在贮存时易发生沉淀、变质，影响浸出制剂特别是水性浸出制剂的质量和药效。

三、有效成分的浸出

1.浸出过程

浸出过程系指溶剂进入细胞组织溶解其有效成分后变成浸出液的全部过程。浸出的关键在于保持最大浓度梯度。浸出的原则是选用合理的浸出溶剂和方法，将有效成分及辅助成分尽可能多地浸提出来，而使无效成分和组织物尽量少混入或不混入浸提物中。一般药材浸出过程包括浸润、渗透过程，解吸、溶解过程，扩散过程和置换过程等。

2.影响浸出的因素

不同的因素可影响到药物有效成分浸出的效果。

（1）浸出溶剂：溶剂的用量、溶解性能等理化性质对浸出的影响较大。水和乙醇是最常用的浸出溶剂，水对极性物质有较好溶解性能；选用不同比例乙醇与水的混合物作浸出溶剂，有利于不同成分浸出。此外常用溶剂还有丙酮、乙醚、石油醚。

为了提高溶剂的浸出效果，或提高制品的稳定性，有时亦可应用一些浸出辅助剂。如适当用酸，可以促进生物碱的浸出；适当用碱，可以促进某些有机酸的浸出。溶剂具有适宜的pH值也有助于增加制剂中某些成分的稳定性。此外，加入适宜的表面活性剂常能提高浸出溶剂的浸出效能。

（2）药材的粉碎粒度：扩散面积愈大，扩散愈快，因此药材应充分粉碎。但并不是所有浸药材粒度都是越细越好，药材粉末细度的选择应考虑浸出方法、浸出溶剂及药材的性质。如用渗滤法时，粉粒过细，溶剂流通阻力增大，甚至会引起堵塞，致使浸出困难或降低浸出效率。

（3）浸出温度：温度升高，扩散速度加快，有利于加速浸出。药物理化性质等因素决定了药物在浸出的不同阶段对于温度的要求也不一样，若不据此调控好温度则达不到最佳的浸出效果。一般药材在溶剂沸点或接近沸点温度下浸出比较有利，但温度必须控制在药材有效成分不被破坏的范围内。

（4）浓度梯度：浓度梯度是指药材组织内的浓溶液与外周溶液的浓度差。浓度梯度越大，浸出速度越快。在选择浸出工艺与浸出设备时应以能创造最大的浓度梯度为基础。浸出过程中，浸出效果的好坏，扩散是一个主要因素。增加浓度差能加快扩散速度，使扩散物质的量增多。应用浸渍法时，搅拌或浸出液强制循环等也有助于增加浓度梯度。

（5）浸出压力：有一些质地坚实的药材，很难被溶剂浸润，提高压力有助于增加浸润速度。加大压力对组织松软、容易润湿药材的浸出影响不大。当药材组织内充满溶剂之后，加大压力对扩散速度则无影响。

（6）新技术的应用：近年有很多新技术应用在浸出过程中，如利用胶体磨浸取颠茄和曼陀罗以制备酊剂，可使浸出在几分钟内完成。还可利用超声波提高浸出效能。其他强化浸出方法如流化浸出、电磁场浸出、电磁振动浸出、脉冲浸出等效果也不错。

第二节　浸出制剂的制备

一、浸出制剂的提取、分离与浓缩

（一）药材预处理

（1）药材品质检查：药材品质检查包括药材的来源与品种的鉴定、有效成分或总浸出物的测定和含水量测定。

（2）药材的粉碎：药材的性质不同，粉碎的要求不同，可采用不同的粉碎方法。

（二）浸出溶剂的选择

在浸出过程中，浸出溶剂的选择很重要，关系到药材中有效成分的浸出和制剂的稳定性、安全性、有效性等。浸出溶剂应达到以下要求：最大限度地浸出有效成分，尽量避免浸出无效成分或有害物质；经济、易得、使用安全；最好低毒，对环境无污染。

常用的浸出溶剂有极性溶剂如水等，半极性溶剂如乙醇等，非极性溶剂如丙酮、乙醚、石油醚等。

（三）浸出方法的选用

根据药物性质和制剂需求，常用浸出方法有浸渍法、煎煮法、渗漉法、回流提取法等。

1. 煎煮法

指药材加水煮沸，去渣取汁的一种方法。它是中国民间最早使用的传统浸出方法。此法简便易行，成本低廉，且符合中医辨证论治的用药原则，至今仍为制备浸出制剂最常用的方法之一。煎煮后，药材中的有效成分大部分可被提取出来，但很多无效成分同时也被浸出，特别是含淀粉、黏液质、糖类、蛋白质较多的药材，药液滤过较为困难，而且容易发酵、生霉、变质。

煎煮法适用于有效成分能溶于水，且对湿、热均较稳定的药材。除了用于制备汤剂、煎膏剂或流浸膏剂外，同时也是制备中药片剂、丸剂、散剂、颗粒剂及中药注射剂的基本浸出方法之一。此外，对有效成分尚未完全明确的药材或方剂进行剂型改革时，通常亦首先采取煎煮法提取，然后将煎出液进一步精制。

操作方法：取药材，切制或粉碎成粗粉，置适宜煎器中，加水浸没药材，加热至沸，保持微沸浸出一定时间，分离浸出液，药渣依法浸出数次（一般2～3次）至浸出液味淡薄为止，收集各次浸出液，低温浓缩至规定浓度，至制成药剂。

煎煮法的几点注意：（1）应用不锈钢锅或者瓦罐煎煮（忌铁锅、铝器）；（2）滋补类药材煎煮时间较长，解表类药材煎煮时间较短；（3）一般煎煮2～3次比较适宜，超过4次则无意义；（4）煎煮药材之前要用冷水浸泡20～60min。

2. 浸渍法

是将药材用适当的浸出溶剂在常温或加热下浸泡一定时间，使其所含有效成分浸出的一种常用方法。此法操作简便，设备简单。浸渍法的特点是药材用较多的浸出溶剂浸取，适宜于黏性、无组织结构、新鲜及易于膨胀药材的浸取，尤其适用于有效成分遇热易挥发或易破坏的药材。但由于浸出效率低，不适于贵重和有效成分含量低的药材之浸出。

由于药材性质不同，所需浸渍温度和次数也不同，故浸渍法的具体操作可分常温浸渍、加热浸渍和多次浸渍3种。

（1）常温浸渍法：该法在室温下操作，生产酊剂和酒剂多采用此法。所得成品在常温下，一般都能较好地保持澄清。

操作过程：取适当粉碎的药材，置有盖容器中，加入溶剂适量，密盖，搅拌或振摇，浸渍3～5日或规定的时间，倾取上清液，再加入溶剂适量，依法至有效成分充分浸出，合并浸出液，加溶剂至规定量后，静置24h，滤过，即得。

（2）加热浸渍法：该法与常温浸渍法基本相同，差别主要在于浸渍温度较高，一般在40～60℃进行浸渍，以缩短浸渍时间，使之浸出更多有效成分。但由于浸渍温度高于室温，故浸出液冷却后，在贮存过程中，常有沉淀析出。加热浸渍法一般用于酒剂的制备。

（3）多次浸渍法：由于药材吸液造成有效成分损失，是浸渍法的一个缺点。为了提高浸出效果，减少成分损失，习惯上采用多次浸渍法（即重浸渍法）。其操作方法是：将全部浸出溶剂分为几份，用其一份浸渍后，将药渣再用第二份浸出溶剂浸渍，如此重复 2～3 次，最后将各份浸渍液合并处理即得。

3. 渗漉法

将药材适当粉碎后，加规定的溶剂均匀润湿，密闭放置一定时间，再均匀装入渗漉器内，不断添加溶剂，在重力作用下渗过药粉，从下端出口流出浸出液，在流动过程中浸出有效成分，所得浸出液称"渗漉液"。渗漉器装置如图 7-1、图 7-2 所示。

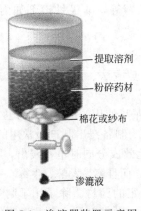

提取溶剂

粉碎药材

棉花或纱布

渗漉液

图 7-1 渗漉器装置示意图　　　　　　　　　图 7-2 渗漉器

渗漉法适用于提取各种类型的化合物，特别是对热不稳定的药物，提取效率较高，避免了浸渍法因反复过滤带来操作上的繁琐。可以根据药材用量采用不同容积的渗漉缸，提取样品量可以从几十克到几十千克。但对新鲜及易膨胀的药材、无组织结构的药材则不宜应用渗漉法。渗漉法主要用于流浸膏剂、浸膏剂或酊剂的制备。

4. 回流提取法

回流提取法可以根据需提取化合物的种类采用相应的溶剂。取适量粉碎后的药材放于烧瓶内，加入溶剂使高于药材面约 2cm，总体积不能超过烧瓶容量的 2/3，加热回流提取 3 次，第一次回流时间约 2h，第二、三次各 1h。回流提取法适用于对热稳定的化合物的提取，加热提取效率较高。实验室的回流提取法操作如图 7-3 所示。

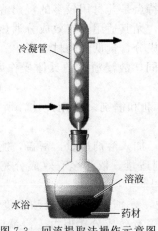
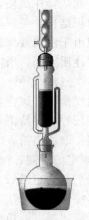

冷凝管

溶液

水浴

药材

图 7-3 回流提取法操作示意图　　　　　　　图 7-4 连续回流法操作示意图

5. 连续回流法

又称索氏提取法。该法溶剂可循环使用，且能不断更新，溶剂耗用量少，浸出完全；但浸出液在提取器中受热时间长，不适用于受热易破坏成分的浸出。实验室中常用的连续回流浸出器是索氏提取器（如图7-4所示）。这种仪器容量小，不适于制备大量浸出制剂。大量生产所采用的连续回流浸出器由不锈钢或其他材料制成，原理与索氏提取器相同。

案例 7-1

乙醇浓度会影响浸出质量吗？

实习生小黄初进药厂质验室，一直弄不明白陈皮的乙醇浸出制剂中，为什么不是乙醇浓度越大越好？

这就涉及到了浸出物质在不同浓度的乙醇溶液中溶解度不同的问题，乙醇含量的高低会影响有效成分溶解度的大小。

请思考并讨论：

1. 提高浸出制剂的质量主要有哪些措施？
2. 不同浓度的乙醇对浸出物质有什么影响？

（四）浸出液的分离

药材里面的有效成分提取、浸出之后，一般溶解或混悬于药液之中，需将药液与药渣进行分离，即所谓固-液分离，少数情况下会有液-液分离。通常采用沉降、滤过、离心、萃取等原理和技术实现浸出液的分离。

（五）浸出液的浓缩

药材经过提取之后，得到的是浓度较低的浸出液，故需要经过浓缩后才能直接应用或是制备其他制剂。浓缩是采用适宜的方法，除去药液中部分溶剂，获得浓度较高的浓缩液的操作，浓缩是中药制剂中原料成型前处理的重要单元操作。因此常通过蒸发、反渗透、超滤等方法使药液浓缩，并根据浸出液的热敏性选择常压或是减压浓缩条件。

（六）浸出液的干燥

干燥（drying）是将潮湿的固体、膏状物、浓缩液及液体中的水或溶剂除尽的过程。浸出药物含水容易引起分解变性、影响质量。浸出液经过浓缩后的浓缩液或稠膏的含水量一般在50％以上，干燥后含水量一般在5％～10％。常用的干燥方式为热能去湿和化学去湿，根据浓缩液的性质和制剂需求可以选择常压干燥、减压干燥、喷雾干燥、冷冻干燥、红外线干燥等方法。

二、常用浸出制剂

常用浸出制剂主要有汤剂、酒剂、酊剂、浸膏剂等。

1. 汤剂

汤剂是指将药材饮片或粗颗粒加水煎煮或以沸水浸泡后，去渣取汁而得到的液体剂型。汤剂亦称"煎剂"。其中，以沸水浸泡药物、服用剂量与时间不定，或宜冷饮的汤剂称为"饮"；将药材用水或其他溶剂采用适宜方法提取，经浓缩制成的内服液体制剂称为中药"合剂"，单剂量包装的合剂称为"口服液"。

汤剂一般采用煎煮法制备。

汤剂特点：能随症状加减药物，吸收快、疗效快，制备方法简单，廉价；需临时使用，不便携带，服用量大，多味苦。

2. 酒剂

酒剂又名药酒，系指药材用蒸馏酒浸取的澄清液体剂型。为了矫味或着色可酌加适量的糖或蜂蜜。酒剂多供内服，少数外用，也有兼供内服和外用。除另有规定外，酒剂一般用浸渍法、渗漉法制备。

3. 酊剂

酊剂系指药物（材）用规定浓度的乙醇浸出或溶解制成的澄清液体剂型，亦可用流浸膏稀释制成，或用浸膏溶解制成。酊剂的制备方法有稀释法、溶解法、浸渍法和渗漉法。

酊剂的浓度：除另有规定外，含有毒剧药的酊剂，每 100mL 相当于原药物（材）10g；其他酊剂，每 100mL 相当于原药物（材）20g。

4. 流浸膏剂

流浸膏剂系指药材用适宜的溶剂浸出有效成分，蒸去部分溶剂，调整浓度至规定标准而制成的液体剂型。制备流浸膏剂常用不同浓度的乙醇为溶剂，少数以水为溶剂。流浸膏剂一般作为配制酊剂、合剂、糖浆剂或其他制剂的原料，少数品种可直接供药用。除另有规定外，流浸膏剂多用渗漉法制备。

流浸膏剂的浓度：除另有规定外，流浸膏剂每 1mL 相当于原药材 1g。

5. 浸膏剂

浸膏剂系指药材用适宜溶剂浸出有效成分，蒸去全部或大部分溶剂，调整至规定浓度所制成的膏状或粉状固体剂型。浸膏剂按其干燥程度可分为稠浸膏与干浸膏两种。稠浸膏是浸出液经低温浓缩至稠膏状，含水量为 15％～20％；干浸膏是浸出液浓缩成稠膏后蒸干，测定含量后，用淀粉、乳糖等稀释至规定标准，制成干燥粉状的制品，其含水量约为 5％。

浸膏剂的优点：有效成分含量高，较流浸膏剂稳定，溶剂含量低，体积小，可久贮，疗效确切。其缺点是易吸潮或失水后硬化。

浸膏剂一般多作为制备其他剂型的原料，如片剂、散剂、胶囊剂、丸剂、颗粒剂等。浸膏剂可用煎煮法和渗漉法制备，有的也采用浸渍法或回流法。

浸膏剂的浓度：除另有规定外，浸膏剂每 1g 相当于原药材 2～5g。

6. 煎膏剂

煎膏剂系指中药材用水煎煮，去渣浓缩后，加熬制的糖或炼制的蜜制成的稠厚半流体状剂型，也称膏滋。煎膏剂药效以滋补为主，兼有缓慢的治疗作用（如调经、止咳等）。受热易变质，以挥发性成分为主的中药不宜制成煎膏剂。煎膏剂一般以煎煮法制备。

质量要求：煎膏剂应质地细腻，无焦臭异味，无糖的结晶析出，贮存一定时间后，仅允许少量细腻的沉淀物，不得霉败。

课堂互动

比较流浸膏剂、浸膏剂和煎膏剂

比较流浸膏剂、浸膏剂和煎膏剂的异同之处，并通过查阅药典，概括目前临床常用的流浸膏、浸膏剂和煎膏剂品种及其用途。

7. 颗粒剂（冲剂）

颗粒剂系指药材提取物与适宜的辅料或与药材细粉制成的颗粒状内服制剂。颗粒剂是在汤剂和糖浆剂的基础上发展起来的，中药颗粒剂的特点是保持汤剂特色，克服临用时煎煮、易变霉的缺点。

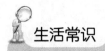
鱼腥草的恐慌

一儿童因上呼吸道感染就医，医生查验病情后，给开了复方鱼腥草颗粒等药物，回家后被关注药事的爷爷发现，想起前几年发生过"鱼腥草事件"，怒气冲冲去找医生理论——为什么给孩子开"毒药"。经医生讲解，才明白鱼腥草浸出物由于成分复杂，用作静脉注射有危险，但是如果改变剂型成口服制剂则不具有毒性。

三、浸出制剂的质量控制

提高浸出制剂的质量对保证浸出制剂的有效性、安全性、稳定性极为重要，制备浸出制剂必须控制药材来源、品种及规格，按药典及地方标准收载的品种及规格选用药材。药材选定之后，还要严格控制提取过程，制备方法也必须规范化，在生产中还要控制浸出制剂的各项理化指标，如：

(1) 理化检查：包括制剂的外观、色泽、密度、气味等。

(2) 鉴别：包括制剂的鉴别和检查、澄明度检查、水分检查等。

(3) 含量测定：对于一些有效成分比较明确的制剂，可以进行含量测定检查。

(4) 含醇量测定：多数含醇浸出制剂是用乙醇制备的，而乙醇含量的高低影响有效成分的溶解度，故此，药典对这类浸出制剂规定了含醇量的检查。

四、常见浸出制剂的质量要求

（一）酒剂

酒剂在生产与贮藏期间应符合下列有关规定。

1. 酒剂可用浸渍、渗漉、热回流等方法制备。

2. 生产酒剂所用的饮片，一般应适当粉碎。

3. 生产内服酒剂应以谷类酒为原料。

4. 蒸馏酒的浓度及用量、浸渍温度和时间、渗漉速度，均应符合各品种制法项下的要求。

5. 可加入适量的糖或蜂蜜调味。

6. 配制后的酒剂须静置澄清，滤过后分装于洁净的容器

7. 酒剂应检查乙醇含量和甲醇含量。

8. 除另有规定外，酒剂应密封，置阴凉处贮存。

9. 除另有规定外，酒剂应进行以下相应检查。

(1) 总固体：含糖、蜂蜜的酒剂照第一法检查，不含糖、蜂蜜的酒剂照第二法检查，应符合规定。①第一法精密量取供试品上清液 50mL，置蒸发皿中，水浴上蒸至稠膏状，除另有规定外，加无水乙醇搅拌提取 4 次，每次 10mL，滤过，合并滤液，置已干燥至恒重的蒸发皿中，蒸至近干，精密加入硅藻土 1g（经 105℃干燥 3h，移置干燥器中冷却 30min），搅匀，在 105℃干燥 3h，移置干燥器中，冷却 30min，迅速精密称定重量，扣除加入的硅藻土量，遗留残渣应符合各品种项下的有关规定；②第二法精密量取供试品上清液 50mL，置已干燥至恒重的蒸发皿中，水浴上蒸干，在 105℃干燥 3h，移置干燥器中，冷却 30min，迅速精密称定重量，遗留残渣应符合各品种项下的有关规定。

(2) 乙醇量：照乙醇量测定法（通则 0711）测定，应符合各品种项下的规定。

（3）甲醇量：照甲醇量检查法（通则0871）检查，应符合规定。

（4）装量：照最低装量检查法（通则0942）检查，应符合规定。

（5）微生物限度：照非无菌产品微生物限度检查，微生物计数法（通则1105）和控制菌检查法（通则1106）及非无菌药品微生物限度标准（通则1107）检查，除需氧菌总数每1mL不得过500cfu，霉菌和酵母菌总数每1mL不得过100cfu外，其他应符合规定。

（二）酊剂

酊剂在生产与贮藏期间应符合下列有关规定。

1.除另有规定外，每100mL相当于原饮片20g。含有毒剧药品的中药酊剂，每100mL应相当于原饮10g；其有效成分明确者，应根据其半成品的含量加以调整，使符合各酊剂项下的规定。

2.酊剂可用溶解、稀释、浸渍或渗漉等法制备。

（1）溶解法或稀释法取原料药物的粉末或流浸膏，加规定浓度的乙醇适量，溶解或稀释，静置，必要时滤过，即得。

（2）浸渍法取适当粉碎的饮片，置有盖容器中，加入溶剂适量，密盖，搅拌或振摇，浸渍3～5日或规定的时间，倾取上清液，再加入溶剂适量，依法浸渍至有效成分充分浸出，合并浸出液，加溶剂至规定量后，静置，滤过，即得。

（3）渗漉法照流浸膏剂项下的方法（通则0189），用溶剂适量渗漉，至流出液达到规定量后，静置，滤过，即得。

3.除另有规定外，酊剂应澄清。酊剂组分无显著变化的前提下，久置允许有少量摇之易散的沉淀。

4.除另有规定外，酊剂应遮光，密封，置阴凉处贮存。

5.除另有规定外，酊剂应进行以下相应检查。

（1）乙醇量：照乙醇量测定法（通则0711）测定，应符合各品种项下的规定。

（2）甲醇量：照甲醇量检查法（通则0871）检查，应符合规定。

（3）装量：照最低装量检查法（通则0942）检查，应符合规定。

（4）微生物限度：除另有规定外，照非无菌产品微生物限度检查；微生物计数法（通则1105）和控制菌检查法（通则1106）及非无菌药品微生物限度标准（通则1107）检查，应符合规定。

（三）流浸膏剂与浸膏剂

流浸膏剂、浸膏剂在生产与贮藏期间应符合下列有关规定。

1.除另有规定外，流浸膏剂用渗漉法制备，也可用浸膏剂稀释制成；浸膏剂用煎煮法、回流法或渗漉法制备，全部提取液应低温浓缩至稠膏状，加稀释剂或继续浓缩至规定的量。

2.流浸膏剂久置若产生沉淀时，在乙醇和有效成分含量符合各品种项下规定的情况下，可滤过除去沉淀。

3.除另有规定外，应置遮光容器内密封，流浸膏剂应置阴凉处贮存。

4.除另有规定外，流浸膏剂、浸膏剂应进行以下相应检查。

（1）乙醇量：除另有规定外，含乙醇的流浸膏照乙醇量测定法（通则0711）测定，应符合规定。

（2）甲醇量：除另有规定外，含乙醇的流浸膏照甲醇量检查法（通则0871）检查，应符合各品种项下的规定。

（3）装量：照最低装量检查法（通则0942）检查，应符合规定。

（4）微生物限度：照非无菌产品微生物限度检查；微生物计数法（通则1105）和控制

菌检查法（通则1106）及非无菌药品微生物限度标准（通则1107）检查，应符合规定。

（四）煎膏剂

煎膏剂在生产与贮藏期间应符合下列有关规定。

1.饮片按各品种项下规定的方法煎煮，滤过，滤液浓缩至规定的相对密度，即得清膏。

2.如需加入饮片原粉，除另有规定外，一般应加入细粉。

3.清膏按规定量加入炼蜜或糖（或转化糖）收膏；若需加饮片细粉，待冷却后加入，搅拌混匀。除另有规定外，加炼蜜或糖（或转化糖）的量，一般不超过清膏量的3倍。

4.煎膏剂应无焦臭、异味，无糖的结晶析出。

5.除另有规定外，煎膏剂应密封，置阴凉处贮存。

6.除另有规定外，煎膏剂应进行以下相应检查。

（1）相对密度：除另有规定外，取供试品适量，精密称定，加水约2倍，精密称定，混匀，作为供试品溶液。照相对密度测定法（通则0601）测定，按下式计算，应符合各品种项下的有关规定。

$$供试品相对密度 = \frac{W_1 - W_2 \times f}{W_2 - W_1 \times f}$$

式中：W_1 为比重瓶内供试品溶液的质量，g；W_2 为比重瓶内水的质量，g；f $= \dfrac{\text{加水供试品中的水的质量}}{\text{供试品质量} + \text{加水供试品中的水的质量}}$。

凡加饮片细粉的煎膏剂，不检查相对密度。

（2）不溶物：①取供试品5g，加热水200mL，搅拌使溶化，放置3min后观察，不得有焦屑等异物；②加饮片细粉的煎膏剂，应在未加入细粉前检查，符合规定后方可加入细粉。加入药粉后不再检查不溶物。

（3）装量：照最低装量检查法（通则0942）检查，应符合规定。

（4）微生物限度：照非无菌产品微生物限度检查，微生物计数法（通则1105）和控制菌检查法（通则1106）及非无菌药品微生物限度标准（通则1107）检查，应符合规定。

知识延伸

中药制剂的安全性

中药应用的安全性问题日益严重，造成这种现象的原因是多方面的。

药物本身有毒性是引发药物不良反应的主要原因。中药的毒性具有两面性：一方面是它具有较强的治疗作用和独特的临床疗效，许多疑难杂病离不开它；另一方面临床又很难驾驭使用它，稍不小心就会产生不良反应。

使用不当是引发中药不良反应的首要因素。在对近年中药不良反应及中毒事件的综合分析后发现，使用不当占引发中药不良反应发生率的首位。概括其原因大体如下：误服伪品，品种混乱，同名异物，剂量过大，炮制不当，配伍不合理，应用时不遵守中医传统的十八反、十九畏、妊娠用药禁忌，选用制剂不当，服用方法不当，个体差异，违反服药期间的饮食禁忌等。

五、浸出制剂举例

1.小儿上感合剂

【处方】　大青叶20g　　　金银花20g　　　陈皮10g　　　荆芥10g

百部 15g   石膏 20g   甘草 5g   蔗糖适量

尼泊金乙酯 0.025g

【制法】 先将石膏加水煎煮 30min，再将金银花、百部、大青叶、甘草加入一起煎煮 20min，最后加入荆芥、陈皮继续煎煮 15min，过滤。药渣再煎煮 30min，过滤，合并滤液。将滤液浓缩至 50mL，加入蔗糖与尼泊金乙酯搅匀即得。

【附注】 ①石膏质地坚硬，有效成分不易煎出，故应打碎先煎 30min；②荆芥、陈皮均含挥发油，为避免挥发油损失，应后下；③中药合剂可根据需要合理选加防腐剂和矫味剂，常用防腐剂有山梨酸、苯甲酸、尼泊金类等，常用矫味剂有单糖浆、蜂蜜、甘草甜素和甜叶菊苷等；④应在清洁避菌环境中配制，及时灌装于无菌洁净干燥容器中。

2. 益母草膏

【处方】 益母草 250g   红糖 63g

【制法】 取益母草洗净切碎，置锅中，加水煎煮 2 次，每次 2h，合并煎液，滤过，滤液浓缩成相对密度为 1.21～1.25（80℃）的清膏。称取红糖，加糖量 1/2 的水及 0.1% 酒石酸，加热熬炼，不断搅拌，至呈金黄色时加入上述清膏，继续浓缩至规定相对密度，即得。

【附注】 ①本品为棕黑色稠厚的半流体；气微，味苦、甜；②本品 10g，加水 20mL 稀释后，相对密度应为 1.10～1.12；③熬制糖时加入 0.1% 酒石酸的目的是促使蔗糖转化，若蔗糖转化率不适当可导致煎膏出现"返砂"现象。

本章小结

1. 浸出制剂系指采用适宜的浸出溶剂和方法浸出药材中的有效成分，直接制得或再经一定的制备过程而制得的一类药剂，可供内服和外用。

2. 按浸出溶剂及制备特点，浸出制剂的类型有水浸出制剂、含醇浸出制剂、含糖浸出制剂、精制浸出制剂和其他浸出剂型。

3. 影响浸出的因素主要有浸出溶剂、药材的粉碎粒度、浸出温度、浓度梯度、浸出压力等几个方面。

4. 常用浸出方法有浸渍法、煎煮法、渗漉法、回流法等。

5. 常用浸出制剂主要有汤剂、酒剂、酊剂、浸膏剂、煎膏剂等。

6. 浸出制剂的质量可以通过控制药材质量、严格控制提取过程和控制浸出制剂的理化性质来保证。

学习目标检测

一、名词解释

1. 浸膏剂

2. 流浸膏剂

3. 膏滋（煎膏剂）

二、填空题

1. 一般酊剂每 100mL 相当于_____原药材，流浸膏每 1mL 相当于_____原药材，浸膏剂每 1g 相当于_____克原药材。

2. 制备浸出制剂必须控制_____、_____及_____，按药典及地方标准收载的品种及规格要求选用药材。

3. 按干燥程度不同，浸膏剂可分为_____和_____两种。

4. _____适合于黏性药材、无组织结构的药材和新鲜及易膨胀药材成分的浸提。

三、A 型题（单项选择题）

1. 用乙醇加热浸提药材时可以用

A. 浸渍法　　　　B. 煎煮法　　　　C. 渗漉法　　　　D. 回流法　　　　E. 溶解法

2. 植物性药材浸提过程中主要动力是

A. 时间　　　　B. 溶剂种类　　　　C. 浓度差　　　　D. 浸提温度　　　　E. 压力

3. 下列浸出制剂中，主要作为原料而很少直接用于临床的是

A. 浸膏剂　　　　B. 合剂　　　　C. 酒剂　　　　D. 酊剂　　　　E. 汤剂

4. 除另有规定外，含毒剧药酊剂浓度为

A. 5%（g/mL）　　　　B. 10%（g/mL）　　　　C. 15%（g/mL）

D. 20%（g/mL）　　　　E. 30%（g/mL）

5. 下列不属于酒剂、酊剂制法的是

A. 冷浸法　　　　B. 热浸法　　　　C. 煎煮法　　　　D. 渗漉法　　　　E. 重浸渍法

6. 一定要作含醇量测定的制剂是

A. 煎膏剂　　　　B. 流浸膏剂　　　　C. 浸膏剂　　　　D. 中药合剂　　　　E. 汤剂

四、B 型题（配伍选择题）

【1～2】　A. 中药合剂　　　B. 糖浆剂　　　C. 煎膏剂　　　D. 酊剂　　　E. 浸膏剂

1. 药材煎煮、浓缩、收膏、分装工艺流程可用于制备

2. 药材浸提、纯化、浓缩、分装、灭菌工艺流程可用于制备

【3～5】　A. 糖浆剂　　　B. 煎膏剂　　　C. 酊剂　　　D. 酒剂　　　E. 醋剂

3. 多采用溶解法、稀释法、渗漉法制备的剂型是

4. 多采用渗漉法、浸渍法、回流法制备的剂型是

5. 多采用煎煮法制备的剂型是

五、X 型题（多项选择题）

1. 影响浸出的因素有

A. 药材粒度　　　　B. 药材成分　　　　C. 浸提温度　　　　D. 浸提压力　　　　E. 时间

2. 浸出制剂防腐可通过

A. 控制环境卫生　　　　　　　B. 加防腐剂　　　　　　　C. 药液灭菌

D. 用茶色容器分装　　　　　　E. 用玻璃容器分装

3. 浸出制剂的特点有

A. 具有多成分的综合疗效　　　　　B. 适用于不明成分的药材制备

C. 服用剂量少　　　　　　　　　　D. 药效缓和持久

E. 可作为其他制剂的原料

4. 制备药酒的常用方法有

A. 溶解法　　　　B. 稀释法　　　　C. 浸渍法　　　　D. 渗漉法　　　　E. 回流法

六、简答题

1. 浸出制剂有何特点？

2. 浸出制剂包括哪些剂型？

3. 酒剂和酊剂的异同点有哪些？

第三部分

固体类药物制剂

固体类药物制剂是最常见的制剂，包括散剂、颗粒剂、片剂、胶囊剂、丸剂等多种剂型，是生产、销售及临床应用中最主要的制剂。固体类药物制剂共同的特点为：①与液体制剂相比，物理、化学稳定性好，制造成本低，服用与携带方便；②制备过程前期有相同的单元操作，以保证药物均匀混合与准确剂量，剂型之间也有密切的联系；③药物在体内先溶解才能透过生物膜，吸收进入血液循环。

在固体类制剂生产中，一般都要经过粉碎、筛分、混合等基本工序，这是保证药物含量均匀的重要前处理单元操作。制粒也是固体制剂生产中重要的一项单元操作，该操作能改善固体物料的流动性和填充性，以保证产品的剂量准确。药物经过粉碎、筛分后，如与其他组分均匀混合后直接分装，可获得散剂；如将混合均匀的物料进行制湿粒、干燥、整粒、总混后分装，即可得到颗粒剂；如将制备的颗粒压片成形，可制备成普通片剂，如再进行包衣，则可制备成包衣片；如将混合的粉末或颗粒分装入胶囊中，可制备成胶囊剂等。

固体类药物制剂经口服给药后，必须先经过药物的分散、溶解后，才能经胃肠道上皮细胞膜吸收进入血液循环而发挥其治疗作用。片剂和胶囊剂口服后，还要先有一个崩解成细颗粒的过程，随后药物才能进一步释放溶解。颗粒剂或散剂口服后没有崩解过程，迅速分散后溶解。因其具有较大的比表面积，因此药物的溶出、吸收和起效较快。对一些难溶性药物来说，药物的溶出过程成为药物吸收的限速过程。若溶出速度小，吸收慢，则血药浓度就难以达到治疗的有效浓度。通常，口服固体制剂吸收的快慢顺序是：散剂＞颗粒剂＞胶囊剂＞片剂＞丸剂。

 知识延伸

如何提高固体制剂药物的溶出度

固体制剂口服给药后，药物的吸收取决于药物从制剂中的溶出或释放、药物在生理条件下的溶解以及在胃肠道的渗透。可采取以下措施提高药物的溶出速度：①通过粉碎或微粉化减小粒径，增大药物的溶出面积；②制成固体分散物或包合物，使药物高度分散在易溶性载体中；③使用表面活性剂等改善药物的表面特性；④疏水性、难溶性药物可加入适当的水溶性辅料共同研磨混合，有利于药物粒子分散，使溶解速度加快。

第八章

散剂

第一节　概　　述

一、散剂的概念

散剂是指原料药物或与适宜的辅料经粉碎、均匀混合制备成的干燥粉末状制剂。散剂为我国传统剂型之一，常用于内服或外用，如口腔、耳鼻喉、外伤等患处外用散剂较多，也适于小儿给药。粉碎后的药物除了制成散剂之外，也是制备其他制剂的基础。如进一步制成胶囊剂、颗粒剂、丸剂和片剂，掩盖不良嗅味或刺激性；制成混悬液、软膏剂、注射剂、浸出制剂时，需先粉碎，增加其溶解速度和溶解度，提高浸出效果。

散剂和其他剂型相比的优缺点是什么

从散剂的制备工艺、作用、临床应用、适用性、储运等方面讨论，分析散剂的特点，找出其与其他剂型相比的优点和不足。

二、散剂的特点

(1) 粉碎程度高，比表面积大，易分散，奏效迅速。
(2) 外用覆盖面大，对创面具有保护、收敛等作用。
(3) 制备工艺非常简单，剂量易于控制，便于小儿服用。
(4) 贮存、运输、携带均较方便。

由于药物粉碎后比表面积加大，其嗅味、刺激性、吸湿性及化学活性也相应增大。使部分药物易发生变化，挥发性成分易散失。故一些剂量较大、腐蚀性强、易吸潮变质的药物不宜制成散剂。

思密达的误用

一天，某大药房来了一位顾客，他一岁的儿子患了胃肠感冒，于是营业员小王给他推荐了妈咪爱和思密达蒙脱石散。可2天后，该顾客又上门来，说药物效果不大。小王仔细咨询了用药细节，原来他是在饭后半小时服用了思密达蒙脱石散。有些药物必须饭前空腹时服用，有利于减少或延缓食物对药物吸收和药理作用的影响，发挥药物的最佳功效，如思密达蒙脱石散、乳酶生、多酶片等。

三、散剂的分类

1. 按照用途分类

散剂可分为口服散剂和局部用散剂。

（1）口服散剂：一般溶于或分散于水、稀释液或其他液体中服用，亦可直接用水送服。如蒙脱石散剂、小儿清肺散、婴儿健脾散等均为口服散剂。

（2）局部用散剂：可供皮肤、口腔、咽喉、腔道等处应用。包括用于皮肤、黏膜、创伤部位的撒布剂；吹入耳鼻喉等部位的吹入散；用酒、醋或香油等调成糊状后敷于患处的调敷散等。

2. 按照药物组成分类

散剂可分为单散剂和复方散剂。

（1）单散剂：由一种药物组成。如结晶磺胺粉、珍珠粉等。

（2）复方散剂：由 2 种或 2 种以上药物组成。如婴儿散、口服补液散等。

3. 按照是否分剂量分类

散剂可分为分剂量散剂和非分剂量散剂。

（1）分剂量散剂：以单个剂量形式进行包装的散剂，多为内服散剂。

（2）非分剂量散剂：以多个剂量形式进行包装的散剂，多为外用散剂。

四、散剂的质量要求

《中国药典》2020 年版规定：散剂在生产与贮存期间应符合下列有关规定。

（1）供制散剂的原料药物均应粉碎，除另有规定外，口服用散剂应为细粉，儿科用和局都用散剂应为最细粉。

（2）散剂应干燥、疏松、混合均匀、色泽一致。制备含有毒性药、贵重药或药物剂量小或药性剧烈的药物散剂时，应采用配研法混匀并过筛。

（3）散剂可单剂量包（分）装，多剂量包装者应附分剂量的用具。含有毒性药的口服制剂应单剂量包装。

（4）散剂中可含或不含辅料。口服散剂必要时可酌加矫味剂、芳香剂、着色剂等。

（5）除另有规定外，散剂应密闭贮存，含挥发性原料药物或易吸潮原料药物的散剂应密封贮存。生物制品应采用防潮材料包装。

（6）为防止胃酸对生物制品散剂中活性成分的破坏，散剂稀释剂中可调配中和胃酸的成分。

（7）散剂用于烧伤治疗如为非无菌制剂的，应在标签上标明"非无菌制剂"，产品说明书中应注明"本品为非无菌制剂"，同时在适应症下应明确"用于较轻程度的烧伤"，注意事项下标注"应遵医嘱使用"。

第二节　粉　碎

粉碎是借助机械力或其他方法将大块物体破碎成适宜大小的颗粒或细粉的操作。制备散剂用的固体原料药，除细度已达到药典要求外，均需进行粉碎。在药物制剂过程中，粉碎是药物微粉化和制成剂型前的重要工序，关系到药物的均匀性、流动性等性质，影响药物的疗效。

一、药物粉碎的目的

粉碎的主要目的：①增加药物的比表面积，提高难溶性药物的溶出速度及生物利用度；②调节药物粉末的流动性，有利于各成分的混合均匀；③提高固体药物在液体、半固体、气体中的分散度；④有助于从天然药物中提取有效成分等。

药物的粉碎程度可以用粉碎度来表示，粉碎度是药物粉碎后的细度，粉碎度越大，表面药物的颗粒越小。

课堂互动

药物是不是粉碎的越细越好

从药物的给药途径、药物的性质、药物的作用等方面进行分析，得出结论。

药物粉碎度的大小，应视药物性质、作用及给药途径而定。①内服散剂中，易溶于水的药物可不必粉碎得太细，如水杨酸钠等；难溶性药物粉碎得细些可以加速其溶解和吸收，如布洛芬等；作用于胃部的药物，如为不溶性药物必须制成最细粉，如氢氧化铝、次碳酸铋；有不良臭味、刺激性、易分解的药物，不宜粉碎太细，以免加剧其臭味、刺激性及分解，如奎宁类、呋喃妥因等；在胃中不稳定的药物，不宜过细，否则会加速其在胃液中降解，降低其疗效，如红霉素。②局部外用散剂，多为不溶性药物，要粉碎成细粉，以减轻对创面的刺激。

二、药物粉碎的方法

药物粉碎时，可根据物料的性质、状态、配方组成、粉碎度要求以及现有粉碎设备的情况选择不同的粉碎方法。常用的粉碎方法有如下几种。

1. 干法粉碎和湿法粉碎

（1）干法粉碎：是将药物干燥到一定程度（一般水分低于 5％）后粉碎的方法。一般药物均采用干法粉碎。

（2）湿法粉碎：是指在药物粉末中加入适量的水或其他液体再研磨粉碎的方法（即加液研磨法）。此法可减少粉尘飞扬，减轻某些有毒剧药物或刺激性药物对人体的危害。

2. 单独粉碎和混合粉碎

（1）单独粉碎：是指将一味药物单独进行粉碎的方法，俗称"单研"。一般药物通常单独粉碎，便于在不同的制剂中配伍应用。

（2）混合粉碎：又称共研法，是指将处方中的部分药物或全部药物掺和在一起进行粉碎的方法。混合粉碎可以避免一些黏性物料或热塑性物料在单独粉碎时粘壁和物料间黏结的现象。

3. 低温粉碎

低温粉碎是利用低温时物料脆性增加，韧性与延伸性降低的性质进行粉碎，以提高粉碎效果的一种方法。对于温度敏感的药物、软化温度低而易形成"饼"的药物、极细粉的药物粉碎常采用低温粉碎。

4. 超微粉碎

超微粉碎是利用机械或流体动力将物料颗粒粉碎至各种粒径级别的微粉。

三、粉碎的设备

1. 锤击式粉碎机

俗称榔头机，由钢壳、钢锤、筛板及鼓风机四部分组成，是利用高速旋转的钢锤借撞击及锤击作用而粉碎的一种粉碎机，如图 8-1 所示。

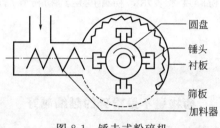

圆盘
锤头
衬板
筛板
加料器

图 8-1　锤击式粉碎机

2. 万能粉碎机

又称柴田式粉碎机。加入的物料经齿盘间冲击、劈裂、撕裂与研磨作用而粉碎，适用于粉碎含黏性、油脂、纤维性及质地坚硬的各类物料，但油性过多的物料不适合。其粉碎能力强，是药厂普遍应用的粉碎机，如图 8-2 所示。

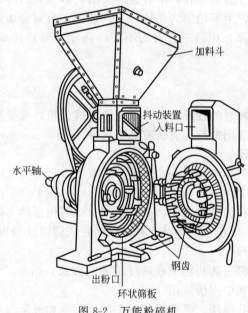

加料斗
抖动装置
入料口
水平轴
钢齿
出粉口
环状筛板

图 8-2　万能粉碎机

3. 球磨机

球磨机（如图 8-3 所示）结构简单，可密闭操作，借助钢球起落产生的撞击作用和球罐壁与球之间的研磨作用将物料粉碎。适用范围：结晶性、硬而脆的物料；毒性、刺激性物料（防止粉尘飞扬）；挥发性或贵重物料（减少损失）；易氧化、易爆炸的物料（可通入惰性气体密闭粉碎）；有无菌粉碎要求的物料。

4. 流能磨

流能磨（如图 8-4 所示）又称气流粉碎机、气流磨，利用高压气流使物料颗粒之间以及颗粒与室壁之间碰撞，而产生强烈的粉碎作用。在粉碎过程中，被压缩的气流在粉碎室中膨胀产生的冷却效应与研磨产生的热相互抵消，故粉碎物料温度不会升高，适于低熔点或热敏物料、毒性或贵重物料的粉碎。

图 8-3　球磨机

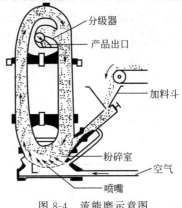

图 8-4　流能磨示意图

第三节　筛　　分

一、筛分的概念及作用

筛分就是借助筛网孔径大小将物料进行过筛、分离的方法。筛分的作用有分级、混合和分离。

（1）分级：无论采用何种粉碎方法，所得物料的粗细程度总是不均匀。为了获得均匀的物料，生产中物料粉碎后通常需要用适当的药筛将粉碎的物料进行过筛分离，以获得均匀的粒子群并分成不同的等级，供制备各种剂型所用。

（2）混合：多种药物同时过筛还有混合作用，以保证组成的均一性。

（3）分离：能及时将合格粉末筛出，以提高粉碎效率。

二、药筛的种类及规格

1. 药筛的种类

药筛是用于筛选粉末粒度（粗细）或匀化粉末的工具。药筛按制法不同可分为编织筛与冲眼筛 2 种。

（1）编织筛：筛网是由金属丝（如铜丝、铁丝、不锈钢丝等）或其他非金属丝（如尼龙丝、绢丝、马尾丝等）编织而成，筛网可以编织得很细小，故而筛分精度高，可以用于细粉的筛分。但在使用时，筛线易移位变形而影响分离效果。

（2）冲眼筛：是在金属板上冲压出圆形的筛孔制成的。此种筛坚固耐用，孔径不易变形，常用于高速粉碎过筛联动机械上的筛板或中药丸剂的筛选。

2. 药筛的规格

《中国药典》对药筛规格进行了统一规定，以筛孔内径大小（μm）为依据，共规定了9 种筛号，一号筛的筛孔内径最大，为 2000μm，九号筛的筛孔内径最小，仅为 75μm，同时把粉末分为最粗粉、粗粉、中粉、细粉、最细粉及极细粉 6 个等级。《美国药典》以目数来表示筛号及粉末的粗细，一般以每英寸（2.54cm）长度上有多少孔来表示工业筛的目数。目数越多，孔径越小，粉末越细。《中国药典》2015 年版中规定，所用药筛，选用国家标准的 R 40/3 系列，分等如表 8-1 所示。

表 8-1 《中国药典》规定的药筛规格与筛目对照表

筛号	目号	筛孔平均内径/μm
一号筛	10	2000±70
二号筛	24	850±29
三号筛	50	355±13
四号筛	65	250.0±9.9
五号筛	80	180.0±7.6
六号筛	100	150.0±6.6
七号筛	120	125.0±5.8
八号筛	150	90.0±4.6
九号筛	200	75.0±4.1

课堂互动

100目筛网的孔径内径是多少

根据"目"的概念，每位同学算一算，100目筛网的孔径内径是多少？ 结果跟表 8-1 的数据是否一致？ 为什么？

三、筛分设备

筛分的设备种类很多，应根据对药物细度的要求、粉末的性质和数量来适当选用。生产中常用的有振动筛、滚筒筛、多用振动筛等。振动筛是常用的筛，根据运动方式分为摇动筛和振荡筛。

1. 摇动筛

根据药典规定的筛序，按孔径大小从上到下排列，最上为筛盖，最下为接受器。把物料放入最上部的筛上，盖上盖，进行摇动和振荡，即可完成对物料的分级。常用于测定粒度分布或少量毒剧药、刺激性药物的筛分。如图 8-5 所示。

2. 振荡筛

筛网的振荡方向有三维性，物料加在筛网中心部位，筛网上的粗料由上部排出口排出，筛分的细料由下部的排出口排出。振荡筛具有分离效率高，单位筛面处理能力大，维修费用低，占地面积小，重量轻等优点，如图 8-6 所示。

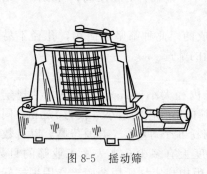

图 8-5 摇动筛

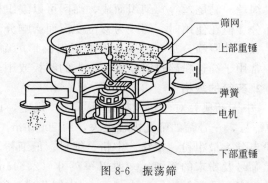

筛网
上部重锤
弹簧
电机
下部重锤

图 8-6 振荡筛

第四节　混　　合

一、混合的概念

　　广义上的混合包括固-固、固-液、液-液等组分的混合。狭义上的混合是指两种或两种以上的固体物料相互掺和而达到均匀状态的操作。

　　混合是药物制剂中最基本的操作，其目的在于使物料各组分分散均匀、色泽一致，以保证用药剂量准确，安全有效。混合操作对制剂的外观和内在质量都有重要意义。如在片剂生产中，混合不好会出现斑点，崩解时限、硬度不合格。特别是含量极低的毒性药物、需长期服用的药物、有效血药浓度和中毒浓度接近的药物，主药含量不均匀对制剂生物利用度及治疗效果均会带来极大影响，甚至产生生命危险。因此，合理的混合操作是保证药品质量的重要措施之一。

二、混合的方法

　　混合方法目前常见的有：搅拌混合、过筛混合和研磨混合。搅拌混合简单易行，但效率较低，多作初步混合用，大生产中常用混合机搅拌混合；过筛混合系通过筛网实现混合方法，由于细粉粒径、密度的差异，过筛后仍需适当搅拌才能混合均匀，此法多用于大生产；研磨混合系在研磨粉粒的同时进行混合的方法，适于小量，尤其是结晶性物料的混合，此法常用于药房制剂和调剂工作中。

课堂互动

性质相差悬殊的药物如何混合

　　提出问题：实践证明，两种药物，若物理状态、粒度、相对密度、数量等性质相近，则二者容易混合均匀；若相差悬殊，则不易混合均匀。在药房少量药物的制剂和调剂工作中，如出现两种颜色相差悬殊、比例相差悬殊的药物需进行混合，应采用何种方法？学生讨论后得出结论。

　　针对混合的各种复杂情形，搅拌、过筛和研磨的混合方法常重复、联合和交替使用。下述为操作时常采用的混合策略和注意事项。

1.组分比例相差悬殊：采用等量递增法。先取剂量小的药粉与等量的剂量大药粉同时置于混合设备中，混匀后再加入与混合物等量的剂量大药粉同法混匀，如此倍量增加，直至加完全部剂量大的药粉为止，混匀、过筛。此法是一种省工、省时、效果好的混合方法。

2.组分色泽、质地相差悬殊：采用打底套色法，是一种传统中药粉末混合技术。混合前先用量大的组分饱和混合器具，以减少量小组分在混合设备中因吸附造成的损失。然后将量少、色深或质轻的药粉先放入混合设备中作为底料（打底），再将量多、色浅或质重的药粉分次加入，采用等量递增法混合均匀（套色）。

3.混合时间：一般混合时间越长越均匀，实际操作时应根据物料、设备、成本等因素综合考虑，并要验证。

三、混合设备

生产中常用的混合设备有：V形混合机、三维运动混合机、槽形混合机等。

1. V形混合机

如图 8-7 所示，V形混合机由两个圆柱形筒经一定角度相交成一个尖角状，并安装在一个与两筒体对称线垂直的圆轴上。两个圆柱筒一长一短。容器内物料经多次分开、掺和，能在较短时间内混合均匀。V形混合机适用于密度相近的组分混合，混合效率高，能耗低，应用广泛。

2. 三维运动混合机

三维运动混合机（如图 8-8 所示）工作时，滚筒自转的同时，还进行公转，并且有上下、左右、前后全方位的运动。同时具有转动、平移和摆动三种运动方式，使物料在三维空间的轨迹中运动，物料在混料桶内的运动无死角。这种独特的运动方式使物料交替处于凝聚或分散状态，提高了混合质量和精度，应用广泛。

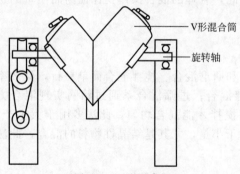

图 8-7　V形混合机

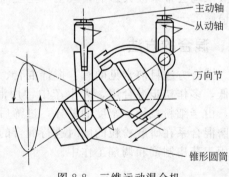

图 8-8　三维运动混合机

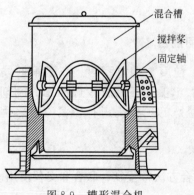

图 8-9　槽形混合机

3. 槽形混合机

如图 8-9 所示，主要部分为混合槽，槽上有不锈钢盖，槽内装有"∽"形搅拌桨，物料在搅拌桨作用下进行上下、左右、内外各方向运动，从而达到均匀混合。槽可绕水平轴转动，以便卸出槽内药粉。此机除适于混合药粉，还可用于颗粒剂、片剂、丸剂、软膏剂等剂型中团块、胶黏物料的捏合和混合。

第五节　散剂制备

一、散剂的制备工艺流程

散剂的制备工艺流程如下所示。

辅料
↓
物料→粉碎→筛分→混合→分剂量→质量检查→包装

散剂生产过程中要采取有效的措施防止交叉污染，口服散剂要求在 D 级环境下进行，外用散剂中用于表皮用药的生产环境要求达到 D 级，用于烧烫伤等治疗的无菌散剂生产环境要达到无菌制剂的要求。

二、散剂的制备要点

1. 物料前处理

将固体物料（包括原料和辅料）进行粉碎前要对物料进行干燥与粗粉碎，将其加工成符合粉碎所要求的粒度和干燥程度。

2. 粉碎与筛分

制备散剂的固体物料均需粉碎，粉碎粒度应与药物性质、应用方法和医疗要求有关。粉碎后的药物需进行过筛处理。除另有规定外，内服散剂应为细粉，儿科用及局部用散剂应为最细粉，眼用散剂应为极细粉。

3. 混合

对于复方制剂而言，均匀混合是保证药品安全、有效的前提，尤其对含有毒性药物、贵重药物的散剂具有更重要的意义。混合的均匀与否，受各组分的比例、理化性质、组分堆密度、设备类型、混合时间等多种因素影响。

散剂中可含或不含辅料，常用的辅料主要有稀释剂、吸收剂、矫味剂、芳香剂、着色剂等。

4. 分剂量

分剂量是将混合均匀的散剂按照所需剂量进行分装的操作。此操作是决定所含药物成分剂量准确程度的最后一个步骤。常用的方法有 3 种。

（1）目测法：称取总量的散剂，根据目力分成所需的若干等份。此法简便，适用于药房小量配制，但误差大，含有细料和毒剧药物的散剂不宜用本法。

（2）重量法：按规定剂量用衡器逐包称量。此法分剂量准确，但操作麻烦，效率低。含毒性药及贵重细料药散剂常用此法。

（3）容量法：用一定容量的器具进行分剂量的方法。如药房大量配制普通散剂所用的分量器、药厂使用的自动分包机、分量机等。此法适用于一般散剂分剂量，很方便，效率高，但准确性不如重量法，必须注意粉末特性并保持铲粉条件一致，以减小误差。

5. 包装与贮存

散剂的比表面积大，易吸湿或风化，所以防潮是保证散剂质量的重要措施。若包装与贮存不当而吸湿，易出现潮解、结块、变色、分解、霉变等现象，严重影响散剂质量与用药安全。选用适宜的包装材料和贮存条件可延缓散剂的吸湿。

散剂的包装材料常采用包药纸、塑料袋、玻璃瓶、聚酯瓶等，选择的关键是防潮。玻璃瓶包装要用塑料内盖，用塑料袋包装应热封严密。复方散剂用瓶装时，应填满、压紧，以避免运输过程中分层。

不同散剂的贮藏要点如表 8-2 所示。

表 8-2   不同散剂的贮藏要点

散剂	稳定性分析	贮藏要点
纸质包装的散剂	容易吸潮、易破损	防潮、防虫、防蛀
塑料薄膜包装的散剂	稳定性较好，但仍易受潮	防潮，不宜久贮
含吸湿组分或加糖的散剂	易吸潮、霉变、虫蛀	密封、干燥处贮存
贵重药品散剂 麻醉药品散剂	—	密封贮存于可紧闭容器
含遇光变质药品的散剂	遇光变质	密封在干燥容器内， 干燥阴凉处贮存
有特殊臭、味的散剂	—	与其他药品隔离贮存
含结晶水药物的散剂	受相对湿度影响	相对湿度达一定要求

案例 8-1

散剂贮藏的烦恼

最近，某大药房的仓管员王明十分烦恼，前几天仓库验收入库了一批散剂，有好几个品种，如口腔溃疡散、小儿清肺散、痱子粉、复方胰酶散、含糖胃蛋白酶、阿奇霉素散等，它们分别用不同的包装材料进行包装。如果你是王明，你将如何贮藏这批药品？

请思考并讨论：

1. 散剂的处方成分对药物稳定性有何影响？
2. 散剂的包装物对药物稳定性有何影响？
3. 如何针对不同的散剂进行贮藏？

三、散剂的质量控制

按 2020 年版《中国药典》有关规定，散剂需进行如下质量检查。

1. 粒度

除另有规定外，化学局部用散剂和用于烧伤或严重创伤的中药局部用散剂及儿科用散剂，照粒度和粒度分布测定法测定，化学药散剂通过 7 号筛（中药通过 6 号筛）的粉末重量，不得少于 95%。

2. 外观均匀度

目测检查法：取供试品适量，置光滑纸上，平铺约 $5cm^2$，将其表面压平，在光亮处观察，应色泽均匀，无花纹与色斑。

3. 水分

中药散剂照水分测定法测定，除另有规定外，不得超过 9.0%。

4. 干燥失重

化学药和生物制品散剂，除另有规定外，取供试品，照干燥失重测试法测定，在 105℃干燥至恒重，减失重量不得超过 2.0%。

5. 装量差异

单剂量包装的散剂，均应检查装量差异，并不得超过规定。方法：取散剂 10 袋（瓶），除去包装，分别称定每袋（瓶）的重量，每袋（瓶）内容物重量与标示装量相比较，按照表 8-3 的规定，超过重量差异限度的不得多于 2 袋（瓶），并不得有 1 袋（瓶）超出限度的 1 倍。

表 8-3　散剂装量差异的规定

平均装量或标示装量	装量差异限度/% （中药、化学药）	装量差异限度/% （生物制品）
0.1g 或 0.1g 以下	±15	±15
0.1g 以上至 0.5g	±10	±10
0.5g 以上至 1.5g	±8	±7.5
1.5g 以上至 6.0g	±7	±5
6.0g 以上	±5	±3

凡规定检查含量均匀度的化学药和生物制品散剂，一般不再进行装量差异的检查。

6. 装量

多剂量包装的散剂，照最低装量检查法检查，应符合规定。

7. 无菌

除另有规定外，用于烧伤、严重创伤或临床必须无菌的局部用散剂，照无菌检查法，应符合无菌要求。

8. 微生物限度

除另有规定外，照非无菌产品微生物限度检查，细菌数不得超过 1000cfu/g，酶菌、酵母菌数不得超过 100cfu/g。凡规定进行杂菌检查的生物制品散剂，可不进行微生物限度检查。

四、散剂举例

1. 口服补液盐

【处方】　氯化钠 1750g　　　氯化钾 750g　　　碳酸氢钠 1250g　　　葡萄糖 11000g

【制法】　取葡萄糖、氯化钠粉碎成细粉，混匀，分装于大袋中；另将氯化钾、碳酸氢钠粉碎成细粉，混匀，分装于小袋中；将大小袋同装一包，共制 1000 包。

【附注】　本品可补充体内电解质和水分，用于腹泻、呕吐等引起的轻度和中度脱水。临用前大、小袋药物同溶于 500mL 凉开水中口服。本品易吸潮，应密封保存于干燥处。

2. 冰硼散

【处方】　冰片 50g　　　硼砂（炒）500g　　　朱砂 60g　　　玄明粉 500g

【制法】　以上 4 味，朱砂水飞或粉碎成极细粉，硼砂粉碎成细粉，将冰片研细，与上述粉末及玄明粉配研，过筛，混合，即得。

【附注】　本品具清热解毒、消肿止痛功能，用于咽喉疼痛，牙龈肿痛，口舌生疮。吹散，每次少量，一日数次。

📝　本章小结

1. 散剂是指原料药物或与适宜的辅料经粉碎、均匀混合制备成的干燥粉末状制剂。

2. 散剂具有易分散、奏效迅速、制备工艺简单、储运方便等优点，但存在剂量大、易吸湿变性等缺点。

3.粉碎、筛分、混合是散剂制备的最基本的操作单元,对制剂的粒度、均匀性、流动性具有关键作用。

4.散剂的制备过程为物料前处理、粉碎、筛分、混合、分剂量、包装等。

5.散剂的质量检查项目有粒度、外观均匀度、水分、干燥失重、装量差异、无菌、微生物限度等。

学习目标检测

一、名词解释

1.散剂

2.粉碎

3.筛分

4.混合

二、填空题

1.比例量相差悬殊的散剂应采用_____法混合。

2.制备散剂的工艺流程分为药物粉碎、筛分、_____、分剂量、_____和包装。

3.散剂按用途可分为_____散剂和_____散剂。

4.除另有规定外,散剂的_____不得过9%。

5.散剂中组分颜色或比重不同应采用_____混合。

6.制备散剂常用的混合方法有_____、搅拌混合和_____。

三、A型题（单项选择题）

1.《中华人民共和国药典》2015版规定口服用散剂应是

A. 最细粉　　　B. 细粉　　　C. 极细粉　　　D. 中粉　　　E. 细末

2.以含量均匀一致为目的单元操作称为

A. 粉碎　　　B. 过筛　　　C. 混合　　　D. 制粒　　　E. 干燥

3.中药散剂按水分测定法测定,除另有规定外,水分不得超过

A.5%　　　B. 6%　　　C. 7%　　　D. 8%　　　E. 9%

4.下列不是散剂特点的是

A. 比表面积大,容易分散　　　　　B. 口腔和耳鼻喉科多用

C. 对创面有一定的机械性保护作用　　D. 分剂量准确,服用方便

E. 易吸潮的药物不宜制成散剂

5.散剂的制备工艺是

A. 粉碎→混合→过筛→分剂量

B. 粉碎→混合→过筛→分剂量→包装

C. 粉碎→混合→过筛→分剂量→质量检查→包装

D. 粉碎→过筛→混合→分剂量

E. 粉碎→过筛→混合→分剂量→质量检查→包装

四、B型题（配伍选择题）

【1～4】A. 湿法粉碎　B. 低温粉碎　C. 蒸罐处理　D. 混合粉碎　E. 超微粉碎

1.处方中性质、硬度相似的药材的粉碎方法是

2.可将药材粉碎至粒径5μm左右的粉碎方法是

3.树脂类药材，胶质较多药材的粉碎方法是
4.在药料中加入适量水或其他液体进行研磨粉碎的方法是

五、X型题（多项选择题）

1.《中国药典》中粉末分成的等级有

A. 粗粉　　　　B. 最粗粉　　　C. 微粉　　　　　D. 细粉　　　　　E. 极细粉

2.打底套色法制备散剂时，打底应该用

A. 颜色较深的药粉　　　　　　　B. 颜色较浅的药粉

C. 质地较轻的药粉　　　　　　　D. 数量较少的药粉

E. 数量较多的药粉

3.粉碎的目的是

A. 便于制备各种药物制剂　　　　B. 利于药材中有效成分的浸出

C. 利于调配、服用和发挥药效　　D. 增加药物的表面积，促进药物溶散

E. 有利于环境保护

4.下列有关散剂质量要求正确的说法有

A. 装量差异限度因装量规格的不同而不同

B. 对用量未作规定的外用散剂不用检查装量差异

C. 应呈现均匀的色泽，无花纹及色斑

D. 粒度因给药部位或用药对象不同而不同

E. 含水量不得大于7%

六、简答题

1.简述散剂的特点。

2.简述筛分的作用。

3.简述混合的方法。

颗粒剂

第一节 概 述

一、颗粒剂的概念与分类

颗粒剂系指药物与适宜的辅料制成具有一定粒度的干燥颗粒状制剂。颗粒剂主要供口服用，可以直接吞服，也可以冲入水中使其分散或溶解后饮服。

根据颗粒剂在水中溶解的情况，可将颗粒剂分为可溶颗粒（通称为颗粒）、混悬颗粒、泡腾颗粒。随着缓控释技术的发展，又出现了肠溶颗粒、缓释颗粒和控释颗粒等新型颗粒剂。

7. 颗粒剂的分类

（1）混悬颗粒：系指难溶性原料药物与适宜辅料混合制成的颗粒剂。临用前加水或其他适宜的液体振摇即可分散成混悬液。

（2）泡腾颗粒：系指含有碳酸氢钠和有机酸，遇水可放出大量气体而呈泡腾状的颗粒剂。泡腾颗粒中的药物应是水溶性的，加水产生气泡后应能溶解。有机酸一般用枸橼酸、酒石酸等。泡腾颗粒应溶解或分散于水中后服用。

（3）肠溶颗粒：系指采用肠溶材料包裹颗粒或其他适宜方法制成的颗粒剂。肠溶颗粒耐胃酸而在肠液中释放活性成分，或控制药物在肠道内定位释放，可防止药物在胃内分解失效，避免对胃的刺激。

（4）缓释颗粒：系指在规定的释放介质中缓慢地非恒速释放药物的颗粒剂，缓释颗粒不得咀嚼。

目前，市面上还有无糖型颗粒剂，主要为糖尿病、潜在的代谢综合征患者等不适宜摄入过多糖分的病人设计。这种颗粒剂是以少量辅料及非糖甜味剂代替蔗糖而开发出来的，其生产工艺更为复杂。

案例 9-1

药品推荐的困惑

王晓是吉林大药房的营业员，今天她接待了一名顾客，这名顾客是一名老胃病（慢性浅表性胃炎）患者，目前胃痛严重，她希望能赶紧服药，好缓解胃痛的痛苦。现在药店中常用的治疗慢性胃炎的药物有胃乐新颗粒和胃乐新胶囊，王晓困惑了，她要为患者推荐哪一种药物呢？她想了想，最后为患者推荐了胃乐新颗粒。

请思考并讨论：

1. 小王的推荐是否正确？

2. 什么情况下使用胃乐新颗粒？什么情况下推荐胃乐新胶囊呢？

二、颗粒剂的特点

比较散剂与颗粒剂的特点

从制备工艺、作用、临床应用、适用性、贮运等方面讨论，与前面所学的散剂进行对比，总结出颗粒剂的特点。

颗粒剂是目前应用较为广泛的剂型之一，与散剂相比，具有以下特点。

（1）可溶解或混悬于水中，有利于药物在体内的吸收，起效快，但溶出和吸收的速度不如散剂。

（2）其飞散性、附着性、团聚性、吸湿性等均比散剂小，但流动性比散剂好，易分剂量。

（3）多种成分混合后，用黏合剂制粒，可防止各成分的离析。

（4）性质稳定，运输、携带、贮藏方便。

（5）加入适当的矫味剂，可以掩盖某些成分的不良嗅味，更适合于服用。

（6）必要时可包衣，衣料的性质可使其具有防潮、缓释、控释或肠溶等特点。

但颗粒剂也有易吸潮的缺点，因此在生产、贮藏和包装密封性上应加以注意。

三、颗粒剂的质量要求

《中国药典》2020年版规定：颗粒剂在生产与贮存期间应符合下列规定。

（1）原料药物与辅料应均匀混合。含药量小或含毒剧药的颗粒剂，应根据原料药物的性质采用适宜方法使其分散均匀。

（2）凡属挥发性药物或遇热不稳定的药物，在制备过程应注意控制适宜的温度条件，凡遇光不稳定的原料药物应遮光操作。

（3）除另有规定外，挥发油应均匀喷入干燥颗粒中，密闭至规定时间或用包合等技术处理后加入。

（4）颗粒剂可根据需要加入适宜的辅料，如稀释剂、黏合剂、分散剂、着色剂、矫味剂等。

（5）为了防潮，掩盖原料药物的不良气味等需要，也可对颗粒包衣。必要时，包衣颗粒应检查残留溶剂。

（6）颗粒应干燥、均匀、色泽一致，无吸潮、软化、结块、潮解等现象。

（7）颗粒剂的微生物限度应符合要求。

（8）根据原料药物和制剂的特性，除来源于动、植物多组分且难以建立测定方法的颗粒剂外，溶出度、释放度、含量均匀度等应符合要求。

（9）除另有规定外，颗粒剂应密封，置干燥处贮存，防止受潮。

（10）颗粒剂通常采用干法制粒、湿法制粒等方法制备。干法制粒可避免引入水分，尤其适合对湿热不稳定的颗粒剂的制备。

（11）除另有规定外，中药饮片应按各品种项下规定的方法进行提取、纯化、浓缩成规定的清膏，采用适宜的方法干燥并制成细粉，加适量辅料成饮片细粉，混匀并制成颗粒；也可将清膏加适量辅料成饮片细粉，混匀并制成颗粒。

第二节　颗粒剂的制备

颗粒剂的制备方法分为两大类，湿法制粒和干法制粒。无论采用何种制粒方法，都必须首先将药物进行粉碎、过筛、混合，这些操作与散剂的制备过程相同。传统的湿法制粒是目前制备颗粒剂的主要方法，其工艺流程如图9-1所示。

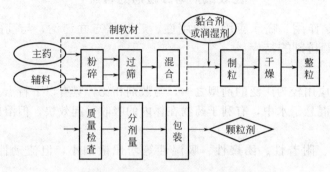

图9-1　颗粒剂传统制备工艺流程图

一、颗粒剂的传统制备工艺

1. 物料准备

将药物与辅料进行粉碎、过筛、混合（其操作同散剂的制备），一般取80～100目的粉末待用。

2. 制软材

将处理后的药物与辅料按处方比例混合均匀，加入适量的水、醇或其他黏合剂充分混合，制成松紧适宜（握之成团、按之即散）的软材。常用的辅料如填充剂（乳糖、淀粉、蔗糖等）、崩解剂（淀粉或纤维素衍生物）等。由于制粒后不能再加入崩解剂，所以应选择不会过度影响崩解的黏合剂。鉴于淀粉或纤维素衍生物兼有崩解和黏合两种作用，所以常用作颗粒剂的黏合剂。大量固体粉末和少量液体的混合过程也叫做捏合。

知识延伸

制软材的注意事项

1. 原辅料应粉碎过筛80～100目为宜。

2. 当主药与辅料比例悬殊，混合时宜采用等量递加法或溶媒分散法。

3. 黏合剂用量、制备时间及混合强度应控制得当。黏合剂的用量及混合条件等对颗粒密度和硬度有一定影响，一般黏合剂用量多、混合强度大、时间长，则所制得颗粒的硬度大。润湿剂或黏合剂的用量应根据物料的性质而定，如粉末细、质地疏松，干燥及黏性较差的粉末，用量应酌加，反之应酌减。

3. 制粒

制粒是颗粒成型过程，是制备颗粒剂的关键。制粒的目的有：①改善流动性；②改善压缩性，使其具有良好的可压性；③调节堆密度，改善溶解性能；④防止各组分离析和粘附。根据制粒时采用的设备不同，传统的湿法制粒技术有以下几种。

（1）挤压制粒技术

挤压制粒技术是先将处方中原辅料混合均匀后加入黏合剂制软材，然后将软材用强制挤压的方式通过具有一定大小的筛孔而制粒的方法。常用的制粒设备有螺旋挤压式、旋转挤压式、摆摆挤压式等。挤压制粒技术的特点：①颗粒的粒度可由筛网的孔径大小调节；②颗粒的松软程度可用不同黏合剂及其加入量调节，以适应不同需要；③制粒过程步骤多、劳动强度大，不适合大批量和连续生产。

（2）高速混合制粒技术

高速混合制粒技术是先将物料加入高速搅拌制粒机的容器内，搅拌混匀后加入黏合剂或润湿剂高速搅拌制粒方法。常用的设备为高速搅拌制粒机等。高速混合制粒技术的特点：①在一个容器内进行混合、捏合、制粒过程；②与挤压制粒相比，具有省工序、操作简单、快速等优点；③可制出不同松紧度的颗粒；④不易控制颗粒成长过程。

（3）流化床制粒技术

流化床制粒技术也称一步制粒技术，利用气流作用，使容器内物料粉末保持悬浮状态时，润湿剂或液体黏合剂向流化床喷入使粉末聚结成颗粒的方法。常用的设备是流化床制粒机。流化床制粒技术的特点：①在同一台设备内进行混合、制粒、干燥，简化工艺、节约时间、劳动强度低；②颗粒松散、密度小、强度小、粒度分布均匀、流动性与可压性好；③捕尘袋的清洗困难、控制不当易产生污染。

（4）喷雾干燥制粒技术

喷雾干燥制粒技术是将物料溶液或混悬液喷雾于干燥室内，在热气流的作用下使雾滴中的水分迅速蒸发以直接获得球状干燥细颗粒的方法。常用的设备为喷雾干燥制粒机。喷雾干燥制粒技术的特点：①由液体原料直接干燥得到粉状固体颗粒；②干燥速度快，物料的受热时间短，适合于热敏性物料的制粒；③所得颗粒多为中空球状粒子，具有良好的溶解性、分散性和流动性；④设备费用高、能量消耗大、操作费用高、黏性大的料液易黏壁。

4. 干燥

湿颗粒制成后应及时干燥。干燥是利用热能使物料中的水分汽化，最终实现干燥的工艺操作。将粉末状药物湿法制粒，经干燥所得的干颗粒可直接制成颗粒剂，也可进一步制成片剂或胶囊剂；中药浓缩液经喷雾干燥可获得浸膏粉；生物制品经冷冻干燥可获得冻干粉等。干燥产品往往比湿品更稳定。干燥的目的在于提高原料和制剂稳定性，使达到一定的规格标准，便于进一步加工处理。

干燥温度一般以 60～80℃ 为宜，具体温度视原料性质而定。含挥发性或遇热不稳定的药物应控制在 60℃ 以下干燥；对热稳定的药物，干燥温度可提高至 80～100℃，以缩短干燥时间。干燥温度宜逐渐升高，颗粒摊铺厚度不宜超过 2cm，并定时翻动。颗粒干燥程度以含水量控制，一般中药颗粒含水量以 3%～5% 为宜。

生产中常用的干燥设备有烘箱、烘房、沸腾干燥床、振动式远红外干燥机等。

知识延伸

影响干燥的因素

影响干燥的因素有：物料中水分存在的形式，被干燥物料的性质，干燥介质的温度、湿度和流速，干燥的速度，干燥的方法，干燥的压力等。

5. 整粒

整粒是将干颗粒再次通过筛网，使条、块状物分散成均匀干粒的操作。湿颗粒在干燥过程中会有部分互相黏结成团块状，也有部分从颗粒机上落下时就呈条状，需要再通过一次筛网使大颗粒磨碎，除去细小颗粒和细粉，使颗粒大小一致。筛下的细小颗粒和细粉可重新制粒，或并入下次同一批药粉中，混匀制粒。

整粒过筛一般用摇摆式制粒机进行，一些坚硬的大块可用旋转式制粒机过筛或用其他机械粉碎，也可用整粒机整粒，整粒所用筛网的孔径一般与制湿粒时相同。实际应用时应根据具体情况灵活掌握，如颗粒较疏松，宜选用孔径较大的筛网，以免破坏颗粒和增加细粉；若颗粒较粗硬，则用孔径较小的筛网，以免颗粒过于粗硬。

6. 包装

颗粒剂若含有浸膏或蔗糖，易吸潮溶化，故应密封包装和干燥贮藏。目前多用复合铝塑袋分装，不易透湿、透气，贮存期内一般不会出现吸潮、软化现象。

二、颗粒剂的质量控制

根据 2020 年版《中国药典》，除另有规定外，颗粒剂需要进行如下方面的质量检查。

1. 外观检查

取颗粒剂 5 包，分别检查封口是否严密，是否有破裂、漏药、内容物色泽不一致、吸潮、结块、潮解等现象。

2. 粒度

除另有规定外，照粒度和粒度分布测定法测定，不能通过 1 号筛（10 目）与能通过 5 号筛（80 目）的颗粒和粉末的总和，不得超过供试量的 15%。

3. 水分

中药颗粒剂用水分测定法，水分不得过 8.0%。

4. 干燥失重

化学药品和生物制品颗粒剂照干燥失重测定法测定，于 105℃干燥（含糖颗粒应在 80℃减压干燥）至恒重，减失重量不得超过 2.0%。

5. 溶化性

可溶性颗粒检查法：取供试品 10g（中药单剂量包装取 1 袋），加热水 200mL，搅拌 5min，立即观察，可溶颗粒应全部溶化或轻微浑浊。

泡腾颗粒检查法：取供试品 3 袋，将内容物分别转移至盛有 200mL 水的烧杯中，水温为 15~25℃，应迅速产生气体而呈泡腾状态，5min 内颗粒应完全分散或溶解在水中。

颗粒剂按上述方法检查，均不得有异物，中药颗粒还不得有焦屑。

混悬颗粒以及已规定检查溶出物或释放度的颗粒剂可不进行溶化性检查。

6. 装量差异

单剂量包装的颗粒剂按下述方法检查，应符合规定。方法是：取供试品 10 袋（瓶），除去包装，分别称定每袋（瓶）内容物的装量与平均装量。每袋（瓶）装量与平均装量相比较，按照表 9-1 的规定，超过重量差异限度的不得多于 2 袋（瓶），并不得有 1 袋（瓶）超出限度的 1 倍。多剂量包装的颗粒剂，其最低装量检查方法与此类似。

表 9-1　颗粒剂的装量差异限度

平均装量或标示装量	装量差异限度
1g 及 1g 以下	±10%
1g 以上至 1.5g	±8%
1.5g 以上至 6g	±7%
6g 以上	±5%

凡规定检查含量均匀度的颗粒剂，一般不再进行装量差异检查。

7.装量

多剂量包装的颗粒剂，照最低装量检查法检查，应符合规定。

8.微生物限度

以动物、植物、矿物来源的非单体成分颗粒剂，生物制品颗粒剂，照非无菌产品微生物限度检查：微生物计数法和控制菌检查法及非无菌药品微生物限度标准检查，应符合规定。规定检查杂菌的生物制品颗粒，可不进行微生物限度检查。

三、颗粒剂举例

1.板蓝根颗粒剂

【处方】　板蓝根 1400g　　　糖粉适量　　　糊精适量

【制法】　取板蓝根加水煎煮二次，第一次 2h，第二次 1h，煎液滤过，滤液合并，浓缩至相对密度为 1.20（50℃），加乙醇使含醇量达 60%，静置使沉淀，取上清液，回收乙醇并浓缩至适量，加入适量糖粉和糊精，制成颗粒，干燥，制成 1000g；或取稠膏加入适量的糊精和甜味剂，制成颗粒，干燥，制成 600g（无糖型），即得。

【附注】　清热解毒，凉血利咽。用于肺胃热盛所致的咽喉肿痛、口咽干燥、腮部肿胀；急性扁桃体炎、腮腺炎见上述证候者。

2.复方维生素颗粒剂

【处方】　盐酸硫胺 1.20g　　　苯甲酸钠 4.0g　　　核黄素 0.24g

枸橼酸 2.0g　　　盐酸吡哆辛 0.36g　　　橙皮酊 4.76g

烟酰胺 1.20g　　　蔗糖粉 986g　　　混旋泛酸钙 0.24g

【制法】　将核黄素加蔗糖混合粉碎 3 次，过 80 目筛；将盐酸吡哆辛、混旋泛酸钙、橙皮酊、枸橼酸溶于纯化水中作润湿剂；另将盐酸硫胺、烟酰胺等与上述稀释的核黄素拌和均匀后制粒，60～65℃干燥，整粒，分级即得。

【附注】　本品用于营养不良、厌食、脚气病及因缺乏维生素 B 所致疾患的辅助治疗。

📋 本章小结

1.颗粒剂系指药物与适宜的辅料制成具有一定粒度的干燥颗粒状制剂。

2.颗粒剂具有吸收快、口感好、操作简便、携带方便等优点，但也存在着易吸潮等缺点。

3.颗粒剂分为可溶颗粒、混悬颗粒、泡腾颗粒、肠溶颗粒、缓释颗粒和控释颗粒、无糖颗粒等。

4.颗粒剂的制备过程为粉碎、过筛、混合、制软材、制粒、干燥、整粒、包装等。

5.颗粒剂的质量检查项目有粒度、水分、干燥失重、溶化性、装量差异、微生物限度等。

📋 学习目标检测

一、名词解释

1.颗粒剂

2.混悬颗粒

3.泡腾颗粒

4.肠溶颗粒

5.缓释颗粒

二、填空题

1. 制软材时，黏合剂的加入量可根据经验"_____，_____"为准。

2. 凡属_____的药物在制备过程应注意控制适宜的温度条件。

3. 凡属_____的原料药物应遮光操作。

4. 颗粒剂根据需要可加入适宜辅料，如_____、_____、_____、着色剂、矫味剂等。

三、A型题（单项选择题）

1. 下列有关颗粒剂的叙述，不正确的是

A. 糖尿病患者可用无糖型   B. 质量稳定，不易吸潮

C. 服用运输均方便   D. 奏效快

E. 能通过包衣制成缓释制剂

2. 颗粒剂的最佳贮藏条件是

A. 低温贮藏   B. 阴凉干燥处贮藏   C. 通风处贮藏

D. 避光处贮藏   E. 干燥处贮藏

3. 向颗粒剂中加入挥发油的最佳方法是

A. 与其他药粉混匀后，再制颗粒

B. 与稠膏混匀后，再制颗粒

C. 用乙醇溶解后喷在药粉上，再与其余的颗粒混匀

D. 先制成β-环糊精包合物后，再与整粒后的颗粒混匀

E. 用乙醇溶解后喷在干燥后的颗粒上

4. 湿颗粒干燥的适宜温度是

A. 60～70℃   B. 70～80℃   C. 60～80℃   D. 60～90℃   E. 50～80℃

四、B型题（配伍选择题）

【1～3】 A. ±9%   B. ±8%   C. ±7%   D. ±6%   E. ±5%

1. 颗粒剂标示装量为1g以上至1.5g时，装量差异限度为

2. 颗粒剂标示装量为1.5g以上至6g时，装量差异限度为

3. 颗粒剂标示装量为6g以上时，装量差异限度为

【4～6】 A. 可溶性颗粒剂   B. 混悬颗粒剂   C. 块状冲剂

         D. 泡腾颗粒剂   E. 中药颗粒剂

4. 要求在溶化性检查时不得有焦屑等异物的是

5. 所含全部组分均能溶于热水中的是

6. 溶于水后可产生二氧化碳而具有矫味作用的是

五、X型题（多项选择题）

1. 常用作水溶性颗粒剂的辅料有

A. 糊精   B. 乳糖   C. 蔗糖粉   D. 染色淀粉   E. 药材细粉

2. 颗粒剂成型工序包括

A. 干燥   B. 制软材   C. 药材提取   D. 浓缩   E. 制粒

六、简答题

1. 简述颗粒剂的特点。

2. 简述颗粒剂湿法制粒的工艺流程。

3. 简述颗粒剂包装的注意事项。

第十章　片剂

比较片剂与注射剂的区别

从概念、剂型归属、结构组成、配方、生产工艺等角度比较和讨论这两种剂型的异同之处，并通过查阅药典，概括目前临床常用的片剂和注射剂品种及其用途。

第一节　概　　述

片剂是指原料药物或与适宜的辅料制成的圆形或异形的片状制剂，它是现代药物制剂中最常见的剂型，其外观既有圆形的，也有异形的（如椭圆形、三角形、菱形等）。片剂在药物上的应用已有悠久的历史。早在 10 世纪后叶，阿拉伯手抄本中就有模印片剂以及关于控制片重的记载。1872 年，John Wycth 等人发明了压片机，并提出了压制片的概念。到 1894 年，在美洲和欧洲，片剂已经被广泛应用于各种治疗疾病的药物中。近 30 年来，压片设备的设计日趋合理，新的压片、包衣设备和技术，新型片剂辅料及包衣材料的不断出现，使片剂在实际生活中得到了更加广泛的应用，并已成为最重要的剂型之一。

一、片剂的特点

片剂主要有如下优点。

（1）剂量准确，含量均匀，以片数作为剂量单位。

（2）化学稳定性较好，因为属于干燥固体剂型，体积较小、致密，受外界空气、光线、水分等因素的影响较少，必要时通过包衣加以保护。

（3）携带、运输、服用均较方便。

（4）生产机械化、自动化程度较高，产量大，成本较低。

（5）可以制成不同类型的各种片剂，以满足临床的不同需要，如分散（速效）片、控释（长效）片、肠溶包衣片、咀嚼片及口含片等。

但片剂也有不足之处，如幼儿及昏迷病人不易吞服；压片时加入的辅料，有时影响药物的溶出和生物利用度；中药片剂含有挥发成分（如薄荷、紫苏叶、连翘等），久贮含量有所下降等。

二、片剂的质量要求

按照《中国药典》2020 年版对片剂质量检查的有关规定，片剂在生产和贮藏期间应符合下列规定。

（1）原料药物与辅料应混合均匀。含药量小或含毒、剧药的片剂，应根据药物的性质采用适宜方法使药物分散均匀。

（2）凡属挥发性或对光、热不稳定的药物，在制片过程中应采取遮光、避热等适宜方法，以避免成分损失或失效。

（3）压片前的物料、颗粒或半成品应控制水分，以适应制片工艺的需要，防止片剂在贮存期间发霉、变质。

（4）片剂通常采用湿法制粒压片、干法制粒压片和粉末直接压片。干法制粒压片和粉末直接压片可避免引入水分，适合对湿热不稳定的药物的片剂制备。

（5）根据依从性需要，片剂中可加入矫味剂、芳香剂和着色剂等，一般指含片、口腔贴片、咀嚼片、分散片、泡腾片、口崩片等。

（6）为增加稳定性、掩盖原料药物不良臭味、改善片剂外观等，可对制成的药片包糖衣或薄膜衣。对一些遇胃液易破坏、刺激胃黏膜或需要在肠道内释放的口服药片，可包肠溶衣。必要时，薄膜包衣片剂应检查残留溶剂。

（7）片剂外观应完整光洁，色泽均匀，有适宜的硬度和耐磨性，以免包装、运输过程中发生磨损或破碎，除另有规定外，非包衣片应符合片剂脆碎度检查法（《中国药典》2020年版通则0923）的要求。

（8）片剂的微生物限度应符合要求。

（9）根据原料药物和制剂的特性，除来源于动、植物多组分且难以建立测定方法的片剂外，溶出度、释放度、含量均匀度等应符合要求。

（10）片剂应注意贮存环境中温度、湿度以及光照的影响，除另有规定外，片剂应密封贮存。生物制品原液、半成品和成品的生产及质量控制应符合相关品种要求。

 知识延伸

片剂的生物利用度

片剂是生物利用度问题最多的剂型之一，主要由于黏合剂的加入，以及压片时减少了药物的有效表面积，因而减慢了药物从片剂中释放、溶出到胃肠液中的速度。

影响片剂生物利用度的因素主要如下。

（1）压力：通常随着压片机压力的增加，溶出速度减慢。但在更高压力时可能使药物结晶破裂，导致表面积增加及溶出速度增加。

（2）辅料：辅料可能对吸收有影响，完全没有活性的辅料几乎不存在。如过去认为无活性的乳糖，后来发现可加速睾丸酮吸收，也能延缓戊巴比妥钠吸收，还对螺内酯产生吸附使释放不完全，对异烟肼甚至阻碍其吸收。

（3）其他工艺因素：如黏合剂品种、用量、颗粒大小、松紧、制粒方法等。

（4）贮放：片剂长时间贮放，可引起片剂理化性质改变，从而影响其有效性。

第二节　片剂的种类及常用辅料

一、片剂的种类

片剂以口服普通片为主，另有含片、舌下片、口腔贴片、咀嚼片、分散片、可溶片、泡腾片、阴道片、阴道泡腾片、缓释片、控释片、肠溶片与口崩片等。

（1）普通片：是药物与辅料混合压制而成的未包衣的常释片剂，又叫素片，如甘草片、维生素 C 片。

（2）包衣片：是普通片外面包有衣膜的片剂。按照包衣物料和作用的不同，可分为糖衣片如牛黄解毒片，薄膜衣片如黄连上清片、健胃消食片，肠溶衣片如奥美拉唑肠溶片、盐酸左旋咪唑片肠溶片。

（3）咀嚼片：系指于口腔中咀嚼后吞服的片剂。咀嚼片一般应选择甘露醇、山梨醇、蔗糖等水溶性辅料作填充剂和黏合剂。咀嚼片的硬度应适宜。咀嚼片中常加入蔗糖、薄荷油等甜味剂及食用香料调整口味，服用方便。药片经嚼碎后表面积增大，可促进药物在体内的溶解和吸收，即使在缺水状态下也可以保证按时服药，尤其适合老人、小孩、中风患者，以及吞服困难和胃肠功能差的患者，可以减少药物对胃肠道的负担。如干酵母片、迪巧维 D 钙儿童咀嚼片。

 生活常识

咀嚼片的误用

情人节，一女孩服用了补血铁制剂咀嚼片，腹痛难忍，告知男友，认定是吃药所致，男友急于验证，也吞下了数片，同样腹痛，去医院检查时发现二人误将咀嚼服用的片剂做普通吞服片服用，造成局部胃黏膜损伤。

（4）分散片：系指在水中能迅速崩解并均匀分散的片剂。分散片可加水分散后口服，也可将分散片含于口中吮服或吞服。分散片应进行溶出度（《中国药典》2020 版通则 0931）和分散均匀性检查。分散片可加水分散后饮用，也可咀嚼或含服。如雷尼替丁分散片、阿司匹林分散片。

（5）泡腾片：是含有泡腾崩解剂的一种片剂。泡腾崩解剂通常是有机酸和碳酸盐或碳酸氢盐的混合物；当泡腾片放入水中之后，两种物质发生酸碱反应，产生大量气泡（CO_2），使片剂迅速崩解和融化。泡腾片应用时将片剂放入水杯中迅速崩解后饮用，非常适用于儿童、老人及吞服药片有困难的病人。如维生素 C 泡腾片、阿司匹林泡腾片。

 辨析思考

分散片与泡腾片有何异同之处？

分散片和泡腾片在水或胃肠液内都可以快速崩解成混悬液或半澄明的溶液，其不同之处在于分散片一般适合于剂量小、溶解度低的药物，做成分散片的目的是为了提高溶解度，增大溶出和生物利用度，比如大环内酯类药物就常做成分散片；泡腾片则一般适合于剂量比较大的营养成分或活性药物，如力度伸维生素 C 泡腾片，每片含有维生素 C1000mg。此外，泡腾片崩解时会有较为剧烈、状如沸腾的泡沫，而分散片靠具有强大崩解能力的崩解剂分散和溶解。

（6）缓释片：指在规定的释放介质中缓慢地非恒速释放药物的片剂。具有服药次数少、治疗作用时间长等优点，如布洛芬缓释片、格列齐特缓释片。

（7）控释片：指在规定的释放介质中缓慢地恒速或接近恒速释放药物的片剂。如硝苯吡啶控释片、茶碱控释片。

缓释片与控释片有何异同之处?

缓释片和控释片都能够延长药物在体内的作用时间,减少服药次数,而能否恒速释放药物是缓释片和控释片的最大区别。

有些药物包装上写着"SR"的字样,代表"缓释片"。缓释片比普通片释放更持久,不仅提高了长期作用的疗效,也大大方便了患者。有些疾病需要在 24h 内多次服药,若采用缓释片,可从每 24h 用药 3~4 次,减至 1~2 次,显著提高了服药依从性。此外,由于缓慢释放,病情波动小,用药总剂量也减少,可谓"小投入大回报"。它还能延缓胃肠黏膜对药物的吸收,具有对胃肠道刺激小等优点。多数缓释片不能碾碎或掰开服用,否则药物会迅速释放,一来达不到长效治疗的目的,二来可能引起药物浓度骤然上升,造成药物中毒。

控释片是缓释片的"升级版",是对药物释放要求最高的剂型,享有"最聪明的药"之美誉。控释片有一层"坚硬的盔甲",消化液只能在上面打个洞,让里面的药缓慢、匀速、恒量地释放出来。胃肠不好的人,还能整片地将药物排出体外,如此一来,血药物浓度更平稳,减少了不良反应,也进一步提高了安全性。多数情况下,缓释片和控释片的区别不明显。但涉及到对剂量要求严苛的药物,如洋地黄毒苷(强心剂)、硫酸吗啡(镇痛药)等,差异就显现了。这些药物的使用剂量和危险剂量较接近,若掌握不好,治病就可能变成致命了。有了控释片,药物起效剂量可以得到较好掌控。如今,临床上有不少治疗心脑血管病、糖尿病的药物,采用了控释剂型。值得一提的是临床使用较多的硝苯地平控释片,它表面就有一道划痕,患者可以遵照医嘱掰开服用。

(8)多层片:是指由两层或多层构成的片剂,各层含有不同的药物,或各层的药物相同而辅料不同。制成双层片不仅可以避免复方制剂中不同药物之间的配伍变化,还可达到缓释、控释的效果。如胃仙 U 双层片。

(9)口崩片:系指在口腔内不需要用水即能迅速崩解或溶解的片剂。一般适合于小剂量原料药物,常用于吞咽困难或不配合服药的患者。可采用直接压片和冷冻干燥法制备。口崩片应在口腔内迅速崩解或溶解、口感良好、容易吞咽,对口腔黏膜无刺激性。如硫酸沙丁胺醇口腔崩解片(康尔贝宁)、兰索拉唑口崩片(普托平)。

课堂互动

口腔崩解片是近几年开发的一种特殊的片剂,适用于特殊类群的消费者。 为什么要开发口腔崩解片? 适用于哪些患者? 如何验证其崩解能力?

(10)舌下片:是指于舌下能快速溶化,药物经舌下黏膜吸收的片剂,被吸收的药物直接进入体循环,分布至全身,无首过作用。如硝酸甘油片、盐酸纳洛酮舌下片。

(11)口含片:系指含于口腔中缓慢溶化产生局部或全身作用的片剂。常用于口腔及咽喉疾病的治疗,如复方草珊瑚含片、慢严舒柠青橄榄含片。

(12)口腔贴片:又称口颊片,是指贴在口腔黏膜或患处,药物直接由黏膜吸收,发挥全身作用的片剂。适于肝脏首过作用较强的药物,如甲硝唑口腔贴片。

（13）可溶片：系指临用前能溶解于水的非包衣片或薄膜包衣片剂可溶片应溶解于水中，溶液可呈轻微乳光。可供口服、外用、含漱等用。一般用于漱口、消毒、洗涤伤口等，如复方硼砂漱口片。

（14）阴道片与阴道泡腾片：系指置于阴道内使用的片剂。阴道片和阴道泡腾片的形状应易置于阴道内，可借助器具将其送入阴道。阴道片在阴道内应易溶化、溶散或融化、崩解并释放药物，主要起局部消炎杀菌作用，也可给予性激素类药物。具有局部刺激性的药物，不得制成阴道片。如鱼腥草素泡腾片、灭敌刚片。常见问题是对阴道的刺激性。

知识延伸

中药片剂的类型

常见的中药片剂类型有如下 4 种。

（1）提纯片：中药材提取得到单体成分或有效部位后制成的片剂，如银黄片。

（2）全粉末片：全部中药材粉碎成细粉后制成的片剂，如参茸片。

（3）全浸膏片：全部中药材经提取后制成的片剂，如穿心莲片。

（4）半浸膏片：部分中药材经提取后制成的片剂，在中药片剂中所占比例最大，如藿香正气片、银翘解毒片。

二、片剂常用辅料

为了确保压片时物料的流动性、润滑性、可压性及其成品的崩解性等，在压片工艺过程中，常加入各种辅料。辅料系指片剂中除药物以外的所有附加物料的总称，亦称赋形剂。片剂辅料必须具有较高的化学稳定性，不与主药发生任何物理化学反应，对人体无毒、无害、无不良反应，不影响主药的疗效和含量测定。根据各种辅料的作用分为以下五大类。

1.稀释剂

稀释剂的主要作用是用来增加片剂的重量或体积，减少主药的剂量偏差，亦称为填充剂。片剂直径一般＞6mm，重量＞100mg，而不少片剂中的主药只有几毫克或几十毫克，故必须加一定量的稀释剂以增加片剂的重量或体积，以便于压制成型。常用的填充剂有淀粉类、糖类、纤维素类和无机盐类等。

（1）淀粉：性质稳定，可与大多数药物配伍，吸湿性小，价格便宜，常用玉米淀粉。但流动性和可压性差，常与可压性好的糖粉、糊精、乳糖等混合使用。

（2）糊精：是淀粉水解的中间产物，在热水中易溶，呈弱酸性黏胶状溶液，不溶于乙醇。黏结性较强，易造成片剂的麻点和水印。

（3）乳糖：由等分子葡萄糖及半乳糖组成。白色结晶粉末，略带甜味，易溶于水，微溶于乙醇。化学性质稳定，无吸湿性，适用于具有引湿性的药物，可压性好。乳糖是一种优良稀释剂，制成的片剂光洁美观，对主药含量测定无影响。非结晶性乳糖可供粉末直接压片。国内常用淀粉：糊精：糖粉（7：1：1）代替乳糖，其可压性较好，但片剂外观与药物溶出不及乳糖。

（4）预胶化淀粉：具有良好的流动性、可压性、自身润滑性和干黏合性，并有较好的崩解作用。本品作为多功能辅料，常用于粉末直接压片。

（5）微晶纤维素（MCC）：是由纤维素部分水解而制得的结晶性粉末，具有较强的结合力与良好的可压性，亦有"干黏合剂"之称，可用于粉末直接压片，并根据粒径不同有若干规格，如美国 FMC 公司的 Avicel 系列微晶纤维素。

（6）无机盐类：主要指硫酸钙、磷酸氢钙、碳酸钙等无机钙盐，及氧化镁、氢氧化铝等。硫酸钙较常用，其性质稳定，无引湿性，对油类有较强吸收能力，制成的片剂外观光洁，硬度、崩解均好；常用的二水硫酸钙，干燥温度要低于 70℃，否则易失水使片剂产生硬结，同时应注意硫酸钙对四环素类药物的吸收有干扰；磷酸氢钙是中药浸膏、油类的良好吸收剂，压出的片剂较硬。

（7）糖醇类：甘露醇、山梨醇呈颗粒或粉末状，在口中溶解时吸热，因而有凉爽感，同时兼具一定的甜味，在口中无砂砾感，可压性好，较适于制备咀嚼片，但价格稍贵，常与蔗糖配合使用。赤藓糖醇使用时溶解快、有凉爽感、口腔 pH 值不下降，是制备口腔崩解片的最佳辅料，但价格昂贵。

案例 10-1

压片为什么要加黏合剂？

压片工小黄近来寝食难安。

原来，车间安排他协助研发部摸索片剂配方，他碰到了两个压片难题：一个是以果胶钙为主成分的缓释片，一个是以动物药海马和狗鞭为主要组分的中药片。两个配方都存在着压片困难——要么根本压不成片，要么勉强压成了又因硬度不足而松片或裂片。小黄尝试了各种填充剂，也试用了各种成型技术，都无法解决问题。分析起来前者配方中的果胶钙性如沙石，虽为粉末但硬度极大；后者疏松、多孔而弹性大。在压片过程中前者难以成型，后者极易松散。小黄百思不解：平时很容易的压片为何如此难以成型？

这就是压片时常见的黏合剂问题——单有填充剂和强大的压片力还不够，还需在配方中加入足够强度的黏合剂。

请思考并讨论：

1. 在制备片剂时为什么黏合剂是必需的？
2. 一般应该选择什么样的黏合剂？
3. 黏合剂与润湿剂的区别与联系是什么？

---

2. 润湿剂与黏合剂

当某些物料或辅料本身具有黏性时，只需加入适当的液体就可将其本身固有的黏性诱发出来，这时所加入的液体就称为湿润剂；也有些物料本身没有黏性或黏性不足，需加入某种黏性物质如淀粉浆等使其黏合在一起，这种黏性物质就称为黏合剂。常用的湿润剂和黏合剂如下所述。

（1）纯化水：一般有黏性的物料用纯化水润湿后可产生黏合作用。由于物料对水的吸收往往较快，因此较易发生湿润不均匀的现象，故最好采用低浓度的淀粉浆或乙醇代替，以克服上述不足。

（2）乙醇：可用于遇水易分解的物料，也可用于遇水黏性太大的物料。随乙醇浓度的增大，湿润后所产生的黏性降低，因此，乙醇浓度要视原辅料性质而定，一般浓度为 30%～70%，同时还应考虑气温。应注意操作迅速，以免乙醇挥发后产生强黏性的团块。

（3）淀粉浆：淀粉浆是最常用的黏合剂，它利用淀粉能糊化的性质而制得。制备方法主要有煮浆和冲浆两种。煮浆是把淀粉混悬于水中，加热共煮，不断搅拌至糊状；冲浆是将淀粉混悬于少量 1～1.5 倍水中，然后根据浓度要求冲入一定量的沸水，不断搅拌糊化而成。淀粉浆常用 8%～15% 的浓度，以 10% 淀粉浆最为常用。淀粉浆的优点主要在于其黏性可通过浓度来调节，适合于大多数物料，例如淀粉浆为黏厚糊状，能使物料均匀润湿，不易出现局部过湿现象，制得的颗粒干燥后不影响色泽，崩解迅速。由于淀粉价廉易得且黏合性好，应优先选用。

（4）羧甲基纤维素钠（CMC-Na）：CMC-Na 不溶于乙醇、氯仿等有机溶媒；溶于水时，存在膨化和溶胀过程，需要时间较长，在初步膨化和溶胀后加热至 60～70℃，可大大加快其溶解过程。浓度一般为 1%～2%，其黏性较强，常用于可压性较差的物料。

（5）羟丙基纤维素（HPC）：HPC 为白色粉末，易溶于冷水，加热至 50℃ 胶化或溶胀；可溶于甲醇、乙醇、异丙醇和丙二醇中。本品既可做湿法制粒的黏合剂，也可作为粉末直接压片的黏合剂。

（6）甲基纤维素（MC）和乙基纤维素（EC）：MC 具有良好的水溶性，可形成黏稠的胶体溶液而作为黏合剂使用。EC 不溶于水，在乙醇等有机溶媒中的溶解度较大，浓度不同黏性不同，可用其乙醇溶液作为对水敏感的药物的黏合剂，但应注意本品的黏性较强且在胃肠液中不易溶解，对片剂的崩解及药物的释放具有阻滞作用。目前，常利用 EC 的这一特性，将其用于缓控释制剂中骨架型或膜控释型。

（7）羟丙甲基纤维素（HPMC）：这是一种最常用的薄膜衣材料，因溶于冷水，常用其 2%～5% 的溶液作为黏合剂使用。制备 HPMC 水溶液时，先将 HPMC 加入热水中，充分分散与水化，边冷却边不断搅拌成型。本品不溶于乙醇、乙醚和氯仿，但溶于 10%～80% 的乙醇溶液或甲醇与二氯甲烷的混合液。

（8）其他黏合剂：5%～20% 的明胶溶液，50%～70% 的蔗糖溶液，3%～5% 聚乙烯吡咯烷酮（PVP）的水溶液或醇溶液，可用于可压性极差的物料，但应注意，这些黏合剂黏性很大，制成的片剂较硬，稍稍过量就会造成片剂的崩解超限。

案例 10-2

崩解剂的加法还有这么多讲究？

某制药车间新来的员工小陈，协助进行复方新诺明片的生产，在看工艺卡时，小陈对"外加羧甲基淀粉纳（CMS-Na）"感到疑惑，什么叫外加？难道加崩解剂不是直接加入吗？在询问了车间几个老员工和上网查阅了一些信息后，小陈才知道，原来崩解剂的加法还有许多门道。

崩解剂主要应用于片剂中，指加入片剂中能促使片剂在胃肠液中迅速崩解成小粒子的辅料。除了一些特殊片剂外，一般的普通片剂都会加入崩解剂。崩解剂的加入主要分为三种方式，外加法、内加法和内外加法。

请思考并讨论：

1. 崩解剂的崩解机理是什么？

2. 崩解剂的三种加法各有什么特点？

3. 复方新诺明片的制备为何要使用外加崩解剂的方式？

3. 崩解剂

崩解剂是指能使片剂在胃肠液中迅速裂碎成细小颗粒的辅料。这类物质大都具有良好的吸水性和膨胀性，除缓控释片及某些特殊用途的片剂外，一般片剂中都应加崩解剂。常用的崩解剂如下所述。

（1）干淀粉：是指含水量在 8%～10% 的淀粉，常用玉米淀粉或马铃薯淀粉，它吸水性较强且有一定的膨胀性，较适于水不溶性或微溶性物料的片剂。对易溶性物料的崩解作用较差。干淀粉作为崩解剂的用量一般为 5%～20%，加入前应预先在 100℃ 干燥 1h。淀粉可压性较差，用量较多时会影响片剂成型。

（2）羧甲基淀粉钠（CMS-Na）：白色无定形粉末，吸水膨胀非常显著，是性能优良的崩解剂，价格较低，生物利用度高。CMS-Na 用量一般为 4%～8%。

（3）低取代羟丙甲纤维素（L-HPC）：白色或类白色结晶性粉末，在水、乙醇中不溶，由于有很大的表面积和孔隙度，吸湿性和吸水量较好，其吸水膨胀率可达 500%～700%，崩解后颗粒较细小，利于药物溶出。一般用量为 2%～5%。

（4）交联聚乙烯吡咯烷酮（PVPP）：为白色、流动性良好的粉末或颗粒，在水、有机溶媒及强酸强碱溶液中均不溶解，但在水中迅速溶胀且不会出现高黏度的凝胶层，因而其崩解性能十分优越，已为英、美等国药典所收载。

（5）泡腾崩解剂：是一种专用于泡腾片的特殊崩解剂。最常用的是碳酸氢钠与枸橼酸的组合物。遇水时，两种物质持续产生 CO_2 气体，使片剂在几分钟之内迅速崩解。含有这种崩解剂的片剂，应妥善包装，避免受潮，以免崩解剂失效。

4. 润滑剂

为避免压片时出现的片重波动大、黏冲以及出片困难等现象，压片前必须加入一些具有润滑作用的辅料，以改善颗粒的填充状态，降低颗粒与冲模的摩擦力，减轻物料对冲模的黏附。习惯上将具有上述作用的辅料统称为润滑剂。

润滑剂可分为三种：①能够降低颗粒间摩擦力，改善粉末流动性的助流剂；②能够防止原辅料黏着于冲头表面的抗粘剂；③能降低颗粒或片剂与冲模孔壁之间摩擦力的润滑剂。理想的润滑剂应该兼具助流、抗粘和润滑三种作用，但现有润滑剂往往在某一或两个方面有较好的性能，其他作用相对较差。

（1）硬脂酸镁：为疏水性润滑剂，易与颗粒混匀，压片后片面光洁美观。具有良好附着性和润滑性，与颗粒混合后不易分离，但抗粘性较差，若与其他润滑剂合用，润滑性更好。一般用量为 0.25%～1%。因其具有疏水性，用量过多可延迟片剂中功能成分的溶出。

（2）微粉硅胶：为优良的助流剂，可用作粉末直接压片。其性状为轻质白色无水粉末，无臭无味，比表面积大。

（3）滑石粉（Talc）：为白色或灰白色结晶性粉末，润滑作用较差，抗粘和助流作用较好，主要用作助流剂。滑石粉具有亲水性，不影响片剂崩解。滑石粉可将颗粒表面的凹陷填平，降低颗粒的粗糙度，从而减小颗粒间摩擦力，改善颗粒流动性。但应注意，有时压片过程中的机械震动会使之与颗粒相分离。

（4）氢化植物油：是一种润滑性能良好的润滑剂，由喷雾干燥法制得。应用时将其溶于轻质液体石蜡或己烷中，然后喷于颗粒上，以利于均匀分布。若以己烷为溶剂，可在喷雾后采用减压的方法除去。

（5）聚乙二醇类（PEG）与十二烷基硫酸钠（SLS）：为水溶性滑润剂的典型代表。前者常用 PEG-4000 和 PEG-6000，制得的片剂崩解溶出较好且得到澄明的溶液；SLS 为阴离子表面活性剂，润滑性好，并兼具抗静电、促溶出的作用。

5. 色香味调节剂

片剂中常加入着色剂、矫味剂等以改善口味和外观。口服制剂所用色素必须是药用级或食用级，色素的最大用量为 0.05%。将色素先吸附于硫酸钙、淀粉等辅料中，可有效防止颜色迁移。矫味剂的加入方法是将矫味剂溶于乙醇，均匀喷洒在干颗粒上。新开发的微囊化固体香精可直接与干颗粒混合压片，效果较好。

第三节 片剂的制备工艺

片剂的制备方法可分为两大类：制粒压片法和直接压片法。制粒压片法包括湿法制粒压片和干法制粒压片；直接压片法包括粉末直接压片和半干式压片。其中国内目前仍以湿法制粒最为普遍，国外开始普及粉末直接压片工艺。

一、片剂常用制备工艺

（一）湿法制粒压片法

湿法制粒压片法是将湿法制粒的颗粒经干燥后压片的工艺，其工艺流程见图 10-1。

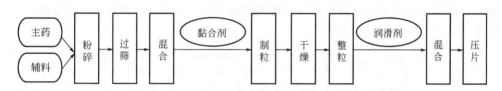

图 10-1 湿法制粒压片法工艺流程

湿法制粒是将药物和辅料的粉末混合均匀后加入液体黏合剂制备颗粒的方法。湿法制粒技术方法有挤出制粒法、高速搅拌制粒法、滚转制粒法、流化制粒法、喷雾干燥制粒。该法优点为外观美观、流动性好、耐磨性较强、压缩成型性好等，是目前应用最广泛的压片方法。但对于热敏性、湿敏性、极易溶解性等物料可采用其他方法。

（二）干法制粒压片法

干法制粒压片法是将干法制粒所得颗粒进行压片的工艺，其工艺流程见图 10-2。

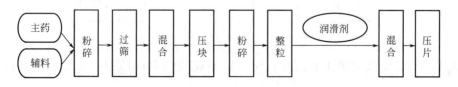

图 10-2 干法制粒压片法工艺流程

干法制粒是将药物和辅料粉末混合均匀，压成大片状或板状，再粉碎成所需大小颗粒的方法。常用压片法和滚压法，用于热敏性物料和遇水易分解的物料。

（三）粉末直接压片法

粉末直接压片法是不经过制粒过程直接把药物和辅料的混合物进行压片的方法，其工艺流程图见图 10-3。

图 10-3　粉末直接压片法工艺流程

粉末直接压片工艺流程简单，省时节能，工序少，适用于湿、热不稳定的药物，但对辅料的要求很高，要求辅料应具有良好的流动性和压缩成型性。随着技术发展，各种优良辅料不断涌现，常用的粉末直接压片辅料有：各种型号的微晶纤维素、喷雾干燥乳糖、可压性淀粉等。

（四）半干式颗粒压片法

半干式颗粒压片法是将药物粉末和预先制好的辅料颗粒混合后进行压片的方法，其工艺流程图如图 10-4 所示。

图 10-4　半干式颗粒压片法工艺流程

该法适用于对湿热敏感不宜制粒，而且压缩成型性差的药物，也可用于含药较少的物料。

二、压片

制备好的颗粒经过干燥后，即可压片。在压片前，常加入润滑剂，以增强颗粒的流动性和可压性。

1. 片重的计算

（1）按主药含量计算片重：由于药物在压片前经历了一系列操作，其含量有所变化，所以应对颗粒中主药成分含量进行测定，然后按式（10-1）计算片重：

$$片重 = \frac{每片主药含量}{测得颗粒中主药的百分含量} \tag{10-1}$$

例：某片剂中含主药量为 0.4g，测得颗粒中主药的百分含量是 50%，则每片所需颗粒的重量应为：0.4/0.5＝0.8g，即片重应为 0.8g，若片重的重量差异限度为 5%，则本品的片重上下限为 0.76～0.84g。

（2）按干颗粒总重计算片重：中药片剂中成分复杂，没有准确的含量测定方法时，根据实际投料量与预定压片数按式（10-2）计算：

$$片重 = \frac{干燥粒重＋压片前加入的辅料量}{预定压片总数} \tag{10-2}$$

2. 压片机

常用压片机主要按其结构分为单冲压片机和旋转压片机。

（1）单冲压片机：制药企业早期使用的小型台式压片机，产量小，适用于小批量、多品种的生产。压片过程中噪声较大，片剂单侧受压，受力不均匀，使片剂内部密度和硬度不一致，易产生松片、裂片或片重差异大等质量问题。见图 10-5。

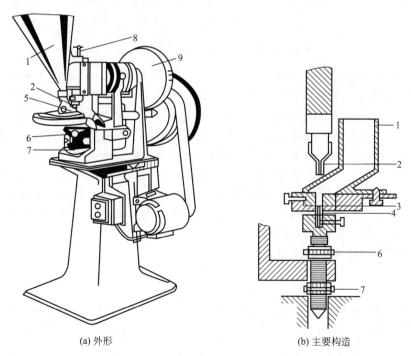

(a) 外形　　　　　　　(b) 主要构造

图 10-5　单冲压片机主要结构示意图

1—加料斗；2—上冲；3—模圈；4—下冲；5—饲料器；6—出片调节器；

7—片重调节器；8—压力调节器；9—转动轮

（2）旋转压片机：旋转压片机是制药企业生产片剂的主要生产设备，由于其具有结构紧凑、性能稳定、产量大、易清洗、价格适宜和操作简单等特点，已得到广泛应用，其结构如图 10-6 所示。

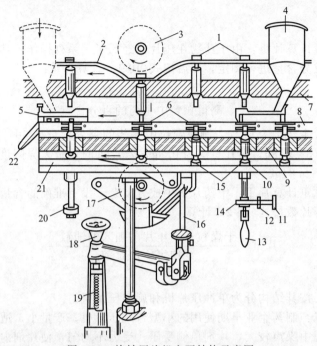

图 10-6　旋转压片机主要结构示意图

1—上冲；2—上冲轨道；3—上压力盘；4—加料斗；5—刮粒器；6—模圈；7—上冲转盘；
8—模圈转台；9—大齿轮；10—重调节器；11—小保险；12—固定器；13—手柄；
14—调节螺丝；15—下冲；16—压力调节器；17—下压力盘；18—保险；
19—保险弹簧；20—出片调节器；21—下冲轨道；22—药片出口

工作部分中有绕轴而转动的机台，机台分三层，上层装上冲，中层装模圈，下层装下冲；另有上下压力盘、片重调节器、压力调节器、加料斗、刮粒器、出片调节器以及吸尘器和防护装置等。上冲随机台而转动，并沿固定的上冲轨道有规律地上、下运动；下冲也随机台转动，并沿下冲轨道做升、降运动；在上冲之上及下冲下面的适当位置装有上压轮和下压轮，在上冲和下冲转动并经过各自的压力盘时，被压力盘推动使上冲向下、下冲向上运动并加压；机台中层上有一个固定位置的刮粒器，加料斗的出口对准刮粒器，颗粒可源源不断地流入刮粒器中，由此流入模孔；压力调节器用以调节下压轮的高度，借以增减上、下冲间的距离，而调控压片压力。片重调节器装于下冲轨道上，调节下冲经过刮粒器时在模孔中的高低，以控制模孔内颗粒的填充量而调节片重。

3.压片中常见问题和解决方法

见表 10-1。

表 10-1　压片中常见问题和解决方法

产生的问题	主要原因	解决方法
裂片	（1）片剂的弹性复原大 （2）压力分布不均匀 （3）压速过快 （4）黏合剂选择不当或用量不足 （5）细粉过多和冲模与冲圈不符	（1）换弹性小、塑性强的辅料 （2）采用旋转式压片机 （3）降低压片速度 （4）选择合适的黏合剂或增加用量 （5）重新制粒，更换冲模

产生的问题	主要原因	解决方法
松片	(1)药物弹性复复大 (2)可压性差	(1)选用黏合性强的黏合剂 (2)调整压片机压力
黏冲	(1)颗粒含水量过多 (2)润滑剂使用不当 (3)冲头表面粗糙,环境湿度高	(1)将颗粒进行干燥 (2)更换润滑剂 (3)更换冲头,调整湿度
崩解迟缓	(1)崩解剂用量不足 (2)黏合剂黏性大 (3)疏水性润滑剂用量太多 (4)压力过大,片剂硬度大	(1)选用优良崩解剂,或增加用量 (2)减少黏合剂用量 (3)加入亲水性润滑剂 (4)降低压片压力
片重差异超限	(1)颗粒大小不一,流速不一 (2)下冲升降不灵活 (3)装料过多或过少	(1)重新制粒,加助流剂 (2)停机检查 (3)调节加料斗使填料量一致
变色或色斑	(1)颗粒过硬 (2)混料不均 (3)机器上有油污	(1)重新制粒 (2)混合均匀 (3)擦洗机器
均匀度不合格	(1)混合不匀、细粉多 (2)颗粒大小不均、流动性差 (3)可溶性成分迁移	(1)混合均匀 (2)重新制粒 (3)改善干燥方法

第四节 片剂的包衣

案例 10-4

片剂的包衣膜不能吸收?

——片剂包衣的必要性

刘大妈今年 65 岁,患高血压和心绞痛,一直在服用拜耳公司的产品拜新同控释片(硝苯地平控释片)。可是,她最近发现大便中居然有不溶性的白色固体,形状跟药片相似。这下可急坏了刘大妈,她跟着女儿一起找到了主治医生孙医生,将这个情况反映给她。

孙医生听完,笑了起来,解释道:"刘大妈,您别急,这是正常情况。这个拜新同是一种新型制剂,您看,您服药一天只需要吃一次对吧,这叫控释片,跟一般的片剂不一样,它外层有一层特殊材料叫包衣膜,在我们肠道内无法被吸收,最后会随粪便一起排出体外。"

虽然听了这么一番解释,刘大妈心里还是有点疑惑,问道:"既然不能吸收,为什么还要包在药片上呢?"

请思考并讨论:

1. 片剂包衣的必要性有哪些?

2. 控释片的常用包衣辅料有哪些?

在片剂表面包以适宜材料的过程称为包衣。包衣的目的主要有:①避光、防潮,以提高药物的稳定性；②掩盖苦味或不良气味，增加患者的顺应性；③隔离配伍禁忌成分，防止药物的配伍变化；④采用不同颜色包衣，增加药物的识别度、增加用药的安全性；⑤提高美观度；⑥改变药物释放的位置及速度等。包衣的基本类型有糖衣、薄膜衣和肠溶衣。

一、包衣方法

包衣方法有滚转包衣法、流化包衣法和压制包衣法等。最常用的方法为滚转包衣法。

1. 滚转包衣法

包衣过程是在包衣锅内完成的，故也称为锅包衣法，是一种最经典而又最常用的包衣方法，可用于糖包衣、薄膜包衣以及肠溶包衣等，包括普通滚转包衣法和埋管包衣法。普通锅包衣法的机器设备外形，其主要构造包括莲蓬形或荸荠形的包衣锅、动力部分和加热鼓风及吸粉装置三大部分（见图10-7）。包衣锅的中轴与水平面一般呈30°～45°，根据需要角度也可以更小一些，以便于药片在锅内能与包衣材料充分混合。在生产实践中也常常采用加挡板的方法来改善药片的运动状态，以达到最佳的包衣效果。

但是，倾斜包衣锅内空气交换效率低，干燥慢；气路不能密闭，有机溶剂污染环境等不利因素影响其应用。其改良方式为在物料层内插进喷头和空气入口，即为埋管包衣锅（图10-8）。这种包衣法使包衣液的喷雾在物料层内进行，热气通过物料层，不仅能防止喷液飞扬，而且加快物料的运动速度和干燥速度。

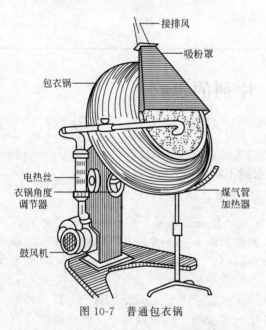

图10-7 普通包衣锅

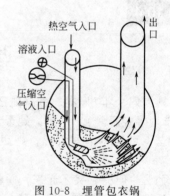

图10-8 埋管包衣锅

为改善传统倾斜型包衣锅干燥性能，人们开发出了新型的包衣锅——高效包衣机（图10-9）。将被包衣的片芯在包衣机滚筒内通过程序控制，使持续、重复地做出复杂的轨迹运动，按工艺顺序及参数要求，将介质经喷枪自动地以雾状喷洒在片芯的表面，同时由热风柜提供经10万级过滤的洁净热空气，穿透片芯空隙层，片芯表面已喷洒的介质和热空气充分接触并逐步干燥，废气由排风机经除尘后排放，从而使片芯形成坚固、光滑的表面薄膜。

高效包衣机的整个包衣过程在主机内完全密闭的空间进行，无粉尘飞散，简化了包衣工艺；药片干燥速度快；包衣过程自动化，操作方便；包衣时间缩短，生产效率高，不仅能完成薄膜包衣，还能包糖衣，现已逐步成为主流包衣设备。

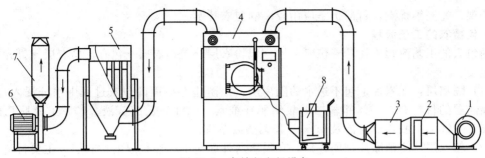

图 10-9　高效包衣机设备

1—鼓风机；2—过滤器；3—加热器；4—主机；5—出风除尘；6—引风机；7—消音器；8—配液桶

2. 流化包衣法

流化包衣法与流化制粒原理相似，是将片芯置于流化床（见图 10-10）中，通入气流，借急速上升的空气流动力使片芯悬浮于包衣室内，上下翻动处于流化（沸腾）状态，然后将包衣材料溶液或混悬液以雾化状态喷入流化床，使片芯表面均匀分布一层包衣材料，通入热空气使干燥，如此反复，直至达到规定要求。

3. 压制包衣法

压制法包衣亦称干法包衣，是一种较新的包衣工艺。用颗粒状包衣材料将片芯包裹后在压片机上直接压制成型。该法适于对湿热敏感药物的包衣，可避免水分、高温对药物的不良影响。常用的压制包衣机是将两台旋转式压片机用单传动轴配成套，以特制传动器将片芯送至另一台压片机上进行包衣，如图 10-11 所示。

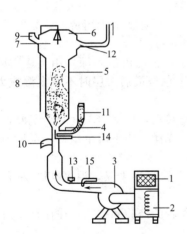

图 10-10　流化床设备

1—空气滤过器；2—预热器；3—鼓风机；4—喷嘴；5—包衣室；6—扩大室；7—启动塞；8—启动拉绳；9—进料室；10—出料口；11—包衣溶液桶；12—栅网；13—风量调节器；14—压缩空气进口；15—温度探头

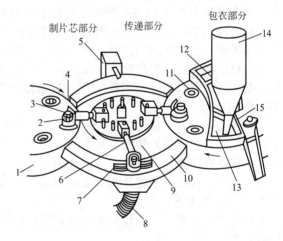

图 10-11　压制包衣机结构

1—片模；2—传递杯；3—负荷塞柱；4—传感器；5—检出装置；6—弹性传递导臂；7—除粉尘小孔眼；8—吸气管；9—计数器轴环；10—桥道；11—沉入片芯；12—充填片面及周围用的包衣颗粒；13—充填片底用的包衣颗粒；14—包衣颗粒漏斗；15—饲料框

二、常用的包衣材料和工艺

（一）包糖衣

该技术是由糖果工艺发展起来的，因为其包衣材料便宜无毒，不需要复杂的设备，且糖衣片美观、光亮等优点，目前仍是应用较多的包衣技术。

1. 包糖衣的工艺流程

糖包衣的工艺流程为片芯→包隔离层→包粉衣层→包糖衣层→包有色糖衣层→打光→干燥→包装。

（1）隔离层：在素片上包不透水的隔离层，以防止在后面的包衣过程中水分浸入片芯。用于隔离层的材料有：10％邻苯二甲酸醋酸纤维素（CAP）乙醇溶液、10％玉米朊乙醇溶液、15％～20％虫胶乙醇溶液及10％～15％明胶浆等。

（2）粉衣层：为消除片剂的棱角，在隔离层外面包上一层较厚的粉衣层。主要材料是单糖浆和滑石粉（过100目筛）；为了增加糖浆黏度可加入10％的明胶或阿拉伯胶。

（3）糖衣层：包上粉衣层的片子表面比较粗糙、疏松，需要再包上糖衣层使其表面光滑平整、细腻坚实。常用材料为单糖浆。

（4）有色糖衣层：为了便于识别、美观或遮光，在糖浆中添加食用色素，使片子包上有色的糖衣。常用有色糖浆，即在糖浆中添加食用色素。

（5）打光：可以使片剂更光滑、美观，防潮性能增强，常用打光剂为虫蜡细粉，即米心蜡（川蜡）。

2. 包糖衣操作

（1）包隔离层：片芯置包衣锅内，加适量胶浆，使片芯表面润湿，搅拌使胶浆均匀黏附于片剂表面，加适量滑石粉至不粘连为止，吹热风30～50℃，每层干燥时间约30min，一般包3～5层。注意防爆防火。

（2）包粉衣层：将100目滑石粉与65％～75％（g/g）单糖浆交替加入，洒一次浆，撒一次粉，温度控制在40～55℃，热风干燥20～30min，重复操作15～18次，直到片剂棱角消失。可在糖浆中加入10％明胶浆或阿拉伯胶浆增加黏度。

（3）包糖衣层：加入稍稀的糖浆，搅拌使片面湿润，随后逐次减少用量，40℃以下低温缓缓吹风干燥，使成细腻的蔗糖晶体衣层，一般重复包10～15层。

（4）包色糖衣层：着色糖浆（在糖浆中添加食用色素，色泽由浅到深）用量逐次减少，避免产生花斑。开始温度控制在37℃，逐渐降至室温，上色至最后一层时不宜太湿或太干，否则不易打光。

（5）打光：最后一层色糖层接近干燥时，包衣锅停止转动，使锅内温度降至室温，撒入适量蜡粉，开动包衣锅，使糖衣片在锅内滚动、摩擦产生光泽，撒下所余蜡粉，至片剂表面光亮。如打光有困难，可置帆布打光机中打光。

（6）干燥：将已打光的片剂移至干燥器、干燥橱或干燥室中干燥，温度45℃左右，相对湿度50％干燥12h以上。

由此可见，包糖衣工艺较复杂，包衣质量依赖于操作者的经验和技艺，往往是一门口授心传的工艺。

 知识延伸

包糖衣过程中的注意事项

1. 滑石粉加入的时间应在第一、二层糖浆搅拌均匀后立即加入，用量以使片芯不感觉潮湿为止，否则加的过迟会使水分渗入片芯，使片子难以干燥，易造成糖衣片贮存期间产生裂片或者变色潮解，操作时要注意层层干燥。

2. 在粉衣层操作快结束时应进行拉平操作，每次使用糖浆量为包粉衣层的2/3，需使用少量滑石粉，使片面不平部分通过长时间摩擦逐步包平整，且温度控制在30～35℃，开始稍高，以后逐步降低，糖浆量也随温度降低减少直至片面平整。

3. 包糖衣层温度不宜过高，否则水分蒸发快，片面糖结晶易析出，片面粗糙，有花斑。也不宜用热浆，否则会使成品不亮，打光困难，不可加温，要用锅或片芯的余温使水分蒸发。

4. 包糖衣层时，片芯表面应光滑细腻，否则糖衣不匀称，片面会出现花斑，上色至最后一层时不宜太湿，也不宜太干，否则不易打光。

5. 打光的关键在于掌握糖衣片的干湿度，湿度大，温度高，片面不易发亮，小型片可稍干燥些。为防止打滑，蜡粉应分次撒入，应用适当，若用量过大会使片面皱皮。

总之，片剂包糖衣的操作原则是"少量多次、层层干燥"。

3. 包糖衣时的常见问题及解决方法

（1）掉皮：包衣用糖浆为浓糖浆。糖浆浓度过低或转化糖浓度过高都会导致干燥不彻底，水分贮留衣层，当温度升高时汽化而膨胀，压迫衣层脱落，发生"掉皮"现象。故最好临用前配制糖浆，加热时间不可太长，以避免产生转化糖。

（2）粘锅：加入糖浆量过大、糖浆浓度太高、黏性大、搅拌不均匀、锅温过低会造成出现片剂粘锅现象。可降低糖浆浓度，减少糖浆用量，搅拌均匀，控制锅温在 35～40℃。

（3）黑边：中药片剂包衣时，有时出现露黑边，影响片剂的贮藏、有效期及外观。主要原因为粉衣层包得太薄，滑石粉未把片剂棱角包住、包衣锅角度太小或片芯太厚。调整包衣锅角度、片芯厚度、延长包粉衣层时间即可解决。

（4）烂片：中药片在包糖衣过程中有时会出现烂片现象，有"抱珠"和"黑点"两种情形。其直接原因是素片硬度不够，包衣过程中经不起滚动、摩擦和撞击；间接原因是素片中生药粉含量较多，或制粒时黏合剂黏性不够，或润滑剂用量太大，以致片剂硬度不够。解决办法为：包隔离层时加入倍量浓度的明胶液，待片剂表面均匀润湿后，方加入足量滑石粉，使片剂表面完全覆盖并吸收多余水分。然后再重复 1 次，取出，平摊于托盘上置烘箱中低温烘干（温度 75℃左右），取出。此时片剂已比素片坚固得多，筛去少量碎片及碎末，重新置于包衣锅中，继续包粉衣层、糖衣层、色糖衣、打光，直至完成包衣全过程。应注意：①包衣锅一转动即加入明胶液包隔离层；②应尽量缩短素片单独在包衣锅内转动的时间，以减少素片间摩擦、滚动撞击的时间和概率；③包隔离层动作要迅速，并且应避免吹热风，以免吹下过多粉末。

（5）变色：贮藏过程中，中药糖衣片表面常产生斑点、发暗、褪色或变黑等变色现象，其原因主要是受湿、光、温度、挥发性成分及 pH 值的影响。中药糖衣片内部水分的渗出或表面吸附水分均可破坏色衣层，水分也是色素发生化学反应的媒介，故"湿"是糖衣片变色的主要因素之一。防止糖衣片变色的方法包括：①采用水提醇沉、醇提法或其他现代提取分离技术除去或减少糖、黏液质、树胶等引湿性成分；②严格控制片芯水分；③选择适宜原料，包好隔离层，或选择性地包成薄膜衣或半薄膜衣，以避免或减少片剂内外水分的渗透及内部挥发性成分的挥发；④用 β-环糊精包合或微囊包裹挥发油等挥发性成分，保护挥发油，增加药物稳定性，又可防止挥发性成分外渗使片剂变色；⑤选择防潮性能好的包装材料，封口严密，包装内放置硅胶等吸湿剂，以及片剂应置于干燥低温避光处存放。

（二）薄膜包衣

薄膜包衣工艺优于包糖衣，其操作简单，能节省包衣材料，缩短包衣时间，且片重无明显增加（薄膜衣增重 2%～4%，糖衣 50%～100%），但具有良好的保护性能，不会遮盖片面上的标志，故应用广泛。薄膜包衣工艺简单，在片芯外喷包衣液，缓慢干燥固化即可。

1. 包薄膜衣的材料

（1）薄膜衣料：按衣层的作用分为普通型、肠溶型和缓释型。

① 普通型薄膜包衣材料：主要用于改善吸潮和防止粉尘污染等，如羟丙甲纤维素（HPMC）可溶于任何 pH 环境的胃肠液中；羟丙纤维素（HPC）性质同 HPMC，包衣时易发黏，可加入少量滑石粉改善；丙烯酸树脂共聚物（商品名为 Eudragit）根据其溶解度的不同，有胃溶型、肠溶型、不溶型，其中 Eudragit E 为胃溶型，国内研制Ⅳ号丙烯酸树脂与其相似。

② 肠溶型薄膜衣：肠溶衣在胃酸中（pH 1.5～3.5）不溶，在肠液中（pH 4.7～6.7）可溶，这样就保证了药物在胃酸中不被破坏，不对胃产生刺激作用，而在肠液中崩解释放出药物，被肠道吸收，发挥疗效。肠溶衣所用包衣材料主要有邻苯二甲酸醋酸纤维素（CAP）、邻苯二甲酸羟丙基甲基纤维素（HPMCP）、邻苯二甲酸聚乙烯醇酯（PVAP）、苯乙烯马来酸共聚物（StyMA）、丙烯酸树脂Ⅰ、Ⅱ、Ⅲ（甲基丙烯酸与甲基丙烯酸甲酯的共聚物 Eudragit L 和 S 型）等。

③ 缓释型薄膜衣：又称水不溶型薄膜衣，其特点是在整个生理 pH 值范围内不溶解。如乙基纤维素（EC）、醋酸纤维素（CA）等。

（2）增塑剂：改变高分子薄膜的物理机械性质，使其更具柔顺性。如精制椰子油、蓖麻油、玉米油、液体石蜡、甘油单醋酸酯、邻苯二甲酸二丁酯（二乙酯）等可作为脂肪族非极性聚合物的增塑剂。

（3）致孔剂：亦称释放速度促进剂或释放速度调节剂，常在薄膜衣材料中加有蔗糖、氯化钠、表面活性剂、PEG 等水溶性物质作致孔剂。薄膜材料不同，调节剂的选择也不同，如吐温、司盘、HPMC 作为 EC 薄膜衣的致孔剂；黄原胶作为甲基丙烯酸酯薄膜衣的致孔剂。

（4）固体物料和着色剂：在包衣过程中，加入固体粉末可防止颗粒或片剂的粘连。如聚丙烯酸酯中加入滑石粉、硬脂酸镁；EC 中加入胶态二氧化硅等。着色剂的应用主要为了便于鉴别、防止假冒，满足产品美观要求，也有遮光作用。

2. 包薄膜衣的工艺流程

包薄膜衣的工艺流程如图 10-12 所示。

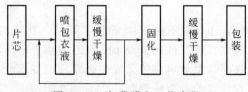

图 10-12　包薄膜衣工艺流程

3. 包薄膜衣的操作

（1）将片芯置于高效包衣机内，喷入一定量包衣液，使片芯表面均匀湿润。

（2）吹入缓和的热风使溶剂蒸发，如此重复上述操作若干次，直至达到一定的厚度为止。

（3）大多数的薄膜衣需要一个固化期，一般是在室温或略高于室温下自然放置 6～8h 使之固化完全。

（4）为使残余溶剂完全挥发，一般还要在 50℃左右干燥 12～24h。

常用薄膜衣工艺

常用薄膜包衣工艺有有机溶剂包衣法和水分散体乳胶包衣法。采用有机溶剂包衣时，包衣材料的用量较少，片剂表面光滑、均匀，但必须严格控制有机溶剂的残留量。现代的薄膜衣采用不溶性聚合物的水分散体作为包衣材料，并已经日趋普遍，目前在发达国家中已几乎取代有机溶剂包衣。

4. 包薄膜衣过程中常见问题及解决方法

包薄膜衣过程中常见问题及解决方法如表 10-2 所示。

表 10-2　包薄膜衣常见问题及解决方法

出现的问题	可能的原因	解决的办法
包衣时"粘片"	1. 包衣液喷量太大或雾化气压低 2. 包衣液浓度太高，黏度太大 3. 热风温度低，锅转速太小 4. 包衣机挡板不合理 5. 包衣粉配方黏度过高	1. 降低包衣液喷量或提高雾化气压 2. 选择合适的包衣液浓度、黏度 3. 适当提高热风温度与锅转速 4. 改进挡板 5. 改进包衣粉配方黏度
喷嘴内堵塞	1. 热风温度过高，超过凝胶温度 2. 包衣液混有大颗粒物质	1. 调节好热风温度 2. 做相应调整
喷嘴外结皮	1. 包衣液黏度太大 2. 包衣液浓度太高 3. 片床温度过高，超过凝胶温度	1. 改进包衣液质量 2. 降低包衣液浓度 3. 调节好片床温度
衣膜颜色不均匀 或有色点、色斑	1. 包衣粉中有杂色淀 2. 包衣喷速太快 3. 包衣时，素片上的粉尘吹不干净 4. 增重量不够 5. 配包衣液时搅拌不当	1. 改进包衣粉质量 2. 调节包衣喷速 3. 包衣前，把素片上的粉尘吹干净 4. 适当增加增重量 5. 做相应调整
药片间有色差	1. 喷枪喷射扇面不均匀，多把喷枪使用时扇面部分重叠 2. 包衣液浓度高 3. 包衣液总量不够 4. 包衣机转速慢	1. 调好喷枪、喷射角和喷射扇面 2. 调低包衣液浓度 3. 增加包衣液总量 4. 适当提高包衣机转速
衣膜颜色无法 与前批一致	1. 包衣粉与前批不一致 2. 包衣液总量与前批不一致	1. 改进包衣粉质量 2. 调整包衣液总量与前批一致

第五节　片剂的质量控制

按照 2015 版《中国药典》对片剂的质量检查有关规定（参见第一节相关内容）。除另有规定外，片剂应进行以下相应检查。

一、重量差异

片剂重量差异限度应符合表 10-3 中规定。凡规定检查含量均匀度的片剂，一般不再进行重量差异检查。

表 10-3　片剂的重量差异限度

平均片重或标示片重	重量差异限度
0.30g 以下	±7.5%
0.30g 及 0.30g 以上	±5%

检查法：取供试品 20 片，精密称定总重量，求得平均片重后，再分别精密称定每片的重量，每片重量与平均片重比较（凡无含量测定的片剂或有标示片重的中药片剂，每片重量应与标示片重比较），按表中的规定，超出重量差异限度的不得多于 2 片，并不得有 1 片超出限度 1 倍。

糖衣片的片芯应检查重量差异并符合规定，包糖衣后不再检查重量差异。薄膜衣片应在包薄膜衣后检查重量差异并符合规定。

凡规定检查含量均匀度的片剂，一般不再进行重量差异检查。

二、崩解时限

除另有规定外，按照 2020 年版《中国药典》中的崩解时限检查法（通则 0921）进行检查，应符合规定。部分片剂的崩解时限要求见表 10-4。

表 10-4　片剂的崩解时限要求

片剂类型	普通片	可溶片	泡腾片	浸膏片	糖衣片	口崩片	舌下片	薄膜衣片（化药）	肠溶片
崩解时限/(min 内)	15	3	5	60	60	1	5	30	人工胃液中 2h 不得有裂缝、崩解或软化现象，洗涤后人工肠液中，加挡板 1h 内全部崩解或溶散并通过筛网

注：①咀嚼片不进行崩解时限检查；凡规定检查溶出度、释放度或分散均匀性的片剂，不再进行崩解时限检查。
②阴道片照融变时限检查法（通则 0922）检查，应符合规定。

三、发泡量

阴道泡腾片照下述方法检查，应符合规定。

检查法：除另有规定外，取 25mL 具塞刻度试管（内径 1.5cm，若片剂直径较大，可改为内径 2.0cm） 10 支，按表中规定加水一定量，置 37℃±1℃ 水浴中 5min，各管中分别投入供试品 1 片，20min 内观察最大发泡体积，平均发泡体积不得少于 6mL，且少于 4mL 的不得超过 2 片。见表 10-5。

表 10-5　阴道泡腾片加水量

平均片重	加水量
1.5g 及 1.5g 以下	2.0mL
1.5g 以上	4.0mL

四、分散均匀性

分散片照下述方法检查，应符合规定。

检查法：采用崩解时限检查装置，不锈钢丝网的筛孔内径为 710μm，水温为 15～25℃；

取供试品 6 粒，应在 3min 内全部崩解并通过筛网。

五、微生物限度

以动物、植物、矿物来源的非单体成分制成的片剂，生物制品片剂，以及黏膜或皮肤炎症或腔道等局部用片剂（如口腔贴片、外用可溶片、阴道片、阴道泡腾片等），照非无菌产品微生物限度检查：微生物计数法（《中国药典》2020 年版通则 1105）和控制菌检查法（《中国药典》2020 年版通则 1106）及非无菌药品微生物限度标准（《中国药典》2020 年版通则 1107）检查，应符合规定。规定检查杂菌的生物制品片剂，可不进行微生物限度检查。

第六节 片剂举例

1. 复方磺胺甲基异噁唑片 （复方新诺明片）

【处方】 磺胺甲基异噁（SMZ）400g　　三甲氧苄氨嘧啶（TMP）80g

淀粉 40g　　　　　　　　　　　10％淀粉浆 24g

干淀粉 23g（4％左右）　　　　硬脂酸镁 3g（0.5％左右）

制成 1000 片（每片含 SMZ 0.4g）

【制法】 将 SMZ、TMP 过 80 目筛，与淀粉混匀，加淀粉浆制软材，用 14 目筛制粒后，置 70～80℃干燥后用 12 目筛整粒，加入干淀粉及硬脂酸镁混匀后压片，即得。

【附注】 ①这是普通湿法制粒压片的实例，其中 SMZ 和 TMP 性质均较稳定，且易成型；②SMZ 为主药，TMP 为抗菌增效剂；③淀粉为填充剂，同时也作内加崩解剂；干淀粉为外加崩解剂；淀粉浆为黏合剂；硬脂酸镁为润滑剂。

2. 复方阿司匹林片

【处方】 阿司匹林 268g　　对乙酰氨基酚 136g　　　咖啡因 33.4g

淀粉 266g　　　　　淀粉浆（15％～17％）适量　滑石粉 25g（5％）

酒石酸 2.7g　　　　轻质液体石蜡 2.5g　　　　制成 1000 片

【制法】 将对乙酰氨基酚、咖啡因分别磨成细粉，与约 1/3 的淀粉混匀，加酒石酸与淀粉浆的混合物混匀制软材，16 目筛制粒，70℃干燥，干颗粒过 14 目筛整粒，将此颗粒与阿司匹林混合，加剩余淀粉（预先在 100～105℃干燥）与吸附有液状石蜡的滑石粉（将轻质液状石蜡喷于滑石粉中混匀），再过 14 目筛，压片，即得。

【附注】 ①阿司匹林遇水易水解成对胃黏膜有较强刺激性的水杨酸和醋酸，长期应用会导致胃溃疡，因此加入酒石酸，可在湿法制粒过程中降低阿司匹林的水解；②阿司匹林水解受金属离子催化，因此必须采用尼龙筛网制粒，同时不能用硬脂酸镁，而用滑石粉作润滑剂，处方中的轻质液体石蜡可使润滑石粉更易于黏附在颗粒表面上，使振动时不易脱落；③阿司匹林流动性极差，因此采用较高浓度的淀粉浆作黏合剂。总之，对于像阿司匹林这种不稳定药物，需从多方面综合考虑其处方和工艺，保证药品的安全性、有效性和稳定性。

3. 维生素 E 片 （生育酚片）

【处方】 维生素 E 醋酸酯 5.0g　　淀粉 38.5g　　　　95％乙醇 4.0g

碳酸钙 30.0g　　　　　糊精 10.0g　　　　磷酸氢钙 41.0g

15％淀粉浆 35.0g　　　硬脂酸镁 1.0g　　　制成 1000 片

【制法】 将维生素 E 醋酸酯溶于乙醇，加入碳酸钙和磷酸氢钙搅拌，使其吸收均匀，然后加入 90％量的淀粉和糊精，以及淀粉浆混合制软材，过 16 目尼龙筛制粒，湿粒在 60～70℃下干燥控制含水量在 4％～5％之间，干颗粒过 12 目筛，整粒后加入剩余量淀粉和硬脂酸镁混匀，计算片重，压片包红色糖衣，打光制成。

【附注】 ①本例是含液体药物片剂的制备实例；②处方中维生素 E 醋酸酯为主药，乙醇为溶剂，碳酸钙、磷酸氢钙为吸收剂，糊精为干黏合剂，淀粉为崩解剂，因主药属疏水性物质，故需用高浓度淀粉浆做黏合剂；③维生素 E 片在生产过程中易发生残片黏冲和泛油等现象，故可将维生素 E 制成微型胶囊以改变维生素 E 的物理性状，再压制成微囊片。为防止泛油，在包衣过程中可先包一层 PEG 衣，再包糖衣，以增加维生素 E 片的稳定性。

4. 硝酸甘油片

【处方】 乳糖 88.8g　　　　糖粉 38.0g　　　　　　17％淀粉浆适量
　　　　硬脂酸镁 1.0g　　10％硝酸甘油乙醇溶液 0.6g（硝酸甘油量）
　　　　制成 1000 片

【制法】 先取乳糖、糖粉，加淀粉浆制成空白颗粒，后将硝酸甘油制成 10％乙醇溶液（按 120％投料），拌入空白颗粒细粉（30 目以下）中，过 10 目筛二次后，于 40℃以下干燥 50～60min，再与剩余空白颗粒及硬脂酸镁混匀，压片，即得。

【附注】 ①这是一种通过舌下吸收治疗心绞痛的小剂量药物片剂实例，不宜加入不溶性辅料（微量硬脂酸镁作润滑剂除外）；②为防止混合不匀造成含量均匀度不合格，采用将主药溶于乙醇，再拌入（或喷入）空白颗粒中的方法；③制备时，还应注意防止振动、受热和吸入，以免造成爆炸以及操作者的剧烈心痛；④本品属于急救药，硬度不宜过大，以免影响其在舌下的速溶性。

本章小结

1. 片剂是指药物与辅料均匀混合后压制而成的片状制剂。

2. 片剂的优点主要有剂量准确、含量均匀，稳定性好，携带、运输、服用均较方便，成本较低等。

3. 片剂的类型有口服片、口腔贴片、口含片、皮下给药片、外用片等。

4. 片剂常用辅料有稀释剂、润湿剂与黏合剂、崩解剂、润滑剂等。

5. 片剂的制备方法有制粒压片法、直接压片法；制粒压片法包括湿法制粒压片法和干法制粒压片法；直接压片法包括粉末直接压片法和半干式压片法。

6. 片剂制备过程：物料前处理、制粒、总混、压片、包衣、分装、包装等。

7. 片重的计算法可按主药含量计算片重，或按干颗粒总重量计算片重。

8. 包衣的目的有改善片剂外观和便于识别、掩盖药物不良臭味、增加药物稳定性、防止药物配伍变化等。

9. 包衣常用技术有滚转包衣法、流化包衣法和压制包衣法。

10. 片剂的质量控制项目有外观、重量差异、崩解时限、分散均匀性、微生物限度等。

学习目标检测

一、名词解释

1. 泡腾片
2. 崩解剂
3. 增塑剂
4. 干法制粒

二、填空题

1. 片剂中硬脂酸镁的作用是_____；羧甲基淀粉钠的作用是_____；微晶纤维素的作用是_____。

2. 分别写出下列物料的英文缩写：羟丙甲纤维素_____；聚乙烯吡咯烷酮_____；乙基纤维素_____；羧甲基纤维素钠_____。

3. 片剂常用的包衣方法有：_____、_____、_____。

三、单项选择题

1. 片剂特点不包括
A. 体积较小，运输、贮存及携带、应用都比较方便
B. 片剂生产机械化、自动化程度较高
C. 产品性状稳定，剂量准确，成本及售价都较低
D. 可制成不同释药速度的片剂而满足临床医疗或预防的不同需要
E. 具有靶向作用

2. 可避免肝脏首过作用的片剂类型是
A. 泡腾片　　　B. 分散片　　　C. 舌下片　　　D. 普通片　　　E. 溶液片

3. 粉末直接压片时，既可作稀释剂，又可作黏合剂，还兼具崩解作用的辅料是
A. 甲基纤维素　　　　　B. 微晶纤维素　　　　　C. 乙基纤维素
D. 羟丙甲纤维素　　　　E. 羟丙纤维素

4. 主要用于片剂的填充剂是
A. 羧甲基淀粉钠　　　　B. 甲基纤维素　　　　　C. 淀粉
D. 乙基纤维素　　　　　E. 交联聚维酮

5. 可作片剂崩解剂的是
A. 交联聚乙烯吡咯烷酮　　　B. 预胶化淀粉　　　　C. 甘露醇
D. 聚乙二醇　　　　　　　　E. 聚乙烯吡咯烷酮

6. 有很强的黏合力，可用来增加片剂的硬度，但吸湿性较强的附加剂是
A. 淀粉　　　B. 糖粉　　　C. 药用碳酸钙　　　D. CMC-Na　　　E. 乳糖

7. 某工艺员试制一种片剂，应该选用的崩解剂是
A. PVP　　　B. PEG-6000　　　C. CMS-Na　　　D. CMC-Na　　　E. PVA

8. 片剂处方中润滑剂不具有的作用是
A. 增加颗粒的流动性　　　　B. 防止颗粒黏附在冲头上
C. 促进片剂在胃液中的润湿　　D. 减少冲头、冲模的磨损
E. 使片剂易于从冲模中推出

四、配伍选择题

【1～4】A. 聚维酮　　B. 乳糖　　C. 交联聚维酮　　D. 水　　E. 硬脂酸镁
1. 片剂的润滑剂可选用
2. 片剂的填充剂可选用
3. 片剂的崩解剂可选用
4. 片剂的黏合剂可选用

【5～8】A. 缓释片　　B. 舌下片　　C. 多层片　　D. 肠溶衣片　　E. 控释片
5. 可避免药物首过效应的片剂是
6. 可避免复方制剂中不同药物之间配伍变化的片剂是
7. 药物在胃中不溶而在肠中溶解的片剂是

8.可使药物恒速释放或近似恒速释放的片剂是

五、多项选择题

1.关于微晶纤维素性质的正确表达有

A. 微晶纤维素是优良的薄膜衣材料

B. 微晶纤维素可作为粉末直接压片的"干黏合剂"使用

C. 微晶纤维素国外产品的商品名为 Avicel

D. 微晶纤维素可以吸收 2～3 倍量的水分而膨胀

E. 微晶纤维素是片剂的优良辅料

2.在某实验室中有以下药用辅料,可以用作片剂填充剂的有

A. 可压性淀粉　　　　　B. 微晶纤维素　　　　　C. 交联羧甲基纤维素钠

D. 硬脂酸镁　　　　　E. 糊精

3.片剂质量的要求包括

A. 含量准确,重量差异小

B. 压制片中药物稳定,故无保存期规定

C. 崩解时限或溶出度符合规定

D. 色泽均匀,完整光洁,硬度符合要求

E. 片剂中大部分经口服用,不进行细菌学检查

4.由于制粒方法不同,片剂的制粒压片法有

A. 湿法制粒压片　　　　　B. 一步制粒法压片　　　　　C. 大片法制粒压片

D. 滚压法制粒压片　　　　　E. 全粉末直接压片

六、简答题

1.请简述《中国药典》2020 年版对于片剂的基本要求。

2.简述包薄膜衣中可能出现的问题和解决方法。

囊型制剂

囊型制剂指的是以囊的形式给药的剂型，通常囊壳与内容物之间有明显的界限，其形态有大有小，功能各异，但本质上都是以囊的形式包裹、保护和递送药物，实现药物以安全、稳定、可控的方式预防、治疗的效果。这种囊型制剂包括胶囊剂（含硬胶囊和软胶囊）、微囊、分子囊等。

知识延伸

囊型制剂趣谈

胶囊剂作为一种独特的囊型制剂，发明以来发展出多种类型，有硬胶囊、软胶囊、微型胶囊（微囊）之分。硬胶囊可装粉末、颗粒、丸剂、小片等，囊体、囊帽可以套合，也可以锁合，如矮胖子胶囊，据称是为古巴领导人卡斯特罗躲避药物暗杀而发明。

微囊是由囊壳裹成的囊型制剂，只不过微囊很小，只有几个微米至几百个微米之间，肉眼几乎看不到。

脂质体（liposomes）也称"液晶微囊"，$0.25\sim5\mu m$，是一种囊型靶向制剂。

毫微囊（nanocapsules）更小，粒径只有 $10nm\sim1\mu m$，也是靶向制剂。

还有更小的 β 环糊精包合物，又称"分子胶囊"，由大分子包裹一个小分子而成，可增加溶解度、提高稳定性、掩盖不良气味等。

第一节　胶囊剂

一、概述

胶囊剂指原料药物与适宜辅料充填于空心胶囊或密封于软质囊材中的固体制剂。主要供口服使用，但也可用于其他部位（如直肠、阴道、植入等）。胶囊剂可分为硬胶囊剂、软胶囊剂和肠溶胶囊剂等。

胶囊剂的主要优点：①可掩盖药物不适的苦味及臭味；②药物的生物利用度高；③提高药物稳定性；④能弥补其他固体剂型的不足；⑤可定时定位释放药物。

主要缺点：①胶囊剂不适宜儿童服用；②不宜盛装药物的水溶液或稀醇溶液，因为胶囊壳会融化；③不宜盛装溴化物、碘化物、水合氯醛以及小剂量刺激性药物，因为这些药物在胃中溶解后因局部浓度过高刺激胃黏膜。

二、硬胶囊剂

硬胶囊剂是将一定量的药物（或药材提取物）及适当的辅料（也可不加辅料）制成均匀的粉末或颗粒，填装于空心硬胶囊中而制成。

制备硬胶囊的工艺流程：

$$\left.\begin{array}{l}\text{空心胶囊的选择}\\\text{药物的处理}\end{array}\right\} \rightarrow \text{填充} \rightarrow \text{封口} \rightarrow \text{抛光} \rightarrow \text{质量检查} \rightarrow \text{包装}$$

1. 胶囊壳的概述

胶囊壳的主要成分是明胶，也可使用甲基纤维素、海藻酸钠、海藻酸钙、聚乙烯醇、变性明胶及其他高分子材料，以改变溶解性或达到肠溶的目的。另外还需添加附加剂：增塑剂如甘油、山梨醇等；增稠剂如琼脂等；遮光剂如二氧化钛等；着色剂如食用色素等；防腐剂如尼泊金等。

剂型趣谈

胶囊剂的"荤"与"素"

胶囊剂具有很多得天独厚的优点，但总体而言，应用的广泛程度比不上片剂，为什么那么多人不吃胶囊呢？

原因在于胶囊壳的主要成分是明胶、甘油和水，明胶一般源于猪皮和猪骨，而世界上不少国家和地区的人因为宗教的缘故，不吃猪肉和其他猪制品，这大大限制了胶囊的使用。

为了突破这一限制，胶囊壳的生产厂家开发了"素胶囊"，也称"植物胶囊"，即采用HPMC、海藻胶等非动物来源的材料作胶囊壳，大大拓展了胶囊剂的使用面。目前，"素胶囊"跟"荤胶囊"相比，成本还高不少，有待进一步发展。

胶囊壳一般由专业厂家生产，空心胶囊一般采栓膜法制备，其主要制备流程为：溶胶→蘸胶（制坯）→干燥→拔壳→切割→整理。

胶囊壳共有 8 种规格，较常用的为 0～5 号，随号数由小到大，容积由大到小（见表 11-1），其质量应符合《中国药典》2020 年版的要求。

表 11-1 空胶囊的号数与容积

空胶囊号	0 号	1 号	2 号	3 号	4 号	5 号
容积/mL	0.75	0.55	0.40	0.30	0.25	0.15

2. 药物的填充

（1）空心胶囊的选用：填充药物的密度、晶型、颗粒大小不同，所占的容积也不同，应根据药物剂量所占容积来选用最小规格的空心胶囊。目前主要使用锁口型胶囊，其帽节和节体有闭合用的槽圈，套合后不易松开。

8.全自动胶囊机

（2）药物的处理：硬胶囊中填充的药物一般是固体，如粉末、颗粒、小丸、小片、细粒、结晶，或粉末加小片、粉末加小丸等。单纯的药物也可以装入空胶囊；但更多情况下是添加适当的辅料混匀后，再装入空胶囊。

常用的填充剂有淀粉、微晶纤维素、蔗糖、乳糖、氧化镁等，润滑剂有硬脂酸镁、硬脂酸、滑石粉、二氧化硅等。选取辅料的原则是不与药物和空胶囊发生物理、化学反应；与药物混合后具有适当的流动性和分散性。

（3）药物的填充：硬胶囊填充环境要求温度为 $18\sim25℃$，相对湿度 $35\%\sim45\%$，以保证胶囊壳含水量没有太大变化。填充药物有手工和自动填充机法两种。

小量制备时，可使用胶囊填充板（结构见图 11-1）手工操作。

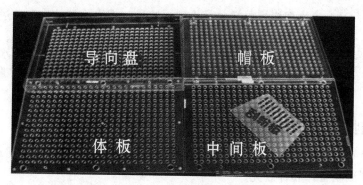

图 11-1　手工胶囊板组成

大量生产则采用自动填充机法。自动填充机样式很多，可归纳为 a、b、c、d 四种类型（见图 11-2）。a 型由螺旋钻压进药物。b 型用栓塞上下往复将药物压进。a、b 两型因有机械压力，可避免物料分层，适合于有较好流动性的药粉填充。c 型为药粉自由流入，适合于流动性好的物料。为改善其流动性，可加入 2％以下的润滑剂，如聚硅酮、硬脂酸、滑石粉等。d 型由捣棒在填充管内先将药物压成一定量后再填充于胶囊中，适用于聚集性较强的针状结晶或吸湿性药物，可加入黏合剂，如矿物油、食用油或微晶纤维素等在填充管内，将药

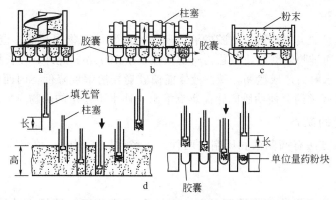

图 11-2　硬胶囊药物填充机类型

a—螺旋钻压进物料；b—柱塞往复运动压进物料；c—自由流入物料；
d—在填充管内，先将药物压成单位量，再填充于胶囊中

物压成单位量后再填充于空心胶囊中。

3. 封口

为防止非锁口型胶囊剂中药物的泄漏，在完成填充、套合工序后，常需进行封口操作。封口材料常用与制备空心胶囊时相同浓度的明胶液（如明胶 20％、水 40％、乙醇 40％）。也可以用超声波封口。若采用锁口型胶囊壳，胶囊帽与体套合后咬合锁口，药粉不易泄漏，可不封口。

4. 整理与包装

填充后的硬胶囊剂表面往往粘有少量药物，应予清洁。可用抛光机抛光，然后用铝塑包装机包装或装入适宜的容器中。

生活常识

胶囊剂的正确服用方法

杭州一老太为了避免食用毒胶囊，直接剥开胶囊，把里面的抗生素倒进喉咙，结果喉咙被灼伤。

胶囊剂服用时的最佳姿势为站着服用、低头咽、且整粒吞服。所用的水一般是不超过 40℃ 的温开水，水量在 100mL 左右较为适宜，避免由于胶囊药物质地轻，悬浮引起呛咳。

三、软胶囊剂

软胶囊剂系指一定量的药液密封于球形、椭圆形或其他各种特殊形状的软质囊材中，可用滴制法或压制法制备，亦称胶丸。

软胶囊的制备工艺：

囊材的配制
药物的处理 } →成型→整丸干燥→质量检查→包装

（一）囊材的配制

软胶囊剂的主要特点是可塑性强、弹性大，主要材料亦为明胶。增塑剂有甘油、山梨醇或两者混合物等，其他辅料可加入防腐剂、遮光剂、色素等。干明胶：增塑剂：水以 1：（0.4～0.6）：1 为宜，增塑剂过高，囊壁过软，增塑剂过低，囊壁过硬。

（二）药物处理

软胶囊可以填充油类或不溶解明胶的液体药物，或装填药物混悬液，也可以装固体药物。若填装混悬液，需通过胶体磨，使混悬的药物颗粒小于 100μm。此外，在长期贮存中，酸性液体内容物会使明胶水解而造成泄漏，碱性液体能使胶囊壳溶解度降低，因而内容物的 pH 值宜控制在 2.0～7.0；醛类药会使明胶固化而影响溶出；遇水不稳定的药物应采用保护措施等。

（三）软胶囊的制备

软胶囊的制备方法有滴制法和压制法两种。生产软胶囊剂时，填充药物与成型是同时进行的。

1. 滴制法

滴制法制备软胶囊剂的工作原理见图 11-3。分别盛装于贮液槽中的油状药物与明胶液按不同速度通过滴制喷头以同心管喷出，明胶液从管的外层流下，药液从中心管流出，在管的下端流出口处，明胶将药液包裹起来，并滴入到另一种不相混溶的冷却液体（如液体石

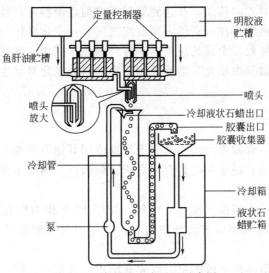

图 11-3 滴制法生产过程示意图

蜡）中。在表面张力作用下，胶液接触冷却液后形成球状体，逐渐凝固成胶丸，如鱼肝油胶丸、亚油酸胶丸的制备。本法生产的胶丸又称无缝胶丸，具有成品率高、装量差异小、产量大、成本较低等优点。

滴制法制备胶丸的影响因素如下所述。

（1）明胶的处方组成：以明胶∶甘油∶水为 1∶（0.3～0.4）∶（0.7～1.4）为宜。

（2）液体的密度：为了保证胶丸在冷却液中有一定的沉降速度及足够的冷却成型时间，药液、胶液及冷却液三者应有适宜的密度，如鱼肝油胶丸制备时，三者的密度分别为 0.9g/mL、1.12g/mL 和 0.86g/mL。

（3）温度：胶液和药液均应保持在 60℃，喷头处应保持在 80℃，冷却液为 13～17℃，胶丸干燥温度应为 20～30℃，且配合鼓风条件。

2. 压制法

将明胶、甘油、水等溶解后制成胶皮，再将药物置于两块胶皮之间，用钢模压制而成。其制备方法如图 11-4 所示。由机械自动制出的两张胶皮

9. 滚模式软胶囊机

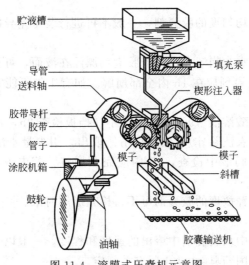

图 11-4 滚膜式压囊机示意图

以连续不断的形式向相对方向移动，在达到旋转模之前逐渐接近，经下部加压而结合，此时药液则从填充泵经导管由楔形注入管压入两胶皮之间。由于旋转模的不停转动，遂将胶皮与药液压入模的凹槽中，使胶带全部轧压结合，将药液包于其中，形成软胶囊。剩余的胶皮自动被切割分离。药液的数量由填充泵准确控制。本法可连续化自动生产，成品率较高，产量大，装量差异较小。

四、肠溶胶囊剂

肠溶胶囊剂多指硬、软胶囊经药用高分子处理或用其他方法加工而成，药物在肠液中崩解、溶化、释放的胶囊剂。适于一些具有辛臭味、刺激性、遇酸不稳定或需在肠内溶解后释放的药物。

其制备方法是在明胶壳表面包被肠溶材料，如用 PVP 作为底衣层，以增加与胶囊的黏附性，然后用 CAP、蜂蜡等溶液进行外层包衣；也可用丙烯酸Ⅱ号、Ⅲ号树脂乙醇液包衣等，其肠溶性较稳定。

目前，可在不同肠道部位溶解的空心胶囊在国内已有生产。胶囊内容物包衣法：将内容物（颗粒、小丸等）包肠溶衣后装于空心胶囊中，此空心胶囊虽在胃中溶解，但内容物只能在肠道中溶解、崩解和溶出。

五、质量控制

1. 外观

胶囊剂应整洁，不得有黏结、变形和破碎现象，并应无异臭。硬胶囊剂的内容物应干燥、松紧适度、混合均匀。

2. 装量差异

（1）取供试品 20 粒（中药取 10 粒），分别精密称重后，倾出内容物（不得损坏囊壳）。

（2）硬胶囊剂用小刷或其他适宜用具拭净，软胶囊剂或内容物为半固体或液体的硬胶囊囊壳用乙醚等易挥发性溶剂洗净，置通风处自然挥尽溶剂。

（3）分别精密称定空心胶囊或胶皮重量，求出每粒内容物的装量与平均装量，每粒的装量与平均装量相比较，超出装量差异限度的胶囊不得多于 2 粒，并不得有 1 粒超出限度的 1 倍。平均装量为 0.3g 以下，装量差异限度为±10%；0.3g 及 0.3g 以上应为±7.5%（中药±10%）。

（4）凡规定检查含量均匀度的胶囊剂，一般不再进行装量差异的检查。

3. 崩解时限

胶囊剂采用 1000mL 水为崩解介质，若胶囊剂漂浮在液面，可加一块挡板。硬胶囊剂应在 30min 之内崩解，软胶囊剂应在 1h 内全部崩解。如有 1 粒不能完全崩解，则另取 6 粒重复实验，均应符合规定。

肠溶胶囊剂应先在盐酸溶液（9→1000）中不加挡板检查 2h，每粒囊壳均不得有裂缝或崩解现象（胶囊内容物包衣法除外），然后将吊篮取出，用少量水洗涤后，每管各加入挡板一块，如上述方法在人工肠液中检查，1h 内应完全崩解。若内容物为肠溶的肠溶胶囊剂，应做释放度检查。

凡规定检查溶出度或释放度的胶囊剂可不再检查崩解时限。

4. 溶出度

测定药物在规定介质中从胶囊剂中溶出的速度和程度。一般以一定时间内溶出药物的百分率为限度标准。详见中国药典 2020 年版有关规定。

5. 释放度

测定药物在规定介质中从胶囊剂释放的速度和程度。一般以一定时间内酸中释放量不大于 10%，缓冲液中释放量不低于 70% 为标准。

六、包装与贮存

胶囊剂对高温、高湿不稳定。在温度 22～24℃，相对湿度＞60% 的环境中，胶囊含水量可达 17.4%，胶囊变软，发黏而膨胀，容易滋长微生物。温度超过 25℃，相对湿度＞45% 时，影响更为明显，甚至发生溶化。胶囊内容物含水量应予控制，在＞5% 或分装入液态物时，会软化胶囊而使胶囊变软。过分干燥的贮存环境可使胶囊的水分失去而脆裂。在高温、高湿条件下贮存的胶囊，其崩解时限会延长，药物的溶出和吸收受到影响。

为了增加胶囊剂在贮存过程中的稳定性，选择合适的包装和贮存条件非常重要。通常，胶囊剂采用玻璃瓶、塑料瓶、泡罩式或窄条形包装，密闭并置于阴凉干燥处保存。温度在 25℃，相对湿度不超过 45% 为最佳贮存条件。

七、举例

速效感冒胶囊（硬胶囊剂）

【处方】 对乙酰氨基酚 300g   维生素 C 100g   胆汁粉 100g
        咖啡因 3g   扑尔敏 3g   10% 淀粉浆适量
        食用色素适量

【制法】 ①取上述各药物，分别粉碎，过 80 目筛；②将 10% 淀粉浆分为 A、B、C 三份，A 加入食用胭脂红少量制成红糊，B 加入食用橘黄少量（最大用量为万分之一）制成黄糊，C 不加色素为白糊；③将对乙酰氨基酚分为三份，一份与扑尔敏混匀后加入红糊，一份与胆汁粉、维生素 C 混匀后加入黄糊，一份与咖啡因混匀后加入白糊，分别制成软材后，过 14 目尼龙筛制粒，于 70℃ 干燥至水分 3% 以下；④将上述三种颜色的颗粒混合均匀后，填入空胶囊中，即得。

【附注】 本品为一种复方制剂，所含成分的性质、比例各不相同，为防止混合不均匀和填充不均匀，采用制粒的方法：首先制得流动性良好的颗粒，再进行填充，这是一种常用的方法；另外，加入食用色素可使颗粒呈现不同的颜色，若选用透明胶囊壳，将使本制剂看上去更加美观。

第二节 微　　囊

一、概述

微囊系指将固态或液态药物（称为囊心物）包裹在天然或合成高分子材料（称为囊材）中而形成的微小囊状物，称为微型胶囊，简称微囊，粒径为 1～250μm。而粒径在 0.1～1μm 的为亚微囊；粒径在 10～100nm 的称纳米囊。制备微囊的过程简称微囊化，这种技术称为微型包囊技术。微囊也可进一步制成片剂、胶囊、注射剂等制剂，用微囊制成的制剂称为微囊化制剂。

微囊的特点：①可将液态药物制成固体剂型；②可延缓药物释放，制备缓释长效制剂；③掩盖药物的不良嗅味，使之易于吞服；④改善口服药物的消化道副反应；⑤提高药物的稳定性，减少复方制剂的配伍禁忌；⑥使药物在靶部位起作用；⑦半透性微囊对酶制剂有特殊效应，如门冬酰胺酶对人体具免疫反应，制成不溶化半透性微囊，可使血液通过半透膜与门冬酰胺酶作用以治疗白血病；⑧改善某些药物的物理特性，如可压性与流动性。

二、微囊化材料

（一）囊心物

微囊的囊心物除主药外可以加入稳定剂、稀释剂、阻滞剂、促进剂、增塑剂等附加剂。囊心物可以是固体，也可以是液体。通常将主药和附加剂混匀后进行微囊化，也可以先将主药单独微囊化，再加入附加剂。

（二）囊材

常用的囊材可分为天然、半合成以及合成高分子材料。

1. 天然高分子囊材

天然高分子是最常用的囊材，具有稳定、无毒、成膜性和成球性好的特点。

（1）明胶：平均分子量在 15000～25000，因制备时水解方法不同，明胶分为酸法明胶（A 型）和碱法明胶（B 型），可根据药物对酸碱性的要求选用。两者成囊性相似，皆可生物降解，几无抗原性，囊材用量为 20～100g/L。

（2）阿拉伯胶：由糖苷酸及阿拉伯酸的钾、钙、镁盐组成，一般常与明胶等量配合使用，用量为 20～100g/L，也可以与白蛋白配合作复合材料。

（3）海藻酸盐：是用稀碱从褐藻中提取的多糖类化合物。海藻酸钠可溶于不同温度的水，不溶于乙醇、乙醚及其他有机溶剂。不同分子量的黏度有差异。可与甲壳素或聚赖氨酸配合用作复合材料。因为海藻酸钙不溶于水，所以海藻酸钠可用 $CaCl_2$ 固化成囊。

此外，囊材还用壳聚糖、蛋白类、淀粉衍生物等天然高分子材料。

2. 半合成高分子囊材

多系纤维素衍生物，特点是毒性小、黏度大、成盐后溶解度增大。

（1）羧甲基纤维素钠（CMC-Na）：常与明胶配合作复合囊材。CMC-Na 遇水溶胀，体积可增大 10 倍，在酸性液中不溶。水溶液黏度大，有抗盐能力和一定的热稳定性，不会发酵，也可以制成铝盐 CMC-Al 单独作囊材。

（2）醋酸纤维素酞酸酯（CAP）：在强酸中不溶解，可溶于 pH＞6 的水溶液，溶于丙酮，不溶水和乙醇。用作囊材时可单独使用，也可与明胶配合使用。

（3）乙基纤维素（EC）：化学稳定性高，适于多种药物的微囊化，不溶于水、甘油或丙二醇，可溶于乙醇，易溶于乙醚，遇强酸易水解，故对强酸性药物不适宜。用乙基纤维素为囊材时，可加入增塑剂改善其可塑性。

（4）甲基纤维素（MC）：在水中溶胀成澄清或微浊的胶体，在无水乙醇、氯仿或乙醚中不溶。单作囊材，亦可与明胶、CMC-Na、PVP 等配合作复合囊材。

（5）羟丙甲纤维素（HPMC）：冷水中能溶胀成澄清或微浊的胶体，pH 值 4.0～8.0（1％溶液，25℃），在无水乙醇、乙醚或丙酮中几乎不溶。

3. 合成高分子囊材

分非生物降解和生物降解两类。非生物降解且溶解性不受 pH 值影响的囊材有聚酰胺、硅橡胶等，生物体内不降解但在一定 pH 值条件下可溶解的囊材有聚乙烯醇、聚丙烯酸树脂等。

聚酯类是迄今应用最广的生物降解型囊材，多为羟基酸或其内酯的聚合物。乳酸缩合所得聚酯称聚乳酸，用 PLA 表示；羟基乙酸缩合所得聚酯称聚羟基乙酸，用 PGA 表示；由乳酸与羟基乙酸缩合而成的，用 PLGA 或 PLG 表示。有的共聚物经美国 FDA 批准，可作注射用微囊以及组织埋植剂的载体材料。

三、微囊化方法

微囊化方法按其制备原理可分为物理化学法、物理机械法和化学法。其中物理化学法和物理机械法要求药物（囊心物）与囊材必须不相混溶。在制备微囊时，应根据囊心物和囊材的性质、微囊的粒度、释药性等要求，选择适宜的方法。

（一）物理化学法

微囊化在液相中进行，囊心物与囊材在一定的物理化学条件下形成沉淀析出成囊。包括单凝聚法、复凝聚法、溶剂-非溶剂法、改变温度法、液中干燥法等。

1. 单凝聚法

单凝聚法是在高分子囊材（如明胶）溶液中加入凝聚剂，以降低其溶解度凝聚成囊的方法，所得微囊粒径为 $2\sim5000\mu m$。

将药物分散在明胶溶液中，加入凝聚剂（常用聚凝剂为 Na_2SO_4 等强亲水性电解质或乙醇、丙酮等强亲水性非电解质），由于明胶溶解度降低，分子间形成氢键，从溶液中析出而凝聚成微囊。但这种凝聚是可逆的，一旦凝聚条件解除（如加水稀释），即发生解凝聚，使微囊消失。可反复利用这种可逆性，直到凝聚微囊形状满意为止。最后交联成为不凝结、不粘连、不可逆的微囊。

2. 复凝聚法

系指用两种带相反电荷的高分子材料作为复合囊材，在一定条件下交联且与囊心物凝聚成囊的方法。所得微囊粒径为 $2\sim5000\mu m$。可作复合囊材的有明胶-阿拉伯胶、明胶-羧甲基纤维素钠、海藻酸盐-聚赖氨酸等，以明胶-阿拉伯胶最为常用。复凝聚法是经典的微囊化方法，操作简便，适用于难溶性药物的微囊化。

以明胶-阿拉伯胶为囊材的基本原理：明胶溶液 pH 值等电点以上时，带负电荷；等电点以下带正电，而阿拉伯胶水溶液仅带负电。故在明胶和阿拉伯胶混合后，调节溶液 pH 值至明胶等电点以下（如 pH4.0～4.5）使之带正电，明胶与阿拉伯胶由于电荷互相吸引交联，形成水不溶性络合物而凝聚成囊。

3. 溶剂-非溶剂法

溶剂-非溶剂法是在囊材溶液中加入一种对囊材不溶的溶剂（非溶剂），引起沉淀，而将药物包裹成囊的方法。

4. 改变温度法

无需加凝聚剂，而通过控制温度成囊。如乙基纤维素（EC）作囊材时，可先在高温溶解，后降温成囊。如需改善粘连，可用聚异丁烯（PIB）作分散剂。

5. 液中干燥法

从乳状液中除去分散相挥发性溶剂以制备微囊的方法称为液中干燥法，亦称乳化溶剂挥发法。

（二）物理机械法

物理机械法是指在一定的设备条件下将固态或液态药物在气相中制成微囊的方法，适用于水溶性或脂溶性的固态或液态药物。常用以下几种方法。

1. 喷雾干燥法

喷雾干燥法又称液滴喷雾干燥法，系将囊心物分散于囊材溶液中，用喷雾法喷入惰性热气流，使液滴收缩成球形进而干燥固化。所得微囊粒径为 $5\sim600\mu m$，若药物不溶于囊材溶液可得微囊；若能溶解可得微球。

2. 喷雾凝结法

喷雾凝结法是将囊心物分散于熔融的囊材中，再喷于冷气流中凝聚而成囊的方法，称为喷雾凝结法。所得微囊粒径为 $5 \sim 600 \mu m$。

3. 流化床包衣法

流化床包衣法亦称空气悬浮法，是利用垂直强气流使囊心物悬浮在包衣室中，囊材溶液通过喷嘴射洒于囊心物表面，使囊心物悬浮的热气流将溶剂挥干，囊心物表面便形成囊材薄膜而得微囊。本法所得微囊粒径为 $3.5 \sim 5000 \mu m$。

（三）化学法

化学法是指单体或高分子在溶液中通过聚合反应或缩合反应产生囊膜，而形成微囊的方法。本法通常先制成 W/O 型乳浊液，再利用化学反应交联固化，不需加入絮凝剂。常用方法包括界面缩聚法、辐射化学法等。

1. 界面缩聚法

界面缩聚法亦称界面聚合法，是在分散相（水相）与连续相（有机相）的界面上发生单体的缩聚反应，形成囊膜，包裹药物形成微囊。该方法适用于水溶性药物，特别适合于酶制剂和微生物细胞等具有生物活性的大分子物质的微囊化。

2. 辐射化学法

辐射化学法是利用 γ 射线的能量，使聚合物（明胶或 PVA）交联固化，形成微囊。该法工艺简单，但一般仅适用于水溶性药物。

四、微囊的质量控制

1. 有害有机溶剂的限度检查

在生产过程中引入有害有机溶剂时，应照有机溶剂残留测定法测定。凡未规定限度者，还应制定有害有机溶剂残留量的测定方法与限度。

2. 形态、粒径及其分布的检查

（1）形态观察：微囊可采用光学显微镜观察，微囊的形态有球形、圆珠形、卵形及不规则形等，合格的微囊应为圆整球形或椭球形封闭囊状物，互相不粘连，分散性好，有利于制备各类剂型。

（2）粒径及其分布：应提供粒径的平均值及其分布的数据或图形。测定粒径有多种方法，如光学显微镜法、电感应法、光感应法或激光衍射法等。

3. 载药量或包封率的检查

微囊必须提供载药量或包封率的数据。

载药量是指微囊中所含药物的量（g/g，%），即载药量＝（微囊中所含药物重量/微囊总重）×100%。

分散于液体介质中的微囊，应通过适当方法（如凝胶柱色谱法、离心法或透析法）进行分离后测定，按下式计算包封率，包封率不得小于 80%。

包封率＝（系统中总药量－液体介质中未包封药量/系统中总药量）×100%

4. 突释效应或渗漏率的检查

在体外释放试验时，微囊表面吸附的药物会快速释放，称为突释效应。开始 0.5h 内的释放量要求低于 40%。

若微囊产品分散在液体介质中贮藏，应检查渗漏率，而渗漏率＝（产品在贮藏一定时间后渗漏到介质中的药量/产品在贮藏前包封的药量）×100%。

五、举例

复凝聚法制备液体石蜡微囊

【处方】 液体石蜡（$\rho=0.91g/mL$）6mL　　阿拉伯胶 5g　　　　明胶 5g
　　　　37％甲醛溶液 2.5mL　　　　　　10％醋酸溶液适量　　20％ NaOH 溶液适量
　　　　蒸馏水适量

【制法】　（1）明胶溶液的配制：称取明胶 5g，用蒸馏水适量浸泡溶胀后，加热溶解，加蒸馏水至 100mL，搅匀，50℃保温备用。

（2）阿拉伯胶溶液的配制：取蒸馏水 80mL 置小烧杯中，加阿拉伯胶粉末 5g，加热至 80℃左右，轻轻搅拌使溶解，加蒸馏水至 100mL。

（3）液体石蜡乳剂的制备：取液体石蜡 6mL 与 5％阿拉伯胶溶液 100mL 置组织捣碎机中，乳化 10s，即得乳剂。

（4）乳剂镜检：取液体石蜡乳剂 1 滴，置载玻片上镜检，绘制乳剂形态图。

（5）混合：将液体石蜡乳转入 1000mL 烧杯中，置 50～55℃水浴上加 5％明胶溶液 100mL，轻轻搅拌使混合均匀。

（6）微囊的制备：在不断搅拌下，滴加 10％醋酸溶液于混合液中，调节 pH 值至 3.8～4.0（广泛试纸）。

（7）微囊的固化：在不断搅拌下，将约 30℃蒸馏水 400mL 加至微囊液中，不停搅拌，室温自然冷却至 32～35℃时，加入冰块，继续搅拌至温度为 10℃以下。加入 37％甲醛溶液 2.5mL（用蒸馏水稀释 1 倍），搅拌 15min，再用 20％NaOH 溶液调 pH 值至 8～9，继续搅拌 20min，观察至析出为止，静置待微囊沉降。

（8）镜检：显微镜下观察微囊形态并绘制微囊形态图，记录微囊大小（最大和最多粒径）。

（9）过滤（或甩干）：待微囊沉降完全，倾去上清液，过滤（或甩干），微囊用蒸馏水洗至无甲醛味，抽干，即得。

【附注】　复凝聚法制备微囊，用醋酸溶液调节 pH 值是操作关键。调节 pH 值时一定要搅拌均匀，使整个溶液的 pH 值为 3.8～4.0。制备微囊过程中，持续搅拌，但搅拌速度以产生泡沫最少为度，必要时加入几滴戊醇或辛醇消泡，可提高收率。

第三节　分子囊

一、概述

　　分子囊是通过包合形成的。包合技术是指一种分子被包嵌于另一种分子的空穴内，形成包合物的技术。具有包合作用的外层分子称为主分子，被包合的小分子物质，称为客分子。主分子就是包合材料，将客分子容纳在内，形成分子囊。

10.环糊精
包合技术

　　包合物根据主分子形成空穴的几何形状又分为笼状、管状和层状。见图 11-5。

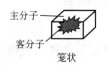

主分子

客分子

笼状　　　　　　　　管状　　　　　　　　层状

图 11-5　包合物形状

包合物可提高药物溶解度，提高药物生物利用度；延缓药物的水解与氧化，提高药物稳定性；可掩盖药物不良气味和刺激性；还可使液态药物固体化。

二、包合材料

包合材料可用环糊精、胆酸、淀粉、纤维素等材料，目前以环糊精为最常用。

1. 环糊精（CD）

环糊精系由 6～12 个 D-葡萄糖分子连接而成的环状低聚糖化合物。白色结晶性粉末，对酸不稳定。常见的有 α、β、γ-环糊精 3 种，分别由 6、7、8 个葡萄糖分子构成。CD 具有环状中空圆筒形结构，能容纳其他分子或基团嵌入空中而形成包合物。β-CD 熔点为 300～500℃，水中溶解度最小，易从水中析出结晶，其空穴内径适中，毒性较低，是最常用的一种天然包合材料。

2. β-环糊精衍生物

将甲基、乙基、羟丙基等基团引入 β-CD 分子中，可显著提高水溶性。

3. 水溶性环糊精衍生物

葡糖基-CD 为常用的包合材料，包合后可提高难溶性药物的溶解度，促进药物吸收，降低溶血性，还可作为注射用包合材料。

甲基-β-CD 的水溶性较 β-CD 大，二甲基-β-CD 既溶于水，又溶于有机溶剂。随温度升高，溶解度降低。在加热或灭菌时出现沉淀，浊点为 80℃，冷却后又可再溶解。二甲基-β-CD 刺激性较大，不能用于注射与黏膜给药。

4. 疏水性环糊精衍生物

常用作水溶性药物的包合材料，以降低溶解度，使具有缓释性。乙基-β-CD 微溶于水，比 β-CD 的吸湿性小，具有表面活性，在酸性条件下比 β-CD 更稳定。

被包合的有机药物应符合下列条件之一：①药物分子的原子数大于 5；②如有稠环，稠环数应小于 5；③药物分子量在 100～400；④水中溶解度小于 10g/L，熔点低于 250℃。无机药物大多不宜用环糊精包合。

三、包合过程与药物释放

1. 包合过程

分子囊的形成过程是药物分子借助分子间力进入包合材料分子空穴的物理过程。包合物的稳定性主要取决于两者的极性和分子间力的强弱，见图 11-6。

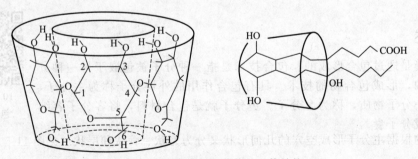

图 11-6 环糊精包封药物的立体结构

2. 包合物中药物的释放

包合物在体内被稀释，血液或组织中的某些成分可竞争性置换药物，导致药物的快速释放；包合材料经体内降解亦可缓慢释放出药物。

四、包合物的制备方法

1.饱和水溶液法

先将 CD 与水加热制成饱和溶液，然后加入药物。一般水溶性药物可直接加入；难溶性固体药物可以用少量丙酮等有机溶剂溶解再加入。加入药物后，搅拌或超声溶解至完全形成包合物。所得包合物若为固体，可经过滤、水洗，加少量有机溶剂洗去残留物，干燥即可。在水中溶解度大的药物，其包合物水溶性较大，可加入适量有机溶剂或将其浓缩而析出固体。此法又称重结晶法或共沉淀法。此法饱和率较高，所得包合物水溶性好。冰片的 β-CD 包合物可用此法制备。

2.研磨法

将 CD 与 2～5 倍量水研匀，加入药物后充分研磨成糊状物，低温干燥后用适当有机溶剂洗净，干燥即可。此法操作简便，但包合率比饱和溶液法低。维 A 酸的 β-CD 包合物可采用此方法制备。

3.冷冻或喷雾干燥法

将药物与 CD 混合于水中，搅拌使溶解或悬浮，然后通过冷冻或喷雾干燥除去溶剂，得到粉末状包合物。冷冻干燥法适于易溶于水、干燥过程中易分解和变色的药物，所得包合物溶解性好，可制成粉针剂；喷雾干燥法适于难溶性或疏水性、对热稳定的药物，该法干燥温度高，受热时间短，产率高，所得包合物可增加药物溶解度，提高生物利用度。萘普生的 β-CD 包合物可用此法制备。

五、包合物的验证

药物与 CD 是否形成包合物及其是否稳定，可根据包合物的性质和结构状态，采用适当的方法进行验证。常用的方法包括 X 射线衍射法、红外光谱法、核磁共振谱法、荧光光谱法、热分析法、紫外分光光度法、溶出速率法等。

六、举例

薄荷油 β-环糊精包合物

【处方】 β-环糊精 4g 薄荷油 1mL（28 天） 蒸馏水 50mL

【制法】 称取 β-CD 4g，置 100mL 具带塞锥形瓶中，加入蒸馏水 50mL，加热溶解，降温至 50℃，精密滴加薄荷油 1mL，恒温搅拌 2.5h。冷藏 24h，待沉淀完全后过滤。用无水乙醇 5mL 分 3 次洗涤沉淀 3 次，至沉淀表面近无油渍，将包合物置干燥器中干燥，即得。

【附注】 ①β-环糊精分子结构中的环筒内径大小适宜，常用作包合药物的主分子，已形成工业化生产规模；②薄荷油制成包合物后，可减少贮存中油的散失。

📝 **本章小结**

1.胶囊剂指原料药物与适宜辅料充填于空心胶囊或密封于软质囊材中的固体制剂。胶囊剂可分为硬胶囊剂、软胶囊剂和肠溶胶囊剂等。

2.硬胶囊剂是将一定量的药物（或药材提取物）及适当的辅料（也可不加辅料）制成均匀的粉末或颗粒，填装于空心硬胶囊中而制成。

3.制备硬胶囊的工艺流程：

空心胶囊的选择
药物的处理 }→填充→封口→抛光→质量检查→包装

4.软胶囊剂系指一定量的药液密封于球形、椭圆形或其他各种特殊形状的软质囊材中，可用滴制法或压制法制备，亦称胶丸剂。

5.软胶囊的制备工艺：软胶囊的制备方法有滴制法和压制法两种。

$$\left.\begin{array}{l}囊材的配制\\药物的处理\end{array}\right\}\rightarrow成型\rightarrow整丸干燥\rightarrow质量检查\rightarrow包装$$

6.胶囊剂的质量检查有外观、装量差异、崩解时限、溶出度、释放度等。

7.微囊系指将固态或液态药物（称为囊心物）包裹在天然或合成高分子材料（称为囊材）中形成的微小囊状物，称为微型胶囊，简称微囊，粒径在 $1\sim250\mu m$。

8.微囊化方法按其制备原理可分为物理化学法、物理机械法和化学法。

9.包合物的制备方法有饱和水溶液法、研磨法、冷冻干燥和喷雾干燥法。

学习目标检测

一、名词解释

1.胶囊剂

2.包合技术

3.环糊精

4.微囊

5.复凝聚法

二、填空题

1.软胶囊剂的制备方法常用_____、_____。

2.制空胶囊的主要材料是_____。

3._____是利用天然或合成高分子材料作为囊膜壁壳，将固态药物或液态药物包裹形成药库型的微型胶囊。

三、A型题（单项选择题）

1.关于胶囊剂的叙述错误的是

A.胶囊剂类型只有硬胶囊剂与软胶囊剂两种

B.可以内服也可以外用

C.药物装入胶囊可以提高药物的稳定性

D.可以弥补其他固体剂型的不足

E.较丸剂、片剂生物利用度要好

2.下列宜制成软胶囊剂的是

A.挥发油的乙醇溶液   B.O/W型乳剂   C.维生素E

D.橙皮酊   E.药物的水溶液

3.制备硬胶囊时，对药物的处理方法，叙述错误的是

A.定量药粉在填充时需要多准备几粒的分量

B.填充药物如果是麻醉、毒性药物，应先用适当的稀释剂稀释一定倍数再填充

C.疏松性药物小量填充时，可加适量乙醇或液体石蜡混匀后填充

D.挥发油类药物可直接填充

E.结晶性药物应粉碎后与其余药粉混匀后填充

四、B型题（配伍选择题）

【1～3】 A. β-环糊精   B. α-环糊精   C. γ-环糊精

D. 羟丙基-β-环糊精　　　　E. 乙基化 β-环糊精

1. 可用作注射用包合材料的是
2. 可用作缓释作用的包合材料是
3. 最常用的普通包合材料是

【4～5】　A. 明胶　　　　　　　　B. 丙烯酸树脂 RL 型　　C. β-环糊精

　　　　　D. 聚维酮　　　　　　　E. 明胶-阿拉伯胶

4. 单凝聚法制备微囊可用囊材为
5. 复凝聚法制备微囊可用囊材为

五、X 型题（多项选择题）

1. 下列关于胶囊剂特点的叙述，正确的有
A. 药物的水溶液与稀醇溶液不宜制成胶囊剂
B. 易溶且刺激性较强的药物，可制成胶囊剂
C. 有特殊气味的药物可制成胶囊剂以掩盖其气味
D. 易风化与潮解的药物不宜制成胶囊剂
E. 吸湿性药物制成胶囊剂可防止遇湿潮解

2. 易潮解的药物可使胶囊壳
A. 变软　　　　B. 易破裂　　　　C. 干燥变脆　　　　D. 相互粘连　　　　E. 变色

3. 下列可作为微囊囊材的有
A. 微晶纤维素　　　　　　B. 甲基纤维素　　　　　　C. 乙基纤维素
D. 聚乙二醇　　　　　　　E. 羧甲基纤维素

4. 关于包合物的叙述正确的有
A. 包合物能防止药物挥发
B. 包合物是一种药物被包裹在高分子材料中形成的囊状物
C. 包合物能掩盖药物的不良嗅味
D. 包合物能使液态药物粉末化
E. 包合物能使药物浓集于靶区

六、简答题

1. 硬胶囊的贮存条件是什么？
2. 常用的包合材料有哪些？
3. 简述复凝聚法制备微囊的基本原理。

第十二章 丸型制剂

第一节 丸 剂

一、概述

1. 丸剂含义

丸剂系指饮片细粉或提取物，加适宜的黏合剂或其他辅料制成的球形或类球形固体制剂，主要供内服。

战国时期的《五十二病方》中已有以酒、油脂和醋等为黏合剂制成丸剂供内服的记载。《内经》、《伤寒论》及后世医药文献中，有关丸剂制备、应用的资料更为丰富。随着中药学的发展和制剂工艺的进步，选用不同黏合剂、赋形剂制作的各种丸剂亦日益增多，尤其是浓缩丸、滴丸、微丸等新型丸剂，由于制法简便，服用剂量小，疗效好，越来越受到人们的重视。

适于制成丸剂的情形：①慢性疾病或久病体虚者用药，如十全大补丸等；②作用峻猛，用以治疗瘀血经闭、癥瘕积聚，但不宜作汤剂，而宜使其缓缓发挥药效者，如鳖甲煎丸、大黄蟅虫丸等；③方便急救，但含有芳香性成分的药物，不宜加热煎煮者，如安宫牛黄丸、苏合香丸等；④一些贵重或难以入煎的药物，或经高温煎煮易破坏药效的药物等，皆宜制成丸剂。

案例 12-1

速效救心丸的功效

速效救心丸一药多用主治心绞痛，可用于血管性头痛、急性胃肠痉挛性腹痛、胆绞痛、支气管哮喘急性发作、急性酒精中毒、防治晕车、痛经、尿路结石口服、带状疱疹局部用等。

请思考并讨论：

1. 速效救心丸的主要成分是什么？

2. 丸剂既然是发挥药效慢，为什么能起到速效的作用？

---

2. 丸剂的特点

（1）作用持久：传统的水丸、蜜丸、糊丸、蜡丸内服后在胃肠道中溶散缓慢，逐渐释放药物，吸收显效迟缓，作用持久。

（2）药效迅速：某些新型丸剂由提取的药物有效成分或化学物质与水溶性基质制成，故溶化迅速奏效快，如滴丸等。

（3）可缓和某些药物的毒副作用：有些毒、剧、刺激性药物，可通过选用赋形剂，如制成糊丸、蜡丸，以延缓其吸收，减弱其毒性和不良反应。

（4）能容纳多种形态的药物：丸剂制备时能容纳固体、半固体的药物，还能容纳黏稠的液体药物，还可利用包衣掩盖药物的不良臭味，或调节丸剂的溶散时限及药物释放。

同时，丸剂也具有以下缺点：生产工艺长，污染机会多；操作不当时，影响崩解和疗效；有效成分标准较难掌握；有的服用剂量较大，小儿服用困难等。

3. 常用辅料

（1）润湿剂：处方中药材粉末本身具有黏性，仅需加润湿剂诱发其黏性，便能制备成丸，常用的润湿剂有水、酒、醋、水蜜、药汁等。

（2）黏合剂：一些含纤维、油脂较多的药材细粉，需加适当的黏合剂才能成型。常用的黏合剂有炼蜜、米糊或面糊、药材清（浸）膏、糖浆等。

① 蜂蜜：蜂蜜作黏合剂独具特色，兼有一定的药理作用，是蜜丸的重要辅料之一。由于蜂蜜黏稠，蜜丸在胃肠道中逐渐溶蚀释药，故作用持久。作黏合剂使用时，需经炼制，炼制程度视制丸物料的黏性而定，一般分嫩蜜（含水量 18%～20%）、中蜜（含水量 14%～16%）、老蜜（含水量在 10% 以下）3 种。

② 米糊或面糊：系以黄米、糯米、小麦及神曲等磨成细粉制成糊，用量为药材细粉的40% 左右，可用调糊法、煮糊法、冲糊法制备。所制得的丸剂一般较坚硬，胃内崩解较慢，常用于含毒剧药和刺激性药物的制丸。

③ 药材浸膏：植物性药材用浸出方法制得的清（浸）膏，大多具有较强的黏性。因此，可同时兼作黏合剂使用，与处方中其他药材细粉混合后制丸。

④ 糖浆：常用蔗糖糖浆或液状葡萄糖，既具黏性，又具有还原作用，适用于黏性弱、易氧化药物的制丸。

（3）吸收剂：中药丸剂中，外加其他稀释剂或吸收剂的情况较少，一般是将处方中出粉率高的药材制成细粉，作为浸出物、挥发油的吸收剂。

（4）崩解剂：为了控制中药丸剂进入人体后的崩解和释放，常用适量的崩解剂，如羧甲基淀粉钠（CMS-Na）、低取代羟丙纤维素（L-HPC）等。

4. 丸剂的分类

根据赋形剂分类，丸剂可分为水丸、蜜丸、水蜜丸、糊丸、蜡丸，《中国药典》2015 年版一部中还收载有浓缩丸、微丸。

（1）水丸：用冷开水、药汁或处方规定的酒、醋等为黏合剂泛制而成，又称水泛丸。制备时，可根据药物性质、气味等分层泛入，以掩盖不良气味，防止芳香性成分挥散。水丸较蜜丸、糊丸易于崩解溶散，故吸收快，如防风通圣丸等。

 知识延伸

制备中药水丸时为何要加酒或醋

1. 常用黄酒（含醇量 12%～15%）和白酒（含醇量 50%～70%）作赋形剂，也可用相当浓度的药用乙醇代替。酒穿透力强，有活血通络、引药上行及降低药物寒性的作用，故舒筋活血类的处方常以酒作赋形剂泛丸。由于酒润湿药粉产生的黏性比水弱，当以水为润湿剂致黏性太强而泛丸困难时，常以酒代之。同时，酒属于极性溶剂，有利于生物碱、挥发油等的溶出，可提高疗效。此外，酒还具有防腐作用，可防止药物在泛制过程中霉变。

2. 药用米醋，含醋酸 3%～5%，散瘀活血，消肿止痛。入肝经散瘀止痛的处方制水丸常以醋做赋形剂。醋可使生物碱变成盐，利于碱性成分的溶解，可增强疗效。

（2）蜜丸：用蜂蜜作黏合剂制成，应用最广。适用于慢性、虚弱性疾病。根据丸粒大小和制法不同，蜜丸又有大蜜丸、小蜜丸之分，大蜜丸（每丸重量在 0.5g 及以上）丸粒较大，如银翘解毒丸、六味地黄丸等。

（3）水蜜丸：以蜜水为黏合剂，通常丸粒较小，尤宜于气候较湿润的地区生产和应用，如大补阴丸等。

（4）糊丸：用米糊或面糊为赋型剂。糊丸服后崩解迟缓，可延长药效和减少药物对胃肠的刺激，适用于制备含有毒剧或刺激性较大的药物（如巴豆、马钱子、生半夏、木鳖子、丹药等）的丸剂。嚼化和供磨汁服的丸剂也宜制成糊丸。糊丸因为黏性较大，崩解度难以掌握，制备保管不善时易霉败，故较少应用。

（5）蜡丸：用蜂蜡为黏合剂制成。蜡丸在体内药物释放极为缓慢，药效发挥时间较长，可防止药物中毒和对胃肠产生刺激。凡处方中含有较多毒剧或刺激性强的药物，并需在肠道溶散释放的，均宜制成蜡丸。蜡丸制作较困难，采用不多。

（6）浓缩丸：又称粉膏剂，是将部分或全部药物提取液经浓缩制成清膏或浸膏，再同其余药物细粉或辅料混合，以水、酒或部分药液作黏合剂制成。浓缩丸保持了丸剂特点，又缩小了用药体积，较易溶散吸收，是有发展前景的一种丸剂。

（7）微丸：微丸系指直径小于 2.5mm 的各类球形或类球形的药剂。具有外形美观，流动性好；含药量大，服用剂量小；释药稳定、可靠、均匀；比表面积大，溶出快，生物利用度高等特点。

中药制剂中早就有微丸，如葛根芩连丸、喉症丸、牛黄消炎丸等制剂均具有微丸的基本特征。许多缓、控释胶囊如新康泰克等都是将微丸装入胶囊制备的新制剂，伤风感冒胶囊等普通制剂也开始采用微丸制剂技术。

 知识延伸

微丸的种类

1. 根据释药速率的不同，微丸可分为两种类型

① 速释微丸：在体内快速崩解、释放和溶出，一般在 3min 内释放药物不低于 70%，如硝苯地平速释微丸。

② 缓释微丸：可使药物按一定规律缓慢释放，在服用的间隔时间（12h 或 24h）内，累积释药百分率应高于 90%，如异丁斯特控释微丸等。

2. 根据处方组成和结构不同，微丸可分 3 种类型

① 骨架型微丸：由药物与骨架材料混合制成。包括凝胶、蜡质类和不溶性骨架微丸。

② 膜控型微丸：在含药微丸外包裹衣膜制得。包括胃溶型、肠溶型和缓控释微丸。

③ 膜控＋骨架型微丸：在骨架微丸基础上进一步包薄膜衣制成。

二、丸剂的制备

丸剂的制备方法主要包括泛制法、塑制法两种。

1. 泛制法

泛制法系指在转动的容器或机械中，将饮片细粉与赋形剂交替润湿、撒布，不断翻滚，逐渐增大的一种制丸方法。用于水丸、水蜜丸、糊丸、浓缩丸、微丸等小丸的制备。其一般工艺流程如图 12-1 所示。

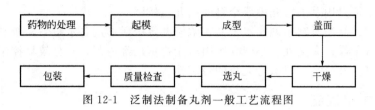

图 12-1 泛制法制备丸剂一般工艺流程图

（1）药物的处理：根据药物性质，采用适宜方法粉碎、过筛、混合制得药物细粉。除另有规定外，一般采用细粉，过 5～6 号筛，起模用粉或盖面包衣用粉过 6～7 号筛。部分药材可经提取药汁，适当浓缩后作为赋形剂使用。

（2）起模：系将药粉制成丸粒基本母核（直径 0.5～1mm 的丸粒）的操作过程。起模是泛丸成型的基础，是泛制法制备丸剂的关键工序。

（3）成型：系指将已经筛选均匀的丸模，逐渐加大至接近成品的操作。将模子置泛丸锅中，加水使模子湿润后，加入药粉旋转，使药粉均匀黏附于丸模上，再加水加粉，如此反复操作，直至制成所需大小的丸粒。

（4）盖面：将已经增大、筛选均匀的丸粒，用余粉或特制的盖面用粉等加大到粉料用尽的过程。其作用是使整批投产成型的丸粒大小均匀，色泽一致，并提高其圆整度和光洁度。

（5）干燥：泛制法制备丸剂时加入较多的润湿剂，且生产周期较长，为防止丸剂发霉变质，盖面后应及时进行干燥。一般丸剂应控制在 80℃ 以下干燥，含有芳香挥发性成分或遇热易分解成分的丸剂，干燥温度不宜超过 60℃。

（6）选丸：为保证丸粒圆整、大小均匀、剂量准确，丸粒干燥后，可用手摇筛、振动筛、滚筒筛、检丸器及连续成丸机组等筛选分离。

2. 塑制法

塑制法系指饮片细粉加适宜的黏合剂，混合均匀，制成软硬适宜、可塑性较大的丸块，再依次制丸条、分粒、搓圆而成丸粒的一种制丸方法。用于蜜丸、糊丸、浓缩丸、蜡丸等大丸的制备。其一般工艺流程如图 12-2 所示。

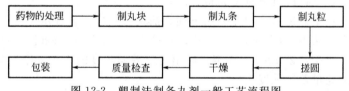

图 12-2 塑制法制备丸剂一般工艺流程图

（1）原料的准备：根据药物的性质，采用适宜方法制得药物细粉。

（2）制丸块（合坨）：取混合均匀的药物细粉，加入适量黏合剂或润湿剂，充分混匀后，制成温度适宜、软硬适宜、可塑性大的软材，即称之为丸块。大量生产采用捏合机，如图 12-3 所示，由金属槽和两组强力的 S 形桨叶构成。

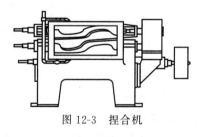

图 12-3 捏合机

（3）制丸条：将制好的丸块（黏合剂等充分润湿药粉）制成粗细适宜、表面光滑、内无空隙的条状物，称为丸条。

（4）制丸粒：将制好的丸条经过合适的切药刀进行分割、搓圆，制成大小均匀丸粒的过程，称为制丸粒。

（5）搓圆：可以用手工搓丸板或全自动制丸机搓圆。

（6）干燥：塑制法所制水丸、水蜜丸、浓缩丸等因赋形剂含水量高，所制丸粒中有较多水分，必须进行干燥。大蜜丸、小蜜丸等因所用蜂蜜已经炼制，水分较易控制，成丸后一般不进行干燥，可立即分装，以保持丸粒的滋润性。

三、丸剂的质量控制

（1）外观：丸剂外观应圆整均匀、色泽一致。大蜜丸和小蜜丸应细腻滋润，软硬适中。蜡丸表面应光滑无裂纹，丸内不得有蜡点和颗粒。

（2）水分：除另有规定外，蜜丸和浓缩蜜丸中所含水分不得超过 15.0%；水蜜丸、浓缩水蜜丸不得超过 12.0%；水丸、糊丸和浓缩水丸不得超过 9.0%。

（3）重量差异：按丸数服用的丸剂，照《中国药典》2020 年版四部重量差异法检查，应符合规定。

检查法：以 10 丸为 1 份（丸重 1.5g 及 1.5g 以上的以 1 丸为 1 份），取供试品 10 份，分别称定重量，再与每份标示重量（每丸标示量×称取丸数）相比（无标示重量的，与平均重量比较），按表 12-1 的规定，超出重量差异限度的不得多于 2 份，并不得有 1 份超出限度1 倍。

表 12-1　丸剂重量差异限度检查

标示重量（或平均重量）	重量差异限度	标示重量（或平均重量）	重量差异限度
0.05g 或 0.05g 以下	±12%	1.5g 以上至 3g	±8%
0.05g 以上至 0.1g	±11%	3g 以上至 6g	±7%
0.1g 以上至 0.3g	±10%	6g 以上至 9g	±6%
0.3g 以上至 1.5g	±9%	9g 以上	±5%

包糖衣的丸剂应在包衣前检查丸芯的重量差异，符合规定后，方可包糖衣，包糖衣后不再检查重量差异；其他包衣丸剂应在包衣后检查重量差异并符合规定；凡进行装量差异检查的单剂量包装丸剂，不再进行重量差异检查。

（4）装量差异：单剂量包装的丸剂照下述方法检查，应符合规定。

检查法：取供试品 10 袋（瓶），分别称定每袋（瓶）内容物的重量，每袋（瓶）装量与标示装量相比较，应符合表 12-2 的规定，超出装量差异限度的不得多于 2 袋（瓶），并不得有 1 袋（瓶）超出装量差异限度 1 倍。

表 12-2　丸剂装量差异限度

每份的平均重量	重量差异限度	每份的平均重量	重量差异限度
0.5g 及 0.5g 以下	±12%	3g 以上至 6g	±6%
0.5g 以上至 1g	±11%	6g 以上至 9g	±5%
1g 以上至 2g	±10%	9g 以上	±4%
2g 以上至 3g	±8%		

（5）装量：装量以重量标示的多剂量包装丸剂，照最低装量检查法（《中国药典》2020年版四部）检查，应符合规定。

（6）溶散时限：取供试品 6 丸，选择适当孔径筛网的吊篮，照《中国药典》2020 年版四部崩解时限检查法（通则 0921）片剂项下的方法加挡板进行检查。除另有规定外，小蜜丸、水蜜丸和水丸应在 1h 内全部溶散；浓缩丸和糊丸应在 2h 内全部溶散。

蜡丸照《中国药典》2020 年版四部崩解时限检查法（通则 0921）项下的肠溶衣片检查

法检查，应符合规定。大蜜丸不检查溶散时限。

（7）微生物限度：微生物计数法（通则1105）和控制菌检查法（通则1106）及非无菌药品微生物限度标准（通则1107）检查，应符合规定。

四、丸剂的包装与贮藏

丸剂性质不同，包装材料和包装方法亦不同。小丸常用玻璃瓶、塑料瓶、瓷瓶等包装；大蜜丸、小蜜丸、浓缩丸多用纸盒、蜡壳、塑料小圆盒、铝塑泡罩等材料包装。生产中多采用机械化包装，用铝塑大泡罩热封机封口，材料为医用PVC泡罩盒与医用铝箔，整个过程约需80s。

用蜡壳包装丸剂，从唐代沿用至今。其优点是因蜡壳通透气差，可隔绝空气、水分、光线，防止丸剂吸潮、虫蛀、氧化，并防止有效成分挥发。因此，凡含芳香性药物或贵重药材的丸剂，均用蜡壳包装，确保丸剂在贮存期内不发霉、变质。

丸剂应密封贮藏，蜡丸应密封并置阴凉干燥处贮藏。

案例 12-2

如何判断丸药是否变质

小红近期口舌生疮，上火很严重，奶奶从储药箱里找到了存放很久但已经没有药盒的牛黄解毒丸，奶奶看了看外观，药丸的颜色依然是棕黄色，闻了闻气味也没有酸腐味，于是她觉得该药还能服用，于是就让小红服用了下去，但是过了四五个小时后，小红觉得不但病情没有好转，反而恶心、呕吐的感觉。

请思考并讨论：判断中药是否变质除了靠生产日期外，还有其他的方法吗？

五、制备举例

1. 七珍丸

【处方】　炒僵蚕160g　　　全蝎160g　　　人工麝香16g　　　朱砂80g
　　　　　雄黄80g　　　　　胆南星80g　　　天竺黄80g　　　　巴豆霜80g
　　　　　寒食曲160g

【制法】　以上9味，除人工麝香、巴豆霜外，雄黄、朱砂分别水飞成极细粉；其余僵蚕等5味粉碎成细粉。将人工麝香研细，与上述粉末（取出适量朱砂作包衣用）配研，过筛，混匀，用水泛丸，低温干燥，用朱砂粉末包衣，即得。

【附注】　①采用泛制法制备；②具有定惊豁痰，消积通便之功效；③用于小儿急惊风，身热、昏睡、气粗，痰涎壅盛，停乳停食，大便秘结。

2. 牛黄解毒丸

【处方】　牛黄2.5g　　　　雄黄25g　　　　石膏100g　　　　大黄100g
　　　　　黄芩75g　　　　　桔梗50g　　　　冰片12.5g　　　　甘草2.5g

【制法】　以上8味，除牛黄、冰片外，雄黄水飞成极细粉；其余石膏等5味粉碎成细粉；将牛黄、冰片研细，与上述细粉配研，过筛，混匀。每100g粉末加炼蜜100～110g制成大蜜丸，即得。

【附注】　①用塑制法制备；②用于火热内盛，咽喉、牙龈肿痛，口舌生疮，目赤肿痛；③处方中牛黄、冰片、雄黄需单独粉碎为极细粉，与其他细粉配研，药粉黏性适中，故用炼蜜制丸；④处方中有冰片，和药时炼蜜温度不宜过高。

第二节　滴丸剂

一、概述

　　滴丸剂系指固体或液体药物与适宜的基质加热熔融后溶解、乳化或混悬于基质中，再滴入不相混溶、互不作用的冷凝液中，由于表面张力的作用使液滴收缩成球状而制成的制剂。

　　滴丸剂在我国属于发展较快的一种剂型，主要有如下特点。

　　（1）发挥药效迅速，滴丸剂采用固体分散技术，使药物高度分散在基质中，当基质易溶时，药物生物利用度高，可制成高效、速效制剂。

　　（2）药物以分子状态、胶态微晶或亚稳态微粒等高能态形式高度分散在基质中，易于溶出，提高药物溶出速率。如速效救心丸、复方丹参滴丸。

　　（3）增加药物的稳定性，药物包埋在基质中，减少了氧化和挥发的机会。若基质为非水性，还可避免药物水解。舒胸片中川芎挥发油制成滴丸后减少了挥发油散失，提高了药物疗效。

　　（4）降低药物的毒副作用，如吲哚美辛制成滴丸，增加溶解度，提高吸收，减少剂量，从而达到减少对胃肠道刺激性的目的。

　　（5）设备简单、操作方便、重量差异较小、工艺周期短、生产率高、车间无粉尘，利于劳动保护。

　　（6）根据临床需要可制成内服、外用、缓释、控释或局部治疗等多种类型的滴丸剂。特别对于难溶性或生物利用度低的药物，在制备缓控释制剂时可考虑滴丸剂型，可在控制药物释放的同时增加生物利用度。

课堂互动

比较滴丸与胶丸

　　从概念、剂型归属、结构组成、配方、生产工艺等角度比较和讨论这两种剂型的异同之处，并通过查阅药典概括目前临床常用的滴丸和胶丸制剂品种及其用途。

二、滴丸剂的制备

（一）滴丸剂基质的选择

滴丸剂的基质是药物的载体与赋形剂。它与滴丸的形成、溶散时限、溶出度、稳定性、药物含量等有密切关系。

（1）基质要求：应具有良好的化学惰性，性质稳定，不与主药发生化学反应，也不影响主药疗效及主药检测，对人体无害且熔点较低，在 60～100℃ 温度下能熔化成液体，遇冷却液又能立即凝固，并在室温下保持固体状态。

（2）常用基质

① 水溶性基质：有聚乙二醇类（PEG）、泊洛沙姆、硬脂酸聚烃氧（40）酯、明胶等。

② 非水溶性基质：有硬脂酸、单硬脂酸甘油酯、氢化植物油、十八醇（硬脂醇）、十六醇（鲸蜡醇）等。

（二）滴丸剂冷凝液的选择

用于冷却滴出的液滴，使之冷凝成固体丸剂的液体称为冷凝液。在实际应用中，根据基质的性质选择冷凝液。

（1）冷凝液选择的条件：安全无害，与主药和基质不相混溶，不起化学反应，有适宜的相对密度和黏度，可使液滴在冷凝液中缓缓下沉或上浮，有足够时间进行冷凝。此外，还要有适宜的表面张力，保证在滴制过程中能顺利成型。

（2）冷凝液分类：一类是水溶性冷凝液，常用水或不同浓度的乙醇，适于非水溶性基质的滴丸；另一类是非水溶性冷凝液，常用液状石蜡、二甲基硅油、植物油等，适于水溶性基质的滴丸。

（三）滴丸剂的制备

1. 滴丸剂的制备原理

滴丸剂的制备原理是基于固体分散法，利用一种水溶性的固体载体将难溶性药物分散成分子、胶体或微晶状态，然后再制成一定剂型。采用此法制备滴丸剂的具体操作是选择亲水性基质或水不溶性基质，加热熔融后加入药物，搅拌使全溶、混悬或乳化，在保温下滴入与之不相混溶的冷却剂中，控制一定速度，使其固化成圆整的球形。

 知识延伸

药物分散在基质中的状态

1. 固体药物分散在基质中的状态

① 形成固体溶液。固体溶液是固体溶剂（基质）溶解固体溶质（药物）而成。其中药物颗粒被分散至分子或胶体粒子大小，有的呈均匀透明体，故称玻璃液。

② 形成微细晶粒。某些难溶性药物与水溶性基质熔成溶液，骤冷条件下冷却时，基质黏滞度迅速增大，药物来不及集聚成完整晶体，只能以胶态或微细状晶体析出。

③ 晶型药物在制成滴丸过程中，通过熔融、骤冷等处理，常可形成亚稳定型结晶或无定型粉末，因而可增大药物溶解度。

2. 液体药物分散在基质中的状态

① 使液体固化即形成固态凝胶。

② 形成固态乳胶剂。在熔融基质中加入不溶性液体药物，再加入乳化剂，制得均匀乳剂，冷凝成丸后，液体药物即形成细滴，分散在固体滴丸中。

③ 由基质吸收容纳液体药物。如聚乙二醇 6000 可容纳 5%～10% 的液体。对于剂量较小、难溶于水的药物，可选用适当溶剂，溶解后加入基质中，滴制成丸。

2. 滴丸剂的制备

滴丸采用滴制法制备，是将主药溶解、混悬或乳化在适宜的已熔融的基质中，保持恒定的温度（80～100℃），经过一定大小管径的滴头等速滴入冷凝液中，凝固形成的丸粒徐徐沉于器底，或浮于冷凝液的表面，取出，洗去冷凝液，干燥，即成滴丸。其工艺流程如图 12-4 所示。

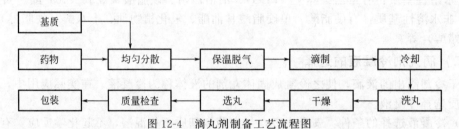

图 12-4　滴丸剂制备工艺流程图

（1）物料准备：称取符合处方要求的药物和基质，根据处方要求对药物进行必要处理，如中药饮片的炮制，选择适宜方法进行提取、精制，得到提取物。

（2）均匀分散：将选择好的基质加热熔化，将药物溶解、混悬或乳化在已熔融的基质中，混匀制成药液。

（3）保温脱气：药液保持恒定的温度（80～90℃）脱气，便于滴制。

（4）滴制：滴制前选择适当的冷凝液，调节好冷凝温度、药液温度、滴头速度，将药液滴入冷凝液中，冷却凝固的丸粒徐徐沉于底部，或浮于冷凝液表面。

滴丸的生产设备称为滴丸机，滴丸机主要由滴管系统（滴头和定量控制器）、恒温系统（带加热恒温装置的贮液槽）、冷凝系统（控制冷凝液温度的冷凝柱）及收集系统（滴丸收集器）等部分组成。实验室用滴丸装置如图 12-5 所示。

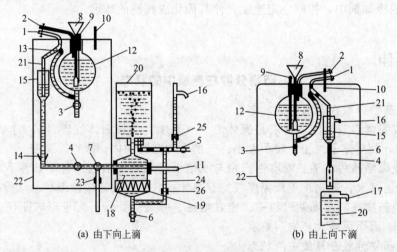

(a) 由下向上滴　　　　　　　　(b) 由上向下滴

图 12-5　滴丸装置示意图

1～7—玻璃旋塞；8—加料斗；9,10—温度计；11—导电温度计；12—贮液瓶；13,14—启口连接；15—滴瓶；16,17—溢出口；18—保温瓶；19—环形电炉；20—冷却柱；21—虹吸管；22—恒温箱；23～25—橡皮管连接；26—橡皮管夹

（5）洗丸、干燥：从冷凝液中捞出丸粒，拣去废丸，先用纱布擦去冷凝液，然后用适宜的溶液搓洗除去冷凝液，用冷风吹干后，在室温下晾 4h 即可。

（6）选丸：用适宜的药筛筛选均匀一致的丸粒，过小或过大的畸形丸应分离出来适当处理。

（7）质量检查：按《中国药典》2020 年版要求进行重量差异、溶散时限等项目质量检查。

（8）包装：制成的滴丸剂经质量检查合格后进行包装，包装时要注意温度的影响，包装要严密，并贮存于阴凉处。

三、滴丸剂的质量控制

（1）外观：滴丸应大小均匀，色泽一致，表面的冷凝液应除去。

（2）重量差异：取供试品 20 丸，精密称定总重量，求得平均丸重后，再分别精密称定每丸的重量。每丸重量与标示丸重相比较（无标示丸重的，与平均丸重比较），按表 12-3 中的规定，超出重量差异限度的不得多于 2 丸，并不得有 1 丸超出限度 1 倍。

表 12-3　滴丸剂装量差异限度

标示丸重或平均丸重	重量差异限度
0.03g 及 0.03g 以下	±15%
0.03g 以上至 0.1g	±12%
0.1g 以上至 0.3g	±10%
0.3g 以上	±7.5%

（3）溶散时限：同丸剂。

四、滴丸剂举例

冠心苏合滴丸

【处方】　苏合香 10g　　　冰片 21g　　　乳香（制）21g
　　　　　檀香 42g　　　　青木香 42g

【制法】　以上 5 味，除苏合香、冰片外，其余乳香等 3 味提取挥发油，药渣用 80% 乙醇加热回流提取 2 次，每次 2h，滤过，滤液回收乙醇至无醇味，减压浓缩至相对密度为 1.25～1.30 的稠膏，干燥，粉碎成细粉，加入苏合香、冰片及聚乙二醇基质适量，加热至熔化，再加入乳香等挥发油，混匀，制成滴丸，即得。

【附注】　①理气宽胸，止痛，用于心绞痛，胸闷憋气；②乳香、檀香、青木香提取挥发油后，用 80% 乙醇提取药渣，能保证有效成分提取完全；③为了使滴丸的重量差异符合规定，制备时应注意保持恒温，控制好滴速和冷凝液温度；④聚乙二醇为水溶性基质，应使用脂溶性冷凝液，如液体石蜡。

📝　**本章小结**

1. 丸剂系指饮片细粉或提取物，加适宜的黏合剂或其他辅料制成的球形或类球形固体制剂。

2. 丸剂按赋形剂可分为水丸、蜜丸、水蜜丸、糊丸、蜡丸，《中国药典》2020 年版一部还收载有浓缩丸、微丸。丸剂制备方法有泛制法和塑制法两种。

3. 丸剂的质量控制项目包括外观、水分、重量差异、装量差异、装量、溶散时限、微生物限度。

4.滴丸剂系指固体或液体药物与基质加热熔化混匀后，滴入不相混溶的冷凝液中，收缩冷凝而制成的小丸状制剂。

5.滴丸剂的制备方法为滴制法，其制备过程为药物与基质熔化、滴制、冷却、干燥、选丸等。

6.滴丸剂的质量检查项目有外观、重量差异、溶散时限、微生物限度等。

学习目标检测

一、名词解释

1.丸剂

2.滴丸剂

3.泛制法

二、填空题

1.根据赋形剂种类不同丸剂可分为水丸、_____、水蜜丸、_____、蜡丸，《中国药典》2020年版一部中还收载有_____、_____。

2.常用的盖面方法有：_____、_____、_____。

3.滴丸剂常用的基质包括：_____、_____。

三、A型题（单项选择题）

1.泛制法制备水丸的工艺流程为

A.原料的准备→起模→泛制成型→盖面→干燥→选丸→包衣→打光

B.原料的准备→起模→泛制成型→盖面→选丸→干燥→包衣→打光

C.原料的准备→起模→泛制成型→干燥→盖面→选丸→包衣→打光

D.原料的准备→起模→泛制成型→干燥→选丸→盖面→包衣→打光

E.原料的准备→起模→泛制成型→干燥→包衣→选丸→盖面→打光

2.关于湿法制粒起模法特点，叙述错误的是

A.所得丸模较紧密　　　　　B.所得丸模较均匀　　　　　C.丸模成型率高

D.该法是先制粒再经旋转摩擦去其棱角而得

E.该法起模速度快

3.关于蜜丸的叙述错误的是

A.是以炼蜜为黏合剂制成的丸剂　　B.大蜜丸是指重量在6g以上者

C.一般用于慢性病的治疗　　　　　D.一般用塑制法制备

E.易长菌

4.塑制法制备蜜丸的关键工序是

A.物料的准备　　　B.制丸块　　　C.制丸条　　　D.分粒　　　E.干燥

5.含有毒性及刺激性强的药物宜制成

A.水丸　　　　　B.蜜丸　　　　　C.水蜜丸　　　　D.浓缩丸　　　E.蜡丸

6.关于滴丸特点，叙述错误的是

A.滴丸载药量小　　　　　　　　B.滴丸可使液体药物固体化

C.滴丸剂量准确　　　　　　　　D.滴丸均为速效剂型

E.劳动保护好

四、B型题（配伍选择题）

【1、2题】　A.水丸　　B.蜜丸　　C.浓缩丸　　D.蜜丸＋浓缩丸　　E.水丸＋浓缩丸

1.可以采用塑制法制备的丸剂是

2.可以采用泛制法制备的丸剂是

【3～5题】　A.水丸　　B.蜜丸　　C.水蜜丸　　D.糊丸　　E.蜡丸

3.以炼蜜为辅料用于制备

4.以药汁为辅料用于制备

5.以糯米糊为辅料用于制备

五、X型题（多项选择题）

1.可以用做制备丸剂辅料的有

A.水　　　　　　B.酒　　　　　　C.蜂蜜　　　　D.药汁　　　　E.面糊

2.关于起模的叙述正确的有

A.起模是指将药粉制成直径0.5～1mm的小丸粒的过程

B.起模是水丸制备最关键的工序

C.起模常用水作润湿剂

D.为便于起模，药粉的黏性可以稍大一些

E.起模用粉应过5号筛

3.关于微丸的叙述，正确的有

A.直径小于2.5mm的各类球形小丸

B.胃肠道分布面积大，吸收完全，生物利用度高

C.释药规律具有重现性

D.我国古时就有"六神丸""牛黄消炎丸"等微丸

E.微丸是一类缓、控释制剂

4.关于滴丸冷却剂的要求，叙述正确的为

A.冷却剂不与主药相混合

B.冷却剂与药物间不应发生化学变化

C.液滴与冷却剂之间的黏附力要大于液滴的内聚力

D.冷却剂的相对密度应大于液滴的相对密度

E.冷却剂的相对密度应小于液滴的相对密度

5.滴丸基质应具备的条件有

A.熔点较低或加热（60～100℃）下能熔成液体，而遇骤冷又能凝固

B.在室温下保持固态　　　　　　　C.要有适当的黏度

D.对人体无毒副作用　　　　　　　E.不与主药发生作用，不影响主药的疗效

六、简答题

1.简述滴丸剂的制备工艺流程。

2.简述丸剂干燥的注意事项。

第四部分

其他类药物制剂

第十三章

栓剂

第一节 概 述

一、栓剂的定义

栓剂系指提取物或饮片细粉与适宜基质制成供腔道给药的固体制剂。栓剂在常温下为固体，纳入人体腔道后，在体温作用下能够迅速软化、熔化或溶化，并与分泌液混合，逐渐释放药物而产生局部或全身作用。一般情况下，对胃肠道有刺激性，在胃中不稳定或有明显首过效应的药物，可考虑制成直肠给药的栓剂。

知识延伸

栓剂的发展

栓剂是一种古老的剂型，亦称"坐药"或塞剂，在东汉张仲景的《伤寒论》中就有栓剂应用的记载。

国外则在公元 16 世纪始有记载，当时仅以发挥局部疗效为目的。1852 年发现可可豆脂做栓剂基质的特点后，欧洲开始研究以直肠为给药途径的栓剂，并得到普遍应用。

发展至今，栓剂在剂型研究、制剂生产中已占有重要位置。

二、栓剂的分类

1. 根据给药部位不同

栓剂可分为肛门栓、阴道栓、尿道栓、喉道栓、耳用栓和鼻用栓等，常用的是肛门栓和阴道栓，其他的目前极少应用。

（1）肛门栓：形状有鱼雷形、圆锥形、圆柱形等，其中鱼雷形较常用，此形状的栓剂塞入肛门后，由于括约肌的收缩容易压入直肠内。

（2）阴道栓：形状有鸭嘴形、球形、卵形等，其中鸭嘴形较适宜，因相同质量的栓剂，鸭嘴形表面积较大。

2. 新型栓剂

包括双层栓、中空栓、微囊栓、泡腾栓等。

（1）双层栓：双层栓的内外层一般含有不同药物，可以避免药物发生可能的配伍禁忌；有的双层栓剂分上下两层，分别用脂溶性基质和水溶性基质达到速释和缓释的效果；也有将上半部分用空白基质填充，以阻止药物经直肠上静脉吸收，提高生物利用度。

（2）中空栓：中空栓剂的外壳为空白或含药基质，中空部分填充固体或液体药物。中空栓剂可以避免配伍禁忌，也可加速药物的释放。如图 13-1 所示。

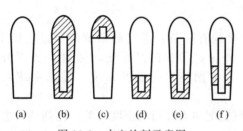

图 13-1　中空栓剂示意图

（a）普通栓剂；（b）中空栓剂；（c）～（f）控释型中空栓剂

（3）微囊栓剂：将药物先制成微囊后再与基质混合制成的栓剂。微囊栓剂具有血药浓度稳定、维持时间长的特点。

（4）泡腾栓剂：在栓剂中加入发泡剂，使用时产生泡腾作用，加速药物的释放，并有利于药物分布渗入黏膜皱襞，尤其适于制备阴道栓。

三、栓剂的作用与特点

栓剂因为给药后的吸收途径不同，可在腔道内起局部作用，或由腔道吸收至血液起全身作用。

（1）局部作用：可在腔道起润滑、抗菌、杀虫、止痛、止痒等局部作用。

（2）全身作用：经腔道吸收入血后可发挥全身作用。与口服给药不同的是：①药物不受酶和胃肠道 pH 值的破坏而失去活性；②避免药物对胃黏膜的刺激性；③直肠吸收的大部分药物不受肝脏首过作用的破坏，同时可降低肝毒性；④直肠吸收比口服影响因素少。

栓剂用法简便，剂量准确，适用于不能或者不愿口服给药的患者，尤其适宜于婴儿和儿童用药；也是伴有呕吐患者治疗的有效途径之一。但栓剂也有一些缺点，如吸收不稳定，应用时不如口服制剂方便等。

四、栓剂的质量要求

栓剂在生产与贮存期间均应符合《中国药典》2020 年版的有关规定。

（1）除另有规定外，供制栓剂用的固体药物，应预先用适宜方法制成细粉。根据使用腔道和使用目的的不同，制成各种适宜的形状。

（2）栓剂中的药物与基质应混合均匀，栓剂外形要完整光滑；塞入腔道后应无刺激性，应有适宜的硬度，以免在包装或贮存时变形。

（3）栓剂所用内包装材料应无毒性，并不得与药物或基质发生理化反应，除另有规定外，应在 30℃以下密闭保存，防止因受热、受潮而变形、发霉、变质。

（4）栓剂的融变时限、栓剂重量差异限度应符合药典有关规定。

课堂互动

吲哚美辛是一种非甾体抗炎类药物，该药的剂型丰富，但口服药对患者有副作用，会产生黑便现象，于是更多的人会选择栓剂。

请问：吲哚美辛栓剂的优点是什么？ 为什么口服吲哚美辛会产生黑便现象呢？

五、栓剂的吸收途径

栓剂在直肠内的吸收途径有三条：①门肝系统，通过直肠上静脉，经门静脉进入肝脏，经肝脏代谢后进入大静脉；②非门肝系统，通过直肠下静脉和肛门静脉，绕过肝脏，进入下腔大静脉，进入大循环；③淋巴系统，淋巴系统对直肠药物的吸收与血液同样重要。

在直肠内的吸收途径与栓剂纳入肛门的深度有关。栓剂纳入愈靠近直肠下部，栓剂中药物吸收时不经过肝脏的量就越多。当栓剂距肛门 2cm 时，给药总量的 $50\%\sim70\%$ 不经过肝脏；当栓剂距肛门 6cm 时，在此部位吸收的药物，大部分要经过直肠上静脉进入门肝系统，药物会受肝首过作用影响。

由于阴道附近的血管几乎都与血液大循环相连，所以阴道用栓剂给药后，药物的吸收不经肝脏，且吸收速度较快。

 知识延伸

影响栓剂吸收的因素

影响栓剂中药物直肠吸收的主要因素有以下几个方面。

（1）吸收途径：同种药物，由于纳入肛门的深度不同，会由不同的吸收途径吸收，导致栓剂中药物的吸收速率和程度存在差异。

（2）生理因素：直肠中有内容物存在时，会影响药物扩散及药物与直肠吸收表面的接触，所以充有内容物的直肠比空直肠对药物的吸收少。栓剂在直肠中的保留时间也影响栓剂的吸收，保留时间越长，吸收越趋完全。另外，腹泻、组织脱水及结肠梗死等均能影响药物从直肠部位吸收的速度和程度。

（3）药物因素：药物的溶解性、溶解度与解离度及粒径大小等均会影响药物的直肠吸收。因为直肠黏膜为类脂膜，所以，脂溶性药物及非解离型的药物较解离型药物在直肠内更容易吸收，水溶性药物吸收亦较好。

（4）基质因素：栓剂纳入腔道后，药物需从基质中释放出来，再分散或溶解于分泌液中，最后被吸收利用。药物从基质中释放得快，则局部浓度大而作用强；否则，作用缓慢而持久。如果水溶性药物分散在油脂性基质中，脂溶性药物分散在水溶性基质中，药物能很快释放于分泌液中，故吸收较快。

第二节　栓剂的基质

栓剂主要由药物和基质组成，也需酌情加入少量附加剂。基质不仅有助于栓剂成型，而且对剂型特性和药物释放、吸收均有重要影响。优良的栓剂基质需要具备以下条件。

① 在室温下具有一定硬度，塞入腔道时不变形或碎裂，在体温下易软化、熔化或溶化（即"三化"）。

② 具有湿润或乳化能力，能混入较多的水。

③ 与药物混合后不发生相互作用，也不妨碍主药作用与含量测定。

④ 对黏膜无刺激性和毒性，无过敏性。

⑤ 性质稳定，贮藏中应不发生理化性质的变化，不易发霉变质等。

⑥ 适用于热熔法及冷压法制备栓剂。

栓剂基质可分为油脂性基质和水溶性基质。

一、油脂性基质

1. 可可豆脂

可可豆脂在常温下为黄白色固体，嗅味佳，可塑性好，性质稳定。熔程为 29～34℃，加热至 25℃ 时即开始软化，在体温下能迅速熔化，对黏膜无刺激性，是较好的栓剂基质。加入 <10% 的羊毛脂能增加其可塑性。樟脑、薄荷脑、苯酚和水合氯醛等药物会使可可豆脂熔点降低，可加入适量蜂蜡、鲸蜡提高熔点。

可可豆脂的缺点是熔点低，抗热性能差，成本高，国内生产少，使其应用受限。

2. 半合成脂肪酸甘油酯类

是目前较理想的一类栓剂基质，已基本取代了天然油脂。其化学组成是 12～18 碳饱和混合脂肪酸甘油酯。这类基质具有不同的熔点，可按不同的药物要求来选择。抗热性能较好，乳化水分的能力较强，可以制备乳剂型基质；所含不饱和基团少，碘值和过氧化值很低，贮存稳定，不易酸败。国内已有半合成椰油酯、半合成山苍子油酯、半合成棕榈油酯等用于栓剂的制备。

（1）半合成椰油酯：乳白色块状物，熔点 29～34℃，有油脂臭，吸水能力小于 20%，其刺激性小，抗热能力较强。

（2）半合成山苍子油酯：三种混合脂肪酸酯单酯比例不同，成品熔点也不同，规格有 34 型、36 型、38 型、40 型等。其中以 38 型（37～39℃）最常用。

（3）半合成棕榈油脂：乳白色固体，熔点介于 33.2～39.8℃，对腔道黏膜的刺激性小，抗热能力强，酸价和碘价低，化学性质稳定。

二、水溶性基质

1. 甘油明胶

甘油明胶系用明胶、甘油与水制成，有弹性，不易折断，在体温下不熔融，但塞入腔道后可缓慢溶于分泌液中，延长药物的疗效。药物的溶出速度可随水、明胶、甘油三者的比例不同而改变。甘油与水的含量越高越易溶解，水分过多则成品变软，甘油能防止栓剂干燥。甘油明胶栓在干燥环境中会失水，高湿条件下可吸水，易于滋生霉菌等微生物，故需加入防腐剂。本品常作阴道栓基质，不适于鞣酸、重金属盐等药物，因为明胶为蛋白质的水解产物，有配伍禁忌。

2. 聚乙二醇（PEG）类

PEG 遇体温不熔化，但能缓缓溶于直肠液中，对直肠黏膜有一定刺激性，加入 20% 以上的水可降低其刺激性；也可在纳入腔道前先用水润湿，或在栓剂表面涂一层鲸蜡醇或硬脂醇薄膜，以缓解刺激性。本品的优点是制成的栓剂夏天亦不软化，无需冷藏；缺点是易吸湿受潮变形。痔疮患者使用后，可从肠黏膜吸收水分，对直肠黏膜有刺激作用。本基质不能与银盐、鞣酸、奎宁、水杨酸、阿司匹林等配伍。例如，高浓度的水杨酸能使 PEG 软化为软膏状，乙酰水杨酸能与 PEG 生成复合物。常以两种或两种以上不同平均分子量的 PEG 组合加热熔融，以获得理想硬度的栓剂基质，如 PEG-1000 与 PEG-4000 比例为 96∶4 时释药较快，若比例改为 75∶25 时则释药缓慢。

3. 非离子表面活性剂类

（1）聚氧乙烯（40）单硬脂酸酯类：商品代号"S-40"，呈白色或淡黄色，无臭或稍具脂肪味的蜡状固体，熔程 39～45℃，可用作肛门栓和阴道栓，溶于水、乙醇和丙二醇等，不溶于液体石蜡。本品还可与 PEG 混合应用，制得性质稳定、崩解释放性能较好的栓剂。

（2）泊洛沙姆：商品名为普朗尼克，有多种型号，随聚合度增大呈现液态、半固态和蜡状固体。溶于水，能促进药物释放。常用型号为 188 型，熔点 52℃。

栓剂中除药物和基质外，根据药物性质及医疗需要，还可适当加入一些附加剂，如表面活性剂、抗氧剂、防腐剂、乳化剂、着色剂等。

第三节　栓剂的制备

一、处方设计

1. 药物处理及加入方法

栓剂中药物与基质应有适宜比例，其加入方法主要有以下几种。

（1）不溶性药物：应粉碎成细粉或最细粉，能全部通过 6 号筛，与基质混匀。

（2）脂溶性药物：挥发油或冰片等可直接溶解于已熔化的油脂性基质中，若药物用量大而使基质的熔点降低或使栓剂过软，可加适量蜂蜡、鲸蜡调节硬度；或以适量乙醇溶解后加入水溶性基质中；或加乳化剂乳化分散于水溶性基质中。

（3）水溶性药物：可直接与已熔化的水溶性基质混匀；或加少量水用适量羊毛脂吸收后，与油脂性基质混匀；或将提取浓缩液制成干浸膏粉，直接与已熔化的油脂性基质混匀。

2. 基质用量的计算

栓剂基质的用量可以根据置换价（DV）进行计算。置换价是指药物的重量与同体积基质重量之比。不同栓剂的处方，用同一模具所制得的栓剂体积是相同的，但其重量则随基质与药物密度的不同而变化。根据置换价可以对药物置换基质的重量进行计算。

置换价的测定：取基质适量，用熔融法制成不含药物的栓剂若干枚，准确称定，求出每枚不含药的空白栓（基质）的重量为 G，再精密称取适量药物与基质，用热熔法制备含药栓若干枚，并求出每枚含药栓重量为 M，每枚含药栓中的主药重量为 W，那么 $M-W$ 即为含药栓中基质的重量，而 $G-(M-W)$ 即为纯基质栓与含药栓中基质重量之差，亦即为与药物同体积（被药物置换）的基质重量。置换价（DV）的计算公式为：

11. 栓剂置换价

$$DV = \frac{W}{G-(M-W)} \tag{13-1}$$

式中，W 为每粒栓中的主药重量；G 为纯基质的空白栓重量；M 为含药栓重量。已求出置换价，则制备每粒栓剂所需基质的理论用量（X）为：

$$X = G - \frac{W}{DV} \tag{13-2}$$

式中，X 为每粒栓剂所需基质的理论用量；G 为纯基质的空白栓重量；W 为每粒栓中的主药重量；DV 为置换价。

例1：某含药栓 10 枚重 20g，空白栓 5 枚重 9g，计算此药物对此基质的置换价。（已知此含药栓含药量为 20%）

$$DV = \frac{W}{G-(M-W)} = \frac{0.4}{1.8-(2-0.4)} = 2.0$$

故该药物对此基质的置换价为 2.0。

例2：制备鞣酸栓 50 粒，每粒含鞣酸 0.2g，用可可豆脂为基质，空白基质栓重为 2.0g，求需基质多少克？已知鞣酸对可可豆脂的置换价为 1.6。

$$m = \left(G-\frac{W}{DV}\right) \times n = \left(2-\frac{0.2}{1.6}\right) \times 50 = 93.75(g)$$

所需基质的重量为 93.75g。

 疑难解析

如何巧妙理解置换价

置换价是栓剂一章的重点也是难点。

每一枚栓剂所应该含有的药物重量是确定的，国家食品药品监督管理总局批准的栓剂批准文号和注册标准上已明确标注，不能多也不能少，多了会有可能产生副作用，少了达不到疗效浓度。这一点是理解置换价的前提。

无论是手工还是大生产制备栓剂，在投料之前必须先准确计算。既然每枚栓剂中药物含量是确定的，那么每枚栓剂中除了药物之外的辅料，包括基质、抗氧剂、防腐剂、着色剂等是不是也是确定无疑的参数？不是。因为辅料的来源不同、种类不同、密度不同、比例不同、栓模的型号不同，需要添加的基质的量是不同的，要通过实验和计算得来，这个计算过程必须通过置换价才可以实现。

置换价（DV）的原始含义是同体积的药物与基质的重量之比，也可以理解为药物与基质的密度之比。$DV = W_{药物}/W_{基质} = \rho_{药物}/\rho_{基质}$

为什么置换价的概念里必须要有"同体积"的要求呢？假设每枚栓剂中规定药物含量是 W；将空白的栓剂基质（不含药）灌注到栓模中，切平后，假设单枚栓重是 G，如图 13-2(a) 所示；再假设已经加入了药物，将药物和基质的混合物灌注到栓模中，切平后，测得单枚栓重是 M，如图 13-2(b) 所示。显然，投料前我们需要知晓的是每一枚栓剂中应加入基质的重量是（M-W），但 $G \neq (M-W)$！为方便理解，我们简化栓剂中的药物存在方式：栓剂中的药物应该是均匀分布的，假设药物不是均匀分布，而是集中于栓剂中部外表面的某一块部位，如图 13-2(c) 所示，此部位占据一定体积，除了此部位之外的栓剂都由纯粹的基质占据，这部分基质的重量就是我们要求的（M-W）。那么如果将这一块抠掉，如图 13-2(d) 所示，补上同体积的基质，其所得重量应正好等于 G，所以要计算（M-W），需要用 G 减去补上的这一块与药物体积相同的基质的重量，即：（M-W）= G-（W/DV）。

(a) 空白栓　(b) 含药栓　(c) 假设药物集中　(d) 补足基质

图 13-2　栓剂置换价示意图

3. 附加剂的选用

栓剂制备时可根据需要选择使用附加剂，其类型有如下几种。

（1）吸收促进剂：如氮酮、吐温-80等。

（2）吸收阻滞剂：如海藻酸、羟丙基甲基纤维素等。

（3）增塑剂：少量吐温-80、脂肪酸甘油酯、蓖麻油等。

（4）抗氧剂：如没食子酸、鞣酸、抗坏血酸等药物具有抗氧化作用，可提高栓剂的稳定性。

二、栓剂的制备

栓剂的制备方法有搓捏法、冷压法和热熔法三种，目前生产中以热熔法应用最为广泛，而搓捏法只用于临时搓制。用油脂性基质可采用任何一种方法，水溶性基质多采用热熔法。

1. 搓捏法

此法适用于油脂性基质栓剂的少量制备。

2. 冷压法

取药物置适宜容器内，加等量的基质混合均匀后，再加剩余的基质混匀，制成团块，冷却后，再制成粉末状或粒状，然后装填于制栓机内，通过模型压成一定的形状。此法适用于油脂性基质栓剂的大量生产。

3. 热熔法

热熔法制备栓剂的操作流程如下。

（1）熔化基质：一般采用水浴加热的方法熔化，为了避免过热，一般在基质熔融达2/3时即停止加热，适当搅拌，利用余热将剩余基质熔化。

（2）加入药物：按药物的性质以不同方法将药物加入接近凝固点的基质中。若加入不溶性固体药物，应一直搅拌，避免下沉。

（3）栓模处理：常用栓模如图13-3所示，为使栓剂成型后易于取出，在熔融物注入前，应先在模具内表面涂润滑剂。常用润滑剂有两类：①脂肪性基质的栓剂常用软肥皂、甘油各1份，与95%乙醇5份制成醇溶液；②水溶性基质栓剂则用液体石蜡或植物油等油性润滑剂。有的基质如可可豆脂不粘模，可不用润滑剂。

（4）注模：待熔融的混合物降温至40℃左右，或由澄清变浑浊时，倾入栓模中，注意要一次完成，以免发生液层凝固而断层，倾入时应稍溢出模口，以确保凝固时栓剂的完整。

（5）冷却脱模：注模后可将模具于室温或冰箱中冷却，待完全凝固后，削去溢出部分，然后打开模具，推出栓剂，晾干，包装，即得。

图13-4所示为栓剂大生产采用的全自动栓剂灌装机，能自动完成栓剂的制壳、灌注、冷却成型、封口、打批号等全部工序。产量为16000～22000粒/小时。

图13-3　栓模外观

图13-4　全自动栓剂灌装机

三、栓剂举例

1. 吲哚美辛栓

【处方】 吲哚美辛 1.0g　　　半合成脂肪酸酯适量　　　共制肛门栓 10 粒

【制法】 称取处方量半合成脂肪酸酯在 60℃水浴上熔化，另取吲哚美辛过 80 目筛网，加入熔融的基质中，搅拌均匀，使称均匀的混悬液，浇模，冷却后刮去多余基质，脱模，即得。

【附注】 ①半合成脂肪酸酯性质稳定、熔化迅速，故选作基质；②吲哚美辛不溶于基质，制备时要先粉碎后加入，在混合和浇模的过程中要注意搅拌。

2. 雷公藤双层栓

【处方】 空白层：PEG-10000 4.28g　　　PEG-4000 4.248g　　　甘油 2.04mL
　　　　　含药层：PEG-10000 4.248g　　　PEG-4000 4.248g　　　甘油 2.04mL
　　　　　雷公藤提取物物 0.960g

【制法】 先将空白层基质熔化，按每孔 0.5g 注模，待冷凝后再将含药层基质预热注模，冷凝后取出，即得成品。

【附注】 雷公藤双层栓前端为空白层，当空白层基质融化后，形成的液态基质屏障层可有效地阻止后端所释药物向上扩散，避免了相当一部分药物由上静脉经门肝系统吸收，而绕过肝脏，进入大循环，可提高生物利用度，减少毒副作用。

第四节　栓剂的质量控制及包装贮存

一、质量控制

1. 重量差异

取供试品 10 粒，精密称定总重量，求得平均粒重后，再分别精密称定各粒重量。每粒重量与平均粒重相比较（有标示粒重的中药栓剂，每粒重量应与标示粒重比较），超出限度的粒数不得多于 1 粒，并不得超出限度 1 倍。重量差异限度应符合表 13-1 中的规定。

表 13-1　栓剂重量差异限度

平均重量	重量差异限度
1g 以下或 1g	±10%
1g 以上至 3g	±7.5%
3g 以上	±5%

凡规定检查含量均匀度的栓剂，一般不再进行重量差异检查。

2. 融变时限

除另有规定外，照融变时限检查法（通则 0922）检查，应符合规定。

3. 微生物限度

除另有规定外，照非无菌产品微生物限度检查，微生物计数法（通则 1105）和控制菌检查（通则 1106）及非无菌药品微生物限度标准检查（通则 1107），应符合规定。

二、包装贮存

1. 栓剂的包装

栓剂包装形式多样，常将栓剂逐个嵌入无毒塑料硬片的凹槽中，再将另一张配对的硬片盖上，然后热合。亦有将栓剂制成后置于小纸盒内，内衬蜡纸，并进行间隔，以免接触粘连，或栓剂分别用蜡纸或锡箔包裹后放于纸盒内，注意免受挤压。大生产用栓剂包装机，将栓剂直接密封在玻璃纸或塑料泡眼中。

2. 栓剂的贮存

除另有规定外，栓剂应在30℃以下密闭保存，防止因受热、受潮而变形、发霉和变质等。油脂性基质的栓剂最好在冰箱0℃中保存；甘油明胶类水溶性基质还要避免干燥失水、变硬或收缩，所以应密闭、低温贮存。

案例 13-1

克霉唑栓处方分析

【处方】 克霉唑 150g　　　PEG-400 1200g　　　共制 1000 粒

【制法】 取克霉唑粉研细，过6号筛，备用。另取 PEG-400 和 PEG-4000 置于水浴上加热熔化，加入克霉唑细粉，搅拌至溶解，迅速倾入阴道栓模内，至稍微溢出模口，冷却后削平，脱模，即得。

讨论：1. 克霉唑是治疗什么疾病的药物？

2. 克霉唑栓发挥局部作用还是全身作用？

本章小结

1. 栓剂系指提取物或饮片细粉与适宜基质制成供腔道给药的固体制剂。

2. 栓剂根据应用部位的不同可分为肛门栓、阴道栓、尿道栓、喉道栓、耳用栓和鼻用栓等；新型栓剂包括双层栓、中空栓、微囊栓、泡腾栓等。

3. 栓剂可发挥局部或全身治疗作用，使用简便，剂量准确，适用于不能或者不愿口服给药的患者。

4. 栓剂的基质包括油脂性基质和水溶性基质。

5. 栓剂的制备方法有搓捏法、冷压法和热熔法三种。

6. 栓剂的质量检查项目包括：重量差异、融变时限、微生物限度。

7. 栓剂包应在30℃以下密闭保存，防止因受热、受潮而变形、发霉等。

学习目标检测

一、名词解释

1. 栓剂
2. 置换价

二、填空题

1. 栓剂常温下为_____态，进入腔道后能迅速_____、_____或_____，逐渐释放药物。

2. 栓剂基质可分为_____与_____两种。

3. 在栓剂处方中，常根据不同目的需加入_____、_____或_____等添加剂。

三、A 型题（单项选择题）

1. 下列不是对栓剂基质的要求是
A. 在室温下保持一定的硬度
B. 不影响主药的作用
C. 不影响主药的含量测定
D. 有黏性具有延展与涂布性
E. 熔点和凝固点近

2. 鞣酸制成栓剂不宜选用的基质为
A. 可可豆脂
B. 半合成椰子油酯
C. 甘油明胶
D. 半合成山苍子油酯
E. 混合脂肪酸甘油酯

3. 鞣酸栓剂，每粒含鞣酸 0.2g，空白栓重 2g，已知鞣酸置换价为 1.6，则制备 1000 粒鞣酸栓剂所需可可豆脂理论用量为
A. 1355g
B. 1475g
C. 1700g
D. 1875g
E. 2000g

4. 全身作用的栓剂在直肠中最佳的用药部位在
A. 接近直肠上静脉
B. 应距肛门口 2cm 处
C. 接近直肠下静脉
D. 接近直肠上、中、下静脉
E. 接近肛门括约肌

5. 制备栓剂时，选用润滑剂的原则是
A. 任何基质都可采用水溶性润滑剂
B. 水溶性基质采用水溶性润滑剂
C. 油溶性基质采用水溶性润滑剂，水溶性基质采用油脂性润滑剂
D. 无需用润滑剂
E. 油脂性基质采用油脂性润滑剂

6. 下列有关置换价的正确表述是
A. 药物的重量与基质重量的比值
B. 药物的体积与基质体积的比值
C. 药物的重量与同体积基质重量的比值
D. 药物的重量与基质体积的比值
E. 药物的体积与基质重量的比值

四、B 型题（配伍选择题）

【1～4】 A. 半合成脂肪酸甘油酯　　B. 羊毛脂　　　C. 硬脂酸
　　　　 D. 卡波姆　　　　　　　E. 泊洛沙姆
1. 栓剂油溶性基质为
2. 栓剂水溶性基质为
3. 软膏剂油脂性基质为
4. 软膏剂水溶性基质为

五、X 型题（多项选择题）

1. 栓剂的特点有
A. 常温下为固体，纳入腔道迅速熔融或溶解
B. 可产生局部和全身治疗作用
C. 不受胃肠道 pH 值或酶的破坏
D. 不受肝脏首过效应的影响
E. 可适用于不能或者不愿口服给药的患者

2. 栓剂中油溶性药物的加入方法有

A. 直接加入熔化的油脂性基质中　　　　B. 以适量乙醇溶解加入水溶性基质中

C. 加乳化剂　　　　　　　　　　　　　D. 若用量过大，可加适量蜂蜡、鲸蜡调节

E. 用适量羊毛脂混合后，再与基质混匀

3. 栓剂的主要吸收途径有

A. 直肠下静脉和肛门静脉→肝脏→大循环

B. 直肠上静脉→门静脉→肝脏→大循环

C. 直肠淋巴系统

D. 直肠上静脉→髂内静脉→大循环

E. 直肠下静脉和肛门静脉→下腔静脉→大循环

4. 下列可作为栓剂的基质有

A. 羧甲基纤维素　　　　　B. 石蜡　　　　　　　　C. 可可豆脂

D. 聚乙二醇类　　　　　　E. 半合成脂肪酸甘油酯类

六、简答题

1. 栓剂发挥全身作用有哪些特点？

2. 栓剂的制备方法有哪几种？

第十四章　膏型制剂

第一节　软膏剂

一、概述

1. 软膏剂的概念

软膏剂系指原料药物与油脂性或水溶性基质混合制成的均匀的半固体外用制剂。因原料药物在基质中分散状态不同，分为溶液型软膏剂和混悬型软膏剂。溶液型软膏剂为原料药物溶解（或共熔）于基质或基质组分中制成的软膏剂；混悬型软剂膏为原料药物细粉均匀分散于基质中制成的软膏剂。

软膏剂一般由药物、基质和附加剂组成，基质在软膏剂中主要作赋形剂，有时对药物的药效会产生影响；附加剂主要起增加药物和基质稳定性、保证或促进药效的作用。

2. 软膏剂的特点

（1）软膏剂具有热敏性和触变性，热敏性反映在遇热熔化而流动，触变性反映在施加外力时黏度降低，静止时黏度升高，不利于流动，这些性质可以使软膏剂能在长时间内紧贴、黏附或铺展在用药部位。

（2）软膏剂具有保护、润滑和局部治疗作用，如消肿止痛、收敛皮肤等，多用于慢性皮肤病，禁用于急性皮肤疾病。少数软膏中的药物经皮吸收后，也可以起到全身治疗作用。如硝酸甘油软膏用于治疗心绞痛。

3. 软膏剂的质量要求

优良的软膏剂应具备如下要求：①应均匀、细腻，有适当的黏稠性，容易涂布在皮肤或黏膜上，黏稠度随季节变化应很小；②涂于皮肤或黏膜上应无刺激性、过敏性等不良反应；③无酸败、异臭、变色、变硬、油水分离和胀气现象，必要时可加入适量防腐剂或抗氧剂；④用于创面的软膏应无菌。

二、软膏剂的基质

软膏剂主要由药物、基质及附加剂三部分组成。基质作为软膏剂的赋形剂和药物载体，其质量直接影响软膏剂的质量及药物的释放和吸收。因此，软膏剂基质应具备以下质量要求：①具有适当稠度、润滑性、无刺激性；②性质稳定，可与多种药物配伍，不发生配伍禁忌；③不妨碍皮肤的正常功能，有利于药物的释放与吸收；④有良好的吸水性，能吸收伤口分泌液；⑤易于清洗，不污染衣物。

在实际应用中，没有一种基质能完全符合上述质量要求。一般可根据所制备的软膏剂要求，将基质混合使用或添加适宜附加剂等方法获得理想基质。常用的基质有油脂性基质、水溶性基质两类。

1. 油脂性基质

特点是润滑性好，无刺激性，保护及软化皮肤的作用较强，能与较多药物配伍而不发生配伍禁忌。除羊毛脂外，吸水性较差，药物的释放穿透能力较弱，油腻性大，不易用水洗除。该类基质包括油脂类、脂质类、烃类等。主要适用于遇水不稳定的药物软膏的制备。适用于烧伤、脱痂、湿疹、皮炎以及冬季皮肤含水量减少后呈现的干燥、落屑、皲裂等皮肤病，有多量渗出液的皮肤疾患不宜选用。

（1）油脂类：系指从动物或植物中提取，其化学组成为高级脂肪酸甘油酯及其混合物。因含有不饱和双键结构，在贮存中受温度、光线、空气等影响而易氧化酸败，生成物有刺激性。不及烃类基质稳定，可加抗氧剂和防腐剂改善。

常用种类有4种。①动物油：常用豚脂（猪油），熔点36～42℃，因含少量胆固醇，故可吸收约15％的水；应用时为防止酸败，可加入1％～2％苯甲酸等，并且常需加其他基质调节其稠度。②植物油：常用麻油、棉子油、花生油等，常温下多为液体，常与熔点较高的蜡类调制成稠度适宜的基质，可作为乳剂基质的油相，中药油膏也常用麻油与蜂蜡熔和为基质。③氢化植物油：主要是将花生油、棉子油等植物油氢化而成的饱和或部分饱和的脂肪酸甘油酯；不完全氢化的植物油呈半固体状态，较植物油稳定，但仍能被氧化而酸败；完全氢化的植物油呈蜡状固体，比原植物油稳定，其熔点较高。④单软膏：以花生油（或棉子油）670g与蜂蜡330g加热熔和而成。

（2）脂质类：系高级脂肪酸与高级醇化合而成的酯类，其物理性质与油脂类相似，但化学性质比油脂稳定，由于具有一定的表面活性而有吸水性能，常与油脂类基质合用。

常用种类有2种。①羊毛脂：又称无水羊毛脂，系羊毛上附着的一种蜡状物，为淡黄色或棕黄色黏稠半固体，熔点36～42℃，无毒，对皮肤和黏膜无刺激性，含胆固醇及其酯，有良好的吸水性，一般可吸水150％、甘油140％及70％的乙醇40％，特别适合于含有水的软膏。为使用方便，常吸收30％的水分以改善黏稠度。由于羊毛脂的组成与皮脂分泌物相近，有利于药物的透皮吸收。因其黏性太大，不宜单独使用，常与凡士林合用，也可改善凡士林的吸水性和穿透性。②蜂蜡：又称黄蜡，系蜜蜂的自然分泌物。由蜂房提取，为黄色或淡棕色块状，主要成分为棕榈酸蜂蜡醇酯，熔点62～67℃，不易酸败，无毒，对皮肤、黏膜无刺激性。常用于调节软膏稠度，可作为油膏基质、乳膏剂增稠剂和油包水型乳膏稳定剂。

（3）烃类：系从石油中分馏得到的烃的混合物，多属于饱和烃。不易酸败，无刺激性，性质稳定，很少与主药发生作用，适用于保护性软膏，因能和多数脂肪油与挥发油互溶，也常用在乳膏中作油相。

常用种类有2种。①凡士林：系多种烃的半固体混合物，呈软膏状物，有黄、白2种，后者由前者漂白而成，熔点38～60℃，有适宜的黏稠性和涂展性。与石蜡相比，凡士林更柔软，是理想的软膏剂基质。本品油腻性大而吸水性较低，故单独使用不适于有多量渗出液的伤患处。②石蜡与液状石蜡：系多种烃的混合物，石蜡为固体，液状石蜡为液体，无毒，无刺激性，主要用于调节软膏稠度。

（4）硅酮类：系不同分子量的聚二甲基硅氧烷的总称，简称硅油。为白色或淡黄色油状液体，无毒，对皮肤无刺激性，润滑而易于涂布，不妨碍皮肤正常功能，不污染衣物，在使用温度范围内黏度变化很小，为理想的疏水性基质。本品对眼睛有刺激性，不宜用做眼膏基质。

2. 水溶性基质

水溶性基质是由天然或合成高分子水溶性物质制成，因不含油溶性成分，又称无脂性。其特点是无油腻性，易洗除，能与水性液体（包括分泌物）混合，一般药物自基质中释放较快。但润滑性差，易霉败，水分易蒸发，常需加入保湿剂与防腐剂。常用的水溶性基质有聚乙二醇（PEG）类、纤维素类等。适用于亚急性皮炎、湿疹等慢性皮肤病。

（1）聚乙二醇类：本品对人体无毒性，无刺激性，化学性质稳定，不易酸败和发霉；吸湿性好，可吸收分泌液，易洗除。本品与苯甲酸、鞣酸、苯酚等混合可使基质过度软化；可降低酚类防腐剂的防腐能力；长期使用可致皮肤干燥。不宜用于制备遇水不稳定的药物软膏。分子量在300～6000较为常用。常用的有PEG-1500与PEG-300等量的融合物及PEG-4000与PEG-400等量的融合物。

（2）纤维素衍生物：常用甲基纤维素（MC）、羧甲基纤维素钠（CMC-Na）等。MC能与冷水形成复合物而胶溶。CMC-Na在冷、热水中均溶解，浓度较高时呈凝胶状。

（3）卡波姆（Cb）：系丙烯酸与丙烯基蔗糖交联的高分子聚合物，又称聚丙烯酸。因黏度不同有多种规格。以它作基质做成的软膏涂用舒适，尤适于脂溢性皮炎的治疗，还具有透皮促进作用。

（4）其他：主要有海藻酸钠、甘油明胶等。甘油明胶系甘油与明胶溶液混合制成（甘油10%～20%，明胶1%～3%，水70%～80%）。本品温热后易涂布，涂后能形成一层保护膜。由于本身有弹性，使用较舒适。

三、附加剂

软膏剂中根据需要常加入适宜的附加剂来改善其性能、增加稳定性或改善药物透皮吸收，常用的附加剂有抗氧剂、抑菌剂、保湿剂、增稠剂和皮肤渗透促进剂等。

（1）抗氧剂：为防止软膏剂在贮藏过程中因氧化而变质，故常加入抗氧剂。常用的抗氧剂有维生素E、没食子酸烷酯、EDTA、酒石酸和枸橼酸等。

（2）抑菌剂：软膏剂的基质中通常含水性、油性物质，甚至蛋白质，这些基质易受细菌和真菌的侵袭，微生物的滋生不仅可以污染制剂，而且有潜在毒性。因此，为保证制剂中不含致病菌（如假单胞菌、金黄色葡萄球菌、大肠杆菌等），需加入一定浓度的抑菌剂。常用的抑菌剂见表14-1。

表14-1 软膏剂中常用的抑菌剂

种类	举例	种类	举例
酸	山梨酸、苯甲酸	醛、醚	桂皮醛、茴香醚
醇	三氯叔丁醇、苯甲醇	有机汞类	硫柳汞、醋酸苯汞
酚	氯甲酚、苯酚	季铵盐	苯扎氯（溴）铵
酯	尼泊金甲、丙、丁酯	其他	氯己定碘

（3）保湿剂：一般是具有强吸湿性的物质，其与水强力结合而达到阻止水分蒸发的效果，常用的有甘油、丙二醇、山梨醇等。

（4）增稠剂：可提高软膏剂黏度和稠度，是改善稳定性和流变形态的一类物质。常用的有月桂醇、硬脂醇、亚油酸、亚麻酸、月桂酸、硬脂酸、纤维素及其衍生物、海藻酸及其盐、黄蓍胶等。

（5）皮肤渗透促进剂：在外用软膏剂中加入皮肤渗透促进剂可明显增加药物的释放、渗透和吸收。

四、软膏剂的制备

制备软膏剂应根据药物与基质的性质、制备量及设备条件选择不同的方法。一般来说，溶液型或混悬型软膏剂多采用研和法和熔和法。

1. 制备方法

（1）研和法：将药物细粉用少量基质研匀或用适宜液体研磨成细糊状，再加其余基质研匀的制备方法。少量制备时，常用软膏刀在陶瓷或玻璃软膏板上调制。大量生产时，用机械研和法，如电动研钵、三滚筒软膏研磨机（如图14-1所示）等。

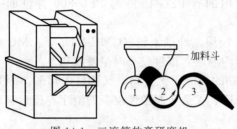

图 14-1　三滚筒软膏研磨机

（2）熔和法：将基质先加热熔化，再将药物分次逐渐加入，边加边搅拌，直至冷凝的制备方法。当软膏中基质的熔点不同，在常温下不能均匀混合，或主药可溶于基质，或药材需用基质加热浸取有效成分时，可采用此法。

操作时，应注意熔点较高的基质如蜂蜡、石蜡等，应先加热熔化，熔点较低的凡士林、羊毛脂等应后加，必要时可趁热用纱布滤过；再将处理好的药物加入适宜温度的基质溶液中搅拌至冷凝，以防药粉下沉，凝固后停止搅拌以免搅入空气而影响质量。目前，常用三滚筒软膏研磨机达到一定细度，使其均匀，无颗粒感。

2. 药物加入方法

（1）药物不溶于基质或基质中的任何组分时，必须将药物粉碎至细粉。若用研磨法，配制时取药粉先与适量液体组分，如液状石蜡、植物油、甘油等研匀成糊状，再与其余基质混匀。

（2）药物能溶于基质时，可在加热时溶入；挥发性药物应于基质冷至40℃左右再加入。

（3）某些在处方中含量较少的可溶性药物或防腐剂等，可先用少量适宜的溶剂溶解，再与基质混匀。如生物碱盐类，选用适量纯化水溶解，再用羊毛脂或其他吸水性基质吸收水溶液后与基质混匀。

（4）具有特殊性质的药物，如半固体黏稠性药物（如鱼石脂或煤焦油），可直接与基质混合，必要时先与少量羊毛脂或聚山梨酯类混合，再与凡士林等油性基质混合。若药物有共熔性组分（如樟脑、薄荷脑）时，可先共熔再与基质混合。

案例 14-1

硝酸甘油软膏剂

【处方】　10%硝酸甘油2mL　　　液体石蜡8g　　　白凡士林80g　　　羊毛脂10g

请思考并讨论：

1. 分析处方中各药物的作用和制备工艺流程，说明操作中的注意事项。
2. 分析其适应症。

五、软膏剂的质量控制

按照《中国药典》2020年版对软膏剂质量检查的有关规定，除特殊规定外，软膏剂应进行粒度、装量、微生物和无菌等项目检查。

（1）粒度：除另有规定外，混悬型软膏剂应取适量的供试品，涂成薄层，薄层面积相当于盖玻片面积，共涂3片，照粒度测定法（通则0982）检查，均不得检出大于$180\mu m$的粒子。

（2）装量：照最低装量检查法（通则0942）检查，应符合规定。

（3）微生物限度：除另有规定外，照非无菌产品微生物限度检查，微生物计数法（通则1105）和控制菌检查（通则1106）及非无菌药品微生物限度标准（通则1107）检查，应符合规定。

（4）无菌：用于烧伤及严重创伤的软膏剂与乳膏剂，照无菌检查法（通则1101）检查，应符合规定。

六、包装与贮存

1. 包装

常用的包装材料有金属盒、塑料盒等，大量生产时多采用锡、铝或塑料制的软膏管，使用方便，密封性好，不易污染。塑料管质地轻，性质稳定，弹性大而不易破裂，但对气体及水分有一定通透性，且不耐热，易老化。软膏剂的包装容器不能与药物发生理化反应，若锡管与软膏成分起作用时，可在锡管内涂一层蜂蜡与凡士林（6∶4）的融合物隔离。

2. 软膏剂的贮存

除另有规定外，软膏剂应遮光密闭贮存，乳膏剂应遮光密封，置25℃以下贮存，不得冷冻。贮存中不得有酸败、异臭、变色、变硬现象，乳膏剂不得有油水分离及胀气现象，以免影响制剂的均匀性及疗效。

七、制备举例

1. 复方苯甲酸软膏

【处方】 苯甲酸120g　　水杨酸60g　　液体石蜡100g　　石蜡适量
　　　　　羊毛脂100g　　凡士林加至1000g

【制法】 取苯甲酸、水杨酸细粉（过100目筛），加液体石蜡研成糊状；另将羊毛脂、凡士林、石蜡加热熔化，经细布滤过，温度降至50℃以下时加入上述药物，搅匀并至冷凝。

【附注】 ①本品用熔和法制备，处方中石蜡的用量根据气温而定，以使软膏有适宜稠度；②苯甲酸、水杨酸在过热基质中易挥发，冷却后会析出粗大的药物结晶，因此配制温度宜控制在50℃以下。

2. 含聚乙二醇类水溶性基质软膏

【处方】 聚乙二醇4000 350g　　聚乙二醇400 650g

【制法】 将聚乙二醇混合后，在水浴上加热至70℃，搅拌均匀，冷凝即得。

【附注】 聚乙二醇4000为蜡状固体，聚乙二醇400为黏稠液体，两种成分用不同比例混合可调节软膏稠度。

第二节　乳膏剂

一、乳膏剂的定义

乳膏剂系指原料药物溶解或分散于乳状液型基质中形成的均匀半固体制剂。

二、乳膏剂的基质

乳剂型基质是由水相、油相与乳化剂在一定的温度下乳化而成的半固体基质，由油相、水相、乳化剂、保湿剂、防腐剂等组成，可分为油包水型（W/O）与水包油型（O/W）两类。

乳剂型基质对皮肤的正常功能影响较小，对油、水均有一定的亲和力，药物的释放、穿透性较好，能吸收创面渗出液，适用于脂溢性皮炎、皮肤开裂、疱疹、瘙痒等；忌用于糜烂、溃疡、水疱及化脓性创面。遇水不稳定的药物不宜选用。

常用的乳剂基质有以下几类。

1. 水包油型乳剂基质

外观形态似雪花膏状，与水混合，可用水或药物水溶液稀释后使用。易洗涤，不污染衣物，能吸收渗出液。贮存过程易发生霉变；当外相失水后，其结构易被破坏，使软膏变硬，常需加入保湿剂如甘油、丙二醇或山梨醇和适量防腐剂。润滑性较差，久用易粘于创面。用于有大量渗出液的糜烂疮面时，其所吸收的分泌物可重新进入皮肤（称反向吸收）而使炎症恶化，故应根据临床适应症灵活选用。常用水包油型乳化剂有一价皂类、高级脂肪醇硫酸酯、吐温类等。

以月桂醇硫酸钠为乳化剂制成的基质

【处方】 硬脂酸 250g　　白凡士林 250g　　丙二醇 120g　　月桂醇硫酸钠 10g

尼泊金甲酯 0.25g　尼泊金丙酯 0.15g　　纯化水 70g

【制法】 取硬脂酸和白凡士林在 75℃左右熔化，将丙二醇、月桂醇硫酸钠、尼泊金甲酯、尼泊金丙酯溶于纯化水中，加热至 75℃左右，边搅拌边加入到已熔化的同温油相中，继续搅拌至冷凝，即得。

【附注】 处方中的乳化剂是月桂醇硫酸钠，硬脂酸与白凡士林为油相，丙二醇作为保湿剂，尼泊金甲酯与尼泊金丙酯为防腐剂。可加入适量 W/O 型辅助乳化剂如高级醇、硬脂酸甘油酯等，以保证基质的稳定性。使用月桂醇硫酸钠为乳化剂的 pH 值范围为 4～8，以 pH6～7 为最佳。

2. 油包水型乳剂基质

又称冷霜或乳膏，外观形态似油膏状。涂展性能好，能吸收少量水分，不能与水混合。不易清洗，常用作润肤剂，应用较少。常用乳化剂为多价皂（如镁皂、钙皂）、非离子表面活性剂司盘类、蜂蜡、胆固醇、硬脂醇等。

 知识延伸

鉴别化妆品油包水与水包油

有的护肤品在包装上会注明剂型，如果没有标注，也可以从名称上辨别。多数带有"膏"、"霜"字样的，为"油包水"的产品，而带有"露"、"乳"字样的，一般为"水包油"的产品。"油包水"更有利于锁水保湿，适合干燥的秋冬季节使用。

三、乳膏剂的制备

将油溶性组分混合加热熔融，另将水溶性组分加热至与油相温度相近时（约 80℃），两液混合，边加边搅拌，待乳化完全，直至冷凝。适用于乳膏的制备。

乳化法中水、油两相的混合有 3 种方法。

（1）分散相加到连续相中，适合于含小体积分散相的乳膏剂。

（2）连续相加到分散相中，适用于多数乳膏剂制备。在混合过程中引起乳剂的转型，从而产生更为细小的分散相粒子。如制备 O/W 型乳剂基质中，水相在搅拌下缓缓加到油相内，开始时水相的浓度低于油相，形成 W/O 型乳剂，当更多水加入时，乳剂黏度继续增加，直至 W/O 型乳剂水相的体积扩大到最大限度，超过此限，乳剂黏度降低，发生转型而成 O/W 型乳剂，使内相（油相）得以更细地分散。操作时应注意：搅拌时尽量防止混入空气，否则会使成品中有气泡，这样不仅使容积增大，而且导致在贮藏中分离、变质。

（3）两相同时加入，不分先后，适用于连续或大批量生产。常用设备为真空乳匀机及输送泵、连续混合装置等相应设备。将油相混合物的组分放入带搅拌的反应罐中进行熔融，混合加热至80℃左右，通过200目筛过滤；将水相组分溶解在纯化水中，加热至80℃，过滤；固体物料可直接加入配制罐内，也可加入水相或油相后再加入配制罐。在乳膏制备过程中，两相温度、混合时间及搅拌、匀化操作都是关键步骤，如采用自动控制设备，相应参数都能自动控制。产品混合物内应尽量避免混入空气，因为空气可导致乳膏不稳定，产品密度有差异，造成分剂量包装时装量差异不合格。避免空气混入的方法有：①加料时避免物料飞溅；②加入液体时应将入口置于液面以下；③调整混合参数和液体流动模式时应注意避免产生涡流。

案例 14-2

醋酸氟轻松乳膏

【处方】 醋酸氟轻松 0.25g　　　甘油 50g　　　　羊毛脂 20g　　　　羟苯乙酯 1g
　　　　　三乙醇胺 20g　　　　　硬脂酸 150g　　　白凡士林 250g　　纯化水加至 1000g

【制法】 ①将醋酸氟轻松研细后过 6 号筛，备用；②取三乙醇胺、甘油、羟苯乙酯溶于水，加热至 70～80℃ 使其溶解为水相；③另取硬脂酸、羊毛脂和白凡士林加热至熔化为油相，并保持在 70～80℃；④在相同温度下，将两相混合，搅拌至凝固呈膏状；⑤将已粉碎的醋酸氟轻松加入上述基质中，搅拌混合使分散均匀。

请思考并讨论：

1. 本品为 W/O 型乳剂型软膏还是 O/W 型乳剂型软膏？

2. 处方中白凡士林的作用是什么？

3. 处方中羟苯乙酯及甘油的作用是什么？

第三节　凝胶剂

一、概述

1. 定义及分类

凝胶剂系指原料药物与能形成凝胶的辅料制成的具凝胶特性的稠厚液体或半固体制剂。除另有规定外，凝胶剂限局部用于皮肤及体腔，如鼻腔、阴道和直肠。

按分散系统，可将凝胶剂分为单相凝胶和双相凝胶。

（1）单相凝胶：是由有机化合物形成的凝胶剂，又分为水性凝胶和油性凝胶。水性凝胶的基质一般由西黄蓍胶、明胶、淀粉、纤维素衍生物、卡波姆和海藻酸钠等加水、甘油或丙二醇等制成；油性凝胶的基质常由液状石蜡与聚氧乙烯或脂肪油与胶体硅或铝皂、锌皂构成。临床应用多以水性凝胶为基质的凝胶剂。

（2）双相凝胶：又称混悬型凝胶，是由小分子无机物胶体微粒以网状结构存在于液体中，具有触变性，属两相分散体系，如氢氧化铝凝胶剂。乳状液型凝胶剂又称乳胶剂，也属于双相凝胶。

2. 质量要求

凝胶剂应均匀、细腻，在常温时保持凝胶状，不干涸或液化；混悬型凝胶剂中胶粒应分散均匀，不应下沉结块，且在标签上应注明"用前摇匀"；凝胶剂基质不应与药物发生理化反应；凝胶剂中根据需要可加入保湿剂、防腐剂、抗氧剂、乳化剂、增稠剂和透皮吸收促进剂等附加剂。除另有规定外，凝胶剂应遮光密封，宜置于 25℃温度下贮存，并应防冻。

二、凝胶基质

凝胶基质分为水性凝胶基质和油性凝胶基质两类。大多数水性凝胶基质在水中溶胀形成水性凝胶而不溶解。此类基质的特点是不油腻，易涂布和清除，能吸收组织渗出液，不妨碍皮肤正常功能，黏滞度小，有利于药物释放。但润滑性较差，易失水和霉变，常需加入保湿剂和防腐剂。常用的凝胶基质如下所述。

（1）卡波姆：商品名为卡波普，属高分子聚合物，白色松散粉末，引湿性强，在水中能迅速溶胀，但不溶解。1%的水分散液呈酸性，pH 值约 3.11，黏度较低；当用碱中和时，随大分子不断溶解，黏度逐渐上升，在低浓度时形成澄明溶液，高浓度时形成半透明状凝胶，pH 值为 6~11 时黏度和稠度最大。本品无油腻感，润滑舒适，特别适宜于治疗脂溢性皮肤病的凝胶剂。卡波姆不能与电解质、碱土金属离子、阳离子聚合物等配伍，因为这些成分会使卡波姆降低或失去黏性。

（2）纤维素衍生物：一些纤维素衍生物在水中可溶胀或溶解为胶性物，调节适宜的稠度即可形成水溶性凝胶基质。常用品种有甲基纤维素（MC）和羧甲基纤维素钠（CMC-Na），两者常用浓度为 2%~6%。MC 在 pH2~12 时稳定，而 CMC-Na 在 pH<5 或 >10 时黏度显著降低。此类基质涂布于皮肤时有较强黏附性，较易失水，干燥而有不适感，易霉变，常需加入保湿剂（10%~15%甘油）、防腐剂（常用 0.2%~0.5%的羟苯乙酯）。CMC-Na 基质中不宜加硝酸苯汞或其他重金属盐作防腐剂，也不宜与阳离子型药物配伍，否则会与 CMC-Na 形成不溶性沉淀物，从而影响防腐效果或药效，对基质稠度也会有影响。

（3）海藻酸钠：为黄白色粉末，缓缓溶于水形成黏稠凝胶，常用浓度为 1%~10%。加入少量可溶性钙盐后，能使溶液变稠，但浓度高时会有沉淀。加入 30%的枸橼酸钙可形成稳定的水溶性凝胶基质。

三、水性凝胶剂的制备

将水溶性药物先溶于部分水或甘油中，必要时加热以加速溶解，其余处方成分按基质配制方法制成水性凝胶基质，再与药物溶液混匀，加水至全量搅匀即得。不溶于水的药物可先用少量水或甘油研细、分散后，再加入基质中混匀即得。

四、质量控制

（1）粒度：除另有规定外，混悬型凝胶剂取适量供试品，涂成薄层，薄层面积相当于盖玻片面积，共涂 3 片，照粒度测定法检查，均不得检出大于 $180\mu m$ 的粒子。

（2）装量：照最低装量检查法检查，应符合规定。

（3）微生物限度：除另有规定外，照非无菌产品微生物限度检查：微生物计数法（通则 0942）和控制菌检查（通则 1106）及非无菌药品微生物限度标准检查（通则 1107），应符合规定。

（4）无菌：除另有规定外，用于烧伤或严重创伤的凝胶剂，照无菌检查法检查（通则 1105），应符合规定。

五、制备举例

双氯芬酸钠凝胶

【处方】 双氯芬酸钠 1.0g   卡波姆 940 1.0g   无水乙醇适量
     三乙醇胺 1.8g   氮酮 2.0g   纯化水加至 100.0g

【制法】 ①将卡波姆 940 加入适当纯化水中，放置过夜，使充分溶胀；②将双氯芬酸钠溶于适量乙醇中；③将卡波姆 940 水溶液、氮酮混合均匀，研磨，搅拌下将双氯芬酸钠溶液加入到卡波姆 940 基质中；④慢慢滴加三乙醇胺调节 pH7，边加边搅拌使成凝胶，加纯化水至全量，搅匀，分装即得。

【附注】 ①本品用于缓解肌肉、软组织和关节的轻中度疼痛；②卡波姆 940 为凝胶基质，无水乙醇为溶剂，三乙醇胺为 pH 值调节剂，氮酮为吸收促进剂。

第四节 眼膏剂

一、概述

1. 定义

眼膏剂指药物与适宜基质均匀混合制成的专供眼用的灭菌软膏剂，与滴眼剂相比，具有疗效持久、能减轻眼睑对眼球的摩擦等特点。也可用于对水不稳定的药物，如某些抗生素不能制成滴眼剂的，可制成眼膏剂。眼用乳膏剂系指由原料药物与适宜基质均匀混合，制成乳膏状的无菌眼用半固体制剂。

2. 特点

(1) 眼膏基质无水、化学惰性，适用于配制遇水不稳定的药物，如抗生素。

(2) 与滴眼剂相比，在结膜囊内保留时间长。

(3) 能减轻眼睑对眼球的摩擦，有助于角膜损伤的愈合，常用于眼科术后用药。

(4) 缺点是有油腻感，视力模糊。

3. 质量要求

(1) 应均匀、细腻、易于涂布，无刺激性。

(2) 无微生物污染，成品不得检出金黄色葡萄球菌和绿脓杆菌。用于眼部手术或创伤的眼膏剂不得加入抑菌剂或抗氧剂。

(3) 眼膏剂所用原料药要求纯度高，且不得染菌。

(4) 除另有规定外，每个容器的装量应不超过 5g。

 生活常识

眼膏剂使用注意事项

1. 如果需要使用不止一种滴眼剂，两者之间至少需要间隔 5min。若同时应用眼液和眼膏，间隔时间应为 10~20min，先用滴眼剂，后用眼膏剂。

2. 水溶性和混悬性眼药合用时，先用水溶性的，后用混悬性的。

3. 滴眼液瓶口不能接触任何物体，以免污染瓶内药物。第一滴可弃去不用。

4. 眼用混悬剂和眼膏，需在室温密闭贮存，不能冷冻。部分滴眼剂要求冰箱冷藏，同时为保证药物的安全有效，滴眼液和眼膏开启后，一般最多只可使用 4 周时间。

二、眼膏剂的制备

眼膏剂常用基质是黄凡士林、液体石蜡和羊毛脂的混合物，其用量比例为 8：1：1。根据季节及气温不同可调节液体石蜡的用量，以调节软硬度。

制备方法与一般软膏剂基本相同，但需注意以下事项。

（1）眼膏剂的制备必须在无菌条件下进行，一般可在净化操作室或净化操作台中配制。

（2）所用基质、药物、器械与包装容器等均应严格灭菌，以避免污染微生物而致眼睛感染。配制用具经 70％乙醇擦洗，或用水洗净后再用干热灭菌法灭菌。

（3）包装用软膏管，洗净后用 70％乙醇或 12％苯酚溶液浸泡，应用时用纯化水冲洗干净，烘干即可。也可用紫外线灯照射灭菌。

（4）不溶性药物需粉碎过 9 号筛（极细粉）以减少对眼睛的刺激。

三、眼膏剂的质量检查

（1）金属性异物：除另有规定外，眼膏剂按照相应方法检查，应符合规定。

（2）装量差异：除另有规定外，单剂量包装的眼膏剂应符合规定。

（3）颗粒细度：取 3 个容器的半固体型供试品，将内容物全部挤于适宜的容器中，搅拌均匀，取适量（或相当于主药 $10\mu g$）置于载玻片上，涂成薄层，薄层面积相当于盖玻片面积，共涂 3 片；照粒度和粒度分布测定法（通则 0982 第一法）测定，每个涂片中大于 $50\mu m$ 的粒子不得过 2 个（含饮片原粉的除外），且不得检出大于 $90\mu m$ 的粒子。

（4）无菌：除另有规定外，照无菌检查法（通则 1101）检查，应符合规定。

四、制备举例

乙基吗啡眼膏

【处方】　乙基吗啡 0.1g　　　眼膏基质适量　　　共制 100g

【制法】　取乙基吗啡置于无菌乳钵中，加 10mL 注射用水溶解后，加入适量基质研磨吸收，再逐渐加入其余基质，研匀即得。

【附注】　本品可增加血流和淋巴循环，促进角膜混浊的吸收，用于实质性角膜炎及角膜混浊等。

本章小结

1.软膏剂系指原料药物与油脂性或水溶性基质混合制成的均匀的半固体外用制剂。常用基质有油脂性基质、水溶性基质两类。

2.软膏剂的制备方法多采用研和法和熔和法。

3.软膏剂应遮光密闭贮存，乳膏剂应遮光密封、25℃以下贮存，不得冷冻。

4.乳膏剂系指原料药溶解或分散于乳剂型基质中形成的均匀半固体制剂。

5.乳膏剂基质包括油包水型和水包油型两种。乳膏剂的制备方法是乳化法，即将油溶性组分、水溶性组分温度相近时（约 80℃）混合、搅拌、乳化、冷凝。

6.凝胶剂系指原料药与能形成凝胶的辅料制成的具凝胶特性的稠厚液体或半固体制剂。凝胶基质分为水性凝胶基质和油性凝胶基质两类。

7.眼膏剂指药物与适宜基质制成的专供眼用的灭菌软膏剂，

8.眼膏剂常用基质是黄凡士林、液体石蜡和羊毛脂的混合物。

一、名词解释

1. 软膏剂
2. 凝胶剂
3. 眼膏剂

二、填空题

1. 软膏剂常用的制备方法有_____、_____。
2. 乳剂型基质由_____、_____、_____组成，分为_____和_____两类。
3. 凝胶剂按基质的不同，可分为_____和_____两种。

三、A型题（单项选择题）

1. 下述不是水溶性软膏基质是
   A. 聚乙二醇　　　　　B. 甘油明胶　　　　　C. 纤维素衍生物（MC，CMC-Na）
   D. 羊毛醇　　　　　　E. 卡波普
2. 下列关于软膏基质的叙述，错误的是
   A. 液状石蜡主要用于调节软膏稠度　　　　　B. 水溶性基质释药快，无刺激性
   C. 水溶性基质由水溶性高分子物质加水组成，需加防腐剂，而不需加保湿剂
   D. 凡士林中加入羊毛脂可增加吸水性
   E. 硬脂醇是 W/O 型乳化剂，但常用在 O/W 型乳剂基质中
3. 凡士林基质中加入羊毛脂是为了
   A. 增加药物的溶解度　　　B. 防腐与抑菌　　　C. 增加药物的稳定性
   D. 减少基质的吸水性　　　E. 增加基质的吸水性
4. 下列是软膏水性凝胶基质的是
   A. 植物油　　　　　　B. 卡波普　　　　　C. 泊洛沙姆
   D. 凡士林　　　　　　E. 硬脂酸钠

四、B型题（配伍选择题）

【1～4】　A. 液状石蜡　　B. 司盘类　　　C. 羊毛脂
　　　　　D. 凡士林　　　E. 三乙醇胺皂
1. 单独用作软膏剂基质的油脂性基质为
2. 用于调剂软膏基质稠度的是
3. 用于 O/W 型乳剂型基质乳化剂的是
4. 用于 W/O 型乳剂型基质乳化剂的是

五、X型题（多项选择题）

1. 有关软膏剂基质的正确叙述有
   A. 软膏剂基质都应无菌　　　B. O/W 型乳剂基质应加入适当的防腐剂和保湿剂
   C. 乳剂型基质可分为 O/W 型和 W/O 型两种

D. 乳剂型基质由于存在表面活性剂，可促进药物与皮肤的接触

E. 凡士林是吸水型基质

2.软膏剂的制备方法有

A. 研和法 B. 熔和法 C. 分散法

D. 乳化法 E. 挤压成形法

3.下列属于软膏水溶性基质的是

A. 植物油 B. 甲基纤维素 C. 西黄蓍胶

D. 羧甲纤维素钠 E. 聚乙二醇

4.下列属于软膏水性凝胶基质的是

A. 羧甲纤维素钠 B. 卡波普 C. 泊洛沙姆

D. 羟丙纤维素 E. 硬脂酸钠

六、简答题

试分析下列软膏剂的处方并简述其制备过程。

【处方】 单硬脂酸甘油酯 120g 蜂蜡 50g 石蜡 25g

白凡士林 75g 液状石蜡 350g 油酸山梨坦 20g

聚山梨酯 80 10g 羟苯乙酯 1g 蒸馏水加至 1000g

第十五章　雾型制剂

雾的本质是小液滴。雾型制剂指的是通过特制的容器和部件，以类似"雾"的形式将药物递送到患者体表、腔道、黏膜、创面、关节、肌肉等部位甚至身体内部，达到预防、治疗效果的剂型形式。本章所述的"雾"有三种形态，即气、液、固三种"雾"态——以气化状态形成的雾、以液滴形式递送的雾和以粉末形式扩散的雾，分别构成了药物制剂的三种雾型制剂：气雾剂、喷雾剂和粉雾剂。

第一节　气雾剂

知识延伸

气雾剂的发展简况

气雾剂是 1931 年由挪威人 Erikpot hlln 开始研究，并在 1933 年获得世界上第一份气雾剂的专利权。1940 年瑞典制成雪橇滑轮润滑油气雾剂。1942 年美国农业部戈德林和沙利发明了杀虫气雾剂，并在第二次世界大战期间，美国驻外军队用来杀灭蚊蝇等昆虫，从昆虫传播的疾病中拯救了成千上万士兵，为战后气雾剂工业的发展奠定了基础。1945 年美国首次将军用杀虫气雾剂作为商品向市民公开出售。而后各国科技人员逐步进行了扩大气雾剂的使用范围。如 1946 年在美国仅有一种杀虫气雾剂，1948 年增加了室内消毒气雾剂和汽车用气雾剂。1951 年在国际市场上又出现了人工降雪和少量医药用气雾剂的品种。20 世纪 50 年代，气雾剂用于气喘、烫伤、牙科、耳鼻喉等。《中国药典》1990 年版开始收载气雾剂。

一、概述

气雾剂系指含药溶液、乳状液或混悬液与适宜的抛射剂共同装封于具有特制阀门系统的耐压容器中，使用时借助抛射剂的压力将内容物呈雾状物喷出，用于肺部吸入或直接喷至腔道黏膜、皮肤及空间消毒的一种药物制剂。

（一）气雾剂的分类

1. 按分散系统分类

（1）溶液型气雾剂：系指药物（固体或液体）溶解在抛射剂中，形成均匀溶液，喷出后抛射剂挥发，药物以固体或液体微粒状态达到作用部位。

（2）混悬型气雾剂：药物以微粒状态分散在抛射剂中形成混悬液，喷出后抛射剂挥发，药物以固体微粒状态达到作用部位。此类气雾剂又称为

12. 雾型制剂的种类与应用

粉末气雾剂。

（3）乳剂型气雾剂：药物水溶液和抛射剂按一定比例混合可形成 O/W 型或 W/O 型乳剂。O/W 型乳剂以泡沫状态喷出，因此又称为泡沫气雾剂。W/O 型乳剂，喷出时形成液流。

2. 按气雾剂组成分类

（1）二相气雾剂：一般指溶液型气雾剂，由气液两相组成。气相是抛射剂所产生的蒸气；液相为药物与抛射剂所形成的均相溶液。

（2）三相气雾剂：一般指混悬型气雾剂与乳剂型气雾剂，由气-液-固或气-液-液三相组成。在气-液-固中，气相是抛射剂所产生的蒸气，液相是抛射剂，固相是不溶性药粉；在气-液-液中，两种不溶性液体形成两个液相。

3. 按医疗用途分类

（1）吸入气雾剂：系指药物与抛射剂呈雾状喷出时，随呼吸吸入肺部的制剂，可发挥局部或全身治疗作用。吸入气雾剂还可分单剂量和多剂量包装。

（2）皮肤和黏膜用气雾剂：皮肤用气雾剂主要起保护创面、清洁消毒、局部麻醉及止血等作用；阴道黏膜用气雾剂，常用 O/W 型泡沫气雾剂，主要用于治疗微生物、寄生虫等引起的阴道炎，也可用于避孕。鼻黏膜用气雾剂主要是一些多肽类和蛋白类药物，用于发挥全身作用。

（3）空间消毒用气雾剂：主要用于杀虫、驱蚊及室内空气消毒。喷出的粒子极细（直径不超过 $50\mu m$），一般在 $10\mu m$ 以下，能在空气中悬浮较长时间。

4. 按是否采用定量阀门系统分类

（1）定量气雾剂：主要指用于口腔、鼻腔、吸入的气雾剂。

（2）非定量气雾剂：主要指用于局部的气雾剂。

（二）气雾剂的特点

1. 优点

（1）速效与定位作用：尤其是呼吸道疾病，如哮喘，吸入两分钟即可起效。

（2）药物密闭于容器内能保持清洁无菌，由于容器不透明，避光，不与空气中的氧或水分直接接触，增加了药物的稳定性。

（3）使用方便，药物可避免胃肠道的破坏和肝脏首过作用。

（4）可以用定量阀门准确控制剂量。

2. 缺点

（1）因气雾剂需要耐压容器、阀门系统和特殊的生产设备，故生产成本高。

（2）抛射剂有高度挥发性因而具有制冷效应，多次使用于受伤皮肤上可引起不适与刺激。吸入气雾剂甚至产生"凉喉效应"。

（3）气雾剂具有一定压力，遇热和受撞击后可能发生爆炸。故气雾剂需放置于阴凉、阴暗处保存，并避免暴晒、受热、敲打、碰撞。

二、气雾剂的组成

气雾剂是由抛射剂、药物与附加剂、耐压容器和阀门系统四部分组成。抛射剂与药物（必要时加附加剂）一同装封在耐压容器内，由抛射剂气化产生压力和驱动力，一打开阀门，药物、抛射剂一起喷出形成气雾。气雾剂雾滴的大小决定于抛射剂的类型、用量，阀门和揿钮的类型，以及药液的黏度等。

（一）抛射剂

抛射剂是提供气雾剂驱动力的物质，有时兼作药物的溶剂或稀释剂。抛射剂分为液化气体与压缩气体两大类，但压缩气体在药用气雾剂中应用较少。

抛射剂应具备的条件：①在常温下的蒸气压大于大气压；②无毒、无致敏反应和刺激性；③惰性，不与药物等发生反应；④不易燃、不易爆；⑤无色、无臭、无味；⑥价廉易得。但一种抛射剂不可能同时满足以上各个要求，应根据用药目的适当选择。

1. 抛射剂的工作原理

液化气体在常压下沸点低于大气压，一旦阀门系统开放时，压力突然降低，抛射剂急剧气化，可将容器内的药物溶液分散成极细的微粒，通过阀门系统喷射出来。抛射剂喷射能力的大小直接受其种类和用量的影响。

2. 抛射剂的种类

抛射剂一般可分为氟氯烷烃类、碳氢化合物类、氢氟烃类、压缩气体等。

（1）氟氯烷烃类（CFC）：俗称氟里昂（Freon），特点是蒸气压适当，对容器耐压性要求不高，而气化动力足；化学稳定性好，毒性小，不易燃，液态密度大，基本无味无臭，不溶于水，可作脂溶性药物溶剂。常用 F_{11}（CCl_3F）、F_{12}（CCl_2F_2）和 F_{114}（$CClF_2$-$CClF_2$）三种。氟里昂从性能上堪称"完美"的抛射剂，但由于其臭名昭著的破坏大气臭氧层的特性，目前已在全球禁止使用。

课堂互动

氟里昂的"功与过"

从对氟里昂的性质，用途等，分析氟里昂的"功与过"，并通过查阅药典，概括目前常用的抛射剂有哪些？

（2）碳氢化合物类：此类抛射剂的特点是价廉易得，基本无毒和惰性，比水轻，密度小，沸点低，但易燃易爆。常用丙烷、正丁烷和异丁烷。

（3）氢氟烃类（HFA）：是一类新型抛射剂，其性状、沸点、密度等与氟里昂类似，但极性更小，对大气臭氧层无破坏作用。目前应用最多的是四氟乙烷（HFA-134a）、七氟丙烷（HFA-227），主要用于吸入型气雾剂。

（4）压缩气体：常用的有二氧化碳、氮气和一氧化氮等。其化学性质稳定，不与药物发生反应，不燃烧。但液化后的沸点低，常温时蒸气压过高，对容器耐压性能要求高。若在常温下充入，则压力易迅速降低，达不到持久喷射效果。故在气雾剂中应用不多。近年有人开发了压缩气体二元包装系统，有效规避了压缩气体的弊端，其在气雾剂中的应用前景值得期待。

3. 抛射剂的用量

气雾剂喷射能力的强弱决定于抛射剂的用量及其蒸气压。一般说，用量大，蒸气压高，喷射能力强，反之则弱。故应根据医疗要求选择适宜抛射剂的组分及用量。一般多用混合抛射剂，并通过调整用量和蒸气压来达到所需喷射能力。

（二）药物与附加剂

1. 药物

液体、固体药物均可制备气雾剂，目前应用较多的药物有呼吸道系统用药、心血管系统用药、解痉药及烧伤用药等，近年来多肽类药物的气雾剂给药系统研究也越来越多。

2. 附加剂

药物通常在 HFA 抛射剂中不能达到治疗剂量所需的溶解度，为制备质量稳定的溶液型、混悬型、乳剂型气雾剂，常加入一些附加剂，如润湿剂、乳化剂、稳定剂、矫味剂、防腐剂、抗氧剂等。

（三）耐压容器

气雾剂的容器必须不与药物和抛射剂起作用、耐压（有一定的耐压安全系数）、轻便、价廉等。耐压容器材质有金属、玻璃和塑料等。

（1）玻璃容器：化学性质稳定，但耐压和耐撞击性差。因此，在玻璃容器外面搪一层塑料防护层。目前一般用于溶液型气雾剂。

（2）金属容器：包括铝、不锈钢等容器，耐压性强，需内涂聚乙烯或环氧树脂等惰性材料。铝罐体轻，整体成型，不会泄露，表面可形成稳定的氧化铝层，也可表面处理后应用。马口铁容器主要用于局部用气雾剂，内表面要经过处理。

（四）阀门系统

阀门系统的主要功能是密封、提供喷射通道、控制剂量等。图 15-1 是阀门系统的模式图。阀门系统一般由推动钮、阀门杆、橡胶封圈、弹簧、定量室和浸入管组成，并通过铝制封帽将其固定在耐压容器上。下面主要介绍目前使用最多的定量型吸入气雾剂阀门系统的机构与组成部件（见图 15-2）。

图 15-1　气雾剂阀门系统模式图

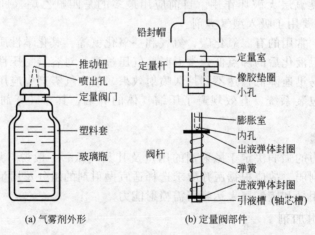

(a) 气雾剂外形　　　　(b) 定量阀部件

图 15-2　气雾剂的定量阀门系统装置外形及部件图

（1）封帽：常为铝制品，将阀门固封在容器上，必要时涂环氧树脂等薄膜。

（2）阀杆（轴芯）：常由尼龙或不锈钢制成。顶端与推动钮相接，其上端有内孔和膨胀室，其下端还有一段细槽或缺口，以供药液进入定量杯。

（3）橡胶封圈：有弹性，通常由丁腈橡胶制成。分进液和出液两种。进液封圈紧套于阀杆下端，在弹簧之下，它的作用是托住弹簧，同时随着阀杆的上下移动使进液槽打开或是关闭，同时封着定量杯的下端，使杯内也不倒流。

（4）弹簧：套于阀杆，位于定量杯内，供推动按钮上升的动力。

（5）定量杯（室）：为塑料或金属制，其容量一般为 0.05～0.2mL。它决定了剂量的大小。由上下封圈控制药液不外溢，使喷出准确的剂量。

（6）浸入管：为塑料制成，如图 15-3 所示。其作用是将容器内药液向上输送到阀门系统的通道，向上的动力是容器内的内压。

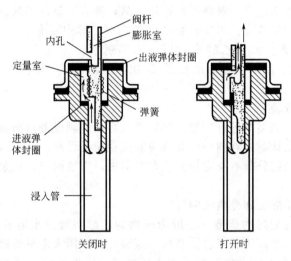

图 15-3　有浸入管的定量阀门

吸入气雾剂一般不用浸入管，故使用时需将容器倒置（如图 15-4 所示），使药液通过阀杆上的引流槽进入阀门系统的定量室。喷射时按下揿钮，阀杆在揿钮的压力下顶入，弹簧受压，内孔进入出液橡胶封圈以内，定量室内的药液由内孔进入膨胀室，部分气化后喷嘴喷出。同时引流槽全部进入瓶内，封圈封闭了药流进入定量室的通道。揿钮压力除去后，在弹簧作用下，又使阀杆恢复原位，药液再进入定量室，再次使用时，重复这一过程。

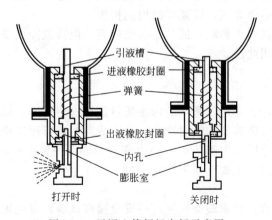

图 15-4　无浸入管阀门启闭示意图

（7）推动钮：常用塑料制成，装在阀杆顶端，推动阀杆开启和关闭气雾剂阀门，上有喷嘴,控制药液喷出方向。不同类型的气雾剂,推动钮类型不同。

三、制备工艺

气雾剂的生产环境、用具和整个操作过程,应注意避免微生物的污染。其制备过程可分为:容器阀门系统的处理与装配,药物的配制、分装和抛射剂的填充三部分,最后经质量检查合格后为气雾剂成品。

1. 容器、阀门系统的处理与装配

(1) 玻瓶搪塑:主要使瓶颈以下黏附一层塑料液并干燥成膜的操作。对塑料涂层的要求:均匀、紧密包裹玻瓶,万一爆瓶不致玻片飞溅,外表平整、美观。

(2) 阀门系统处理与装配:①橡胶制品可在75%乙醇中浸泡24h,以脱色并消毒;②塑料、尼龙零件洗净后浸于95%乙醇中备用;③不锈钢弹簧在1%～3%碱液中煮沸10～30min,用水洗涤数次,然后用蒸馏水洗2～3次,至无油腻,浸泡在95%乙醇中备用。最后将上述零部件按阀门结构装配。

2. 药物的配制与分装

按处方组成及气雾剂类型进行配制。溶液型气雾剂应制成澄清药液;混悬型气雾剂应将药物微粉化并保持干燥状态;乳剂型气雾剂应制成稳定的乳剂。

将上述配制好的药物分散系统定量分装在容器内,安装阀门,轧紧封帽。

3. 抛射剂的填充

抛射剂的填充有压灌法和冷灌法两种。

(1) 压灌法:先将配好的药液(一般为药物的乙醇溶液或水溶液)在室温下灌入容器内,再将阀门装上并轧紧,然后通过压装机(灌装针头)压入定量的抛射剂(最好先将容器内空气抽去)。液化抛射剂经砂棒滤过后进入压装机。操作压力,以68.65～105.975kPa为宜。压力低于41.19kPa时,充填无法进行。当容器上顶时,灌装针头伸入阀杆内,压装机与容器的阀门同时打开,液化的抛射剂即以自身膨胀压入容器内。

压灌法设备简单,无需低温操作,抛射剂损耗较少,目前我国多用此法生产。但生产速度较慢,且在使用过程中压力变化较大。国外气雾剂的生产主要采用高速旋转压装抛射剂的工艺,产品质量稳定,生产效率大为提高。

(2) 冷灌法:药液借助冷却装置冷却至-20℃左右,抛射剂冷却至沸点以下至少5℃。先将冷却的药液灌入容器中,随后加入已冷却的抛射剂(也可两者同时进入)。立即将阀门装上并轧紧,操作必须迅速完成,以减少抛射剂损失。

冷灌法速度快,对阀门无影响,成品压力较稳定。但需致冷设备和低温操作,抛射剂损失较多。含水制品不宜用此法。

四、质量控制

气雾剂的质量评价,首先对气雾剂的内在质量进行检测评定,以确定其是否符合规定要求;然后,对气雾剂的包装容器和喷射情况,在半成品时进行逐项检查。

气雾剂的质量检查应照《中国药典》2020年版第四部通则中的吸入制剂(0111)、气雾剂(0113)规定项目进行,主要有如下检查项目。

1. 吸入气雾剂

(1) 安全、漏气检查:对搪塑类气瓶进行安全爆破试验,将充填好抛射剂的半成品放入有盖铅丝篓内,浸没于40℃水浴中1h,取出冷却至室温,拣去爆破、漏气及塑料套与玻璃瓶粘贴不紧者。

(2) 装量与异物检查:在灯光下照明检查装量是否合格,剔除不足者,同时剔除色泽异常或有异物、墨点者。

（3）每罐总揿次：取气雾剂1罐，揿压阀门，释放内容物到废弃池中，每次揿压间隔不少于5秒。每罐总揿次应不少于标示总揿次。

（4）每揿主药含量：取供试品1罐，充分振摇，除去帽盖，按产品说明书规定弃去若干揿次，用溶剂洗净套口，充分干燥后，倒置于已加入一定量吸收溶剂的适宜烧杯中，将套口浸入液面下（至少25mm），揿压喷射10次或20次（注意每次喷射间隔5s并缓缓振摇），取出供试品，用溶剂洗净套口内外，合并溶剂，转移至适宜量瓶中并稀释成一定容量后，按各品种含量测定项下的方法测定，所得结果除以10或20，即为平均每揿主药含量，每揿主药含量应为每揿主药含量标示量的80%～120%，即符合规定。凡规定测定递送剂量均性的气雾剂，一般不再进行每揿主药含量的测定。

（5）微细粒子剂量检查：除另有规定外，微细药物粒子百分比应不少于每揿主药含量标示量的15%。

（6）递送剂量均一性：按照递送剂量均一性检查法检查，应符合规定。

（7）微生物限度：按照微生物限度检查法检查，应符合规定。

2. 非吸入气雾剂

非吸入气雾剂需进行"每瓶总揿次"、"泄漏率"、"每揿主药含量"与"微生物限度"等检查项目。

3. 外用气雾剂

外用气雾剂需检查"泄漏率"、"喷射速率"、"喷射总量"、"微生物限度"。对于烧伤、创伤、溃疡用气雾剂进行无菌检查。

五、气雾剂举例

沙丁胺醇气雾剂（混悬型）

【处方】　沙丁胺醇 1.313g　　磷脂 0.368g　　卖泽-52 0.263g
　　　　　HFA-134a 998.06g　　共制 1000g

【制备】　将沙丁胺醇、磷脂、卖泽-52与水混合，超声处理，直至得到平均混悬粒子大小达到 0.1～5μm。通过冷冻干燥或喷雾干燥得到干燥粉末，将粉末分装到气雾剂罐中，封口，压盖，充入 HFA-134a，使药物和附加剂混合物均匀分散在 HFA-134a 中，即得。

【附注】　①沙丁胺醇为 β 受体激动剂，是治疗哮喘的首选药；②本品为混悬型气雾剂，吸入给药，混悬粒子大小应达到 0.1～5μm 方能保证吸入肺泡的比例；③抛射剂选用四氟乙烷，为非氟里昂抛射剂；④作为定量吸入气雾剂（MDI），应倒置揿喷和吸入；⑤磷脂和卖泽作为表面活性剂可避免药物粒子聚集结块。

第二节　喷雾剂

一、概述

喷雾剂（Spray）系指含药溶液、乳状液或混悬液等填充于特制的装置中，使用时借助于手动泵的压力、高压气体、超声振动或其他方法将内容物呈雾状物释出，用于鼻腔吸入或直接喷至腔道黏膜及皮肤等的制剂。喷雾剂按给药途径可分为吸入喷雾剂和外用喷雾剂。

喷雾剂喷射的雾滴比气雾剂雾滴大，难以进入肺部，以外用和腔道应用为主；由于不是密闭加压包装，故喷雾剂比气雾剂制备方便、成本低。

二、质量要求

喷雾剂在生产和贮藏期间均应符合下列规定。

（1）喷雾剂应在避菌环境下配制，各种用具、容器等须用适宜的方法清洁、消毒，整个操作过程应注意防止微生物污染。烧伤、创伤用喷雾剂应在无菌环境下配制，各种用具、容器等需用适宜的方法清洁、灭菌。

（2）制备喷雾剂时，可按药物的性质添加适宜的溶剂、抗氧剂、表面活性剂或其他附加剂。所有附加剂应对呼吸道、皮肤或黏膜无刺激性、无毒性。

（3）喷雾剂装置中各组成部件均应采用无毒、无刺激性、性质稳定、与药物不起作用的材料制造。

（4）溶液型喷雾剂的药液应澄清；乳状液型喷雾剂的液滴在液体介质中均匀分散；混悬型喷雾剂应将药物细粉和附加剂充分混合均匀，制成稳定的混悬液。

（5）喷雾剂应标明：每瓶装量、主药含量、总揿次、每喷主药含量、贮藏条件等。

三、制备

喷雾剂在制备时，要施加较高的压力，较液化气体高，内压一般在 617.85～686.5kPa（表压），以保证内容物能全部用完；容器的牢固性也要求较高，必须能抵抗 1029.75kPa（表压）的压力。

喷雾剂的系统与气雾剂相似，但阀杆的内孔一般有 3 个且孔径较大，以利于物质的流动喷出。

应用压缩空气作动力的喷雾剂可得到直径在 20～60μm 的雾滴；雾化器则可得到直径 10μm 以下的雾滴，吸入后能达到支气管处。国产 CSW-A 型超声波雾化器雾化量为 3.5～4.0mL/min，绝大部分雾滴直径在 5μm 以下，能吸入呼吸细支气管和肺泡中。

四、喷雾剂举例

异丙乙基去甲肾上腺素喷雾剂

【处方】　异丙乙基去甲肾上腺素 2.48g　　　亚硫酸钠适量　　　　氯化钠适量
　　　　　盐酸适量　　　　　　　　　　　　甘油适量
　　　　　注射用水加至 4000mL　　　　　　共制 1000 瓶

【制备】　将异丙乙基去甲肾上腺素溶于含有甘油、氯化钠、亚硫酸钠、盐酸的无菌注射用水中，制成澄清溶液，通过喷雾器喷雾。

【附注】　①甘油为矫味剂且起增稠作用，氯化钠调节等渗，亚硫酸钠为抗氧剂，盐酸调节 pH 值；②本品为无菌制剂，包装材料为塑料小瓶，适用于各种病因导致的支气管哮喘。每次剂量为 0.25～0.5mL。

第三节　粉雾剂

一、概述

粉雾剂（DPI）按用途可分为吸入粉雾剂、非吸入粉雾剂和外用粉雾剂。吸入粉雾剂是将微粉化的药物与适量辅料混匀，装入特制的容器内；使用时经吸入装置重新分散后，凭借患者的吸气气流将药物吸入呼吸道内的制剂。

二、特点

粉雾剂有以下优点。

（1）无需抛射剂，其动力为患者的吸气气流，可避免抛射剂的不利影响。

（2）无喷量限制，干粉吸入剂可使剂量稍大的药物亦能进行雾化给药。

（3）患者使用干粉吸入剂时，病人的吸气气流是粉末进入体内的唯一动力，故不存在协同困难的问题，此特点使干粉吸入剂越来越受到欢迎和普及。

理想的干粉吸入剂应具备的要求有：①装置内应预装足够多的单剂量，便于使用；②装量准确；③在较小的压差下，也能被患者吸入；④剂量准确，无过剂量的危险；⑤药物微粉不聚集，易雾化，对湿不敏感；⑥计量装置可提示使用情况；⑦体积不宜过大，易于携带；⑧价格合理。

最简洁而又最深奥的粉雾剂

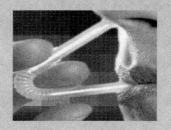

如图是 2008 年一位丹麦医生发明的一种最简洁的粉雾剂。猜一猜其释放药物的原理是什么？药物从哪个方向进入体内？

本章小结

1.气雾剂系指含药、乳状液或混悬液与适宜的抛射剂共同装封于具有特制阀门系统的耐压容器中，使用时借助抛射剂的压力将内容物呈雾状物喷出，用于肺部吸入或直接喷至腔道黏膜、皮肤及空间消毒的一种药物制剂。

2.气雾剂是由抛射剂、药物与附加剂、耐压容器和阀门系统四部分组成。抛射剂是提供气雾剂动力的物质，有时兼作药物的溶剂或稀释剂。

3.气雾剂的制备过程可分为：容器阀门系统的处理与装配，药物的配制、分装和抛射剂的填充三部分，最后经质量检查合格后为气雾剂成品。

4.气雾剂的质量检查项目有安全、漏气、装量与异物、每瓶总揿次、每揿主药含量、喷射速度、有效部位药物沉积量、微生物限度等。

5.喷雾剂系指含药溶液、乳状液或混悬液等填充于特制的装置中，借助于手动泵的压力、高压气体、超声振动或其他方法将内容物呈雾状物释出，用于肺部吸入或直接喷至腔道黏膜及皮肤等的制剂。

6.吸入粉雾剂是将微粉化的药物与适量辅料混匀，装入特制的容器内；使用时经吸入装置重新分散后，凭借患者的吸气气流将药物吸入呼吸道内的制剂。

学习目标检测

一、名词解释

1. 气雾剂
2. 抛射剂

二、填空题

1. 气雾剂的制备过程有_____、_____和_____三部分。
2. 按分散系统分类，气雾剂分_____、_____、_____。

三、A型题（单项选择题）

1. 下列关于气雾剂的概念叙述正确的是
A. 系指药物与适宜抛射剂装于具有特制阀门系统的耐压容器中而制成的制剂
B. 是借助于手动泵的压力将药液喷成雾状的制剂
C. 系指微粉化药物与载体以胶囊、泡囊或高剂量储库形式，采用特制的干粉吸入装置，由患者主动吸入雾化药物的制剂
D. 系指微粉化药物与载体以胶囊、泡囊储库形式装于具有特制阀门系统的耐压密封容器中而制成的制剂
E. 系指药物与适宜抛射剂采用特制的干粉吸入装置，由患者主动吸入雾化药物的制剂

2. 下列关于气雾剂的特点错误的是
A. 具有速效和定位作用
B. 容器不透光、不透水，所以能增加药物的稳定性
C. 药物可避免胃肠道的破坏和肝脏首过作用
D. 可以用定量阀门准确控制剂量
E. 由于起效快，适合心脏病患者使用

3. 混悬型气雾剂的组成部分不包括
A. 抛射剂   B. 潜溶剂   C. 耐压容器
D. 阀门系统   E. 润湿剂

4. 气雾剂的质量评定不包括
A. 喷雾剂量   B. 喷次检查   C. 粒度
D. 泄漏率检查   E. 抛射剂用量检查

5. 气雾剂中的氟里昂主要用作
A. 助悬剂   B. 防腐剂   C. 潜溶剂
D. 抛射剂   E. 填充剂

四、B型题（配伍选择题）

【1～4】 A. 溶液型气雾剂   B. 乳剂型气雾剂   C. 喷雾剂
           D. 混悬型气雾剂   E. 吸入粉雾剂

1. 二相气雾剂是
2. 借助于手动泵的压力将药液喷成雾状的制剂是

3. 采用特制的干粉吸入装置，由患者主动吸入雾化药物的制剂是

4. 泡沫型气雾剂是

五、X型题（多项选择题）

1. 下列关于气雾剂的特点正确的是

A. 具有速效和定位作用　　　　B. 可以用定量阀门准确控制剂量

C. 药物可避免胃肠道的破坏和肝脏首过作用

D. 生产设备简单，生产成本低　　E. 由于起效快，适合心脏病患者使用

2. 气雾剂的组成有

A. 抛射剂　　　　　　　　　B. 药物与附加剂　　　　　　　C. 囊材

D. 耐压容器　　　　　　　　E. 阀门系统

六、简答题

1. 气雾剂的抛射剂有几种类型？抛射剂的灌装方法有哪些？

2. 气雾剂内药物有何分散状态？

3. 气雾剂、喷雾剂与粉雾剂有何区别？

第十六章 膜型制剂

第一节 膜 剂

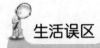 **生活误区**

　　小勇最近生活压力大，经常熬夜，时有应酬，口腔的双颊及牙龈处出现白斑状痛点，到药店买药，药店营业员推荐了复方氯己定地塞米松膜。小勇口服2天后，仍然没见好转，咨询后才知用药方法不对。复方氯己定地塞米松膜是口腔膜剂，不是口服膜剂，正确用法应该是洗净手指，剥去涂塑纸，取出药膜，视口腔溃疡面的大小贴在溃疡面上。

一、膜剂的概述

　　膜剂系指药物与适宜的成膜材料经加工制成的膜状制剂，是20世纪60年代开始研究应用的一种剂型，国内于20世纪70年代对膜剂的研究有了较大进展。

（一）膜剂的分类

1. 按照剂型特点分类

（1）单层膜：包括水可溶性膜和水不溶性膜剂。

（2）多层膜：由几层单层膜叠合而成，可避免或减少药物之间的配伍禁忌、掩盖药物的不良气味等。

（3）夹心膜：两层不溶性的高分子膜分别作为背衬膜和控释膜，中间夹着药物膜，起到控释的作用。

2. 按照给药途径分类

（1）口服膜剂：如口服丹参膜、安定膜等。

（2）口腔及舌下膜剂：包括口含膜、舌下膜和口腔贴膜。口腔贴膜治疗口腔溃疡时可以黏附在溃疡黏膜表面，起到定位释放的作用，并且可以保护黏膜。

（3）鼻腔用膜剂：鼻腔内给药可定位治疗鼻出血和鼻黏膜溃疡等。

（4）眼用膜剂：可用于眼部疾患，如青光眼、结膜炎、角膜炎等。

（5）阴道、宫颈用膜剂：用于避孕或治疗妇科疾病，如阴道炎、宫颈糜烂等。

（6）植入型膜剂：植入体内发挥长期治疗效果，是一种新兴的膜剂。

（7）经皮给药型膜剂：膜控释型及骨架控释型经皮给药膜剂可使药物长时间作用于人体，减少给药次数，延长给药时间间隔。

（二）膜剂的主要特点

① 无粉尘飞扬。
② 制备工艺简单。
③ 含量准确。
④ 稳定性好。
⑤ 多层复合膜可减少药物配伍变化。
⑥ 可控制药物释放速度。

二、膜剂的处方组成

膜剂一般由药物、成膜材料及附加剂三部分组成。

1. 常用成膜材料

（1）天然高分子物质：有明胶、玉米朊、淀粉、糊精、琼脂、阿拉伯胶、纤维素、海藻酸等。其中多数可降解或溶解，但成膜、脱膜性能较差，故常与其他成膜材料合用。

（2）合成高分子物质

① 聚乙烯醇（polyvinyl alcohol，PVA）。是由聚醋酸乙烯酯经醇解而成的结晶性高分子材料，为白色或黄白色粉末状颗粒。国内常用的 PVA 型号有 05-88 和 17-88，其中"05"和"17"分别表示平均聚合度为 $500\sim600$ 和 $1700\sim1800$，两者的"88"表示醇解度均为 $(88\pm2)\%$。PVA 的成膜性能、膜的抗拉强度、柔韧性、吸湿性和水溶性均较好，是目前国内最常用的成膜材料。PVA 对眼黏膜和皮肤无毒无刺激，口服吸收少，48h 后 80% 随大便排出。

② 乙烯-醋酸乙烯共聚物（ethylene-vinyl acetate copolymer，EVA）。是乙烯和酸酸乙烯过氧化物或偶氮异丁腈引发下共聚而成的水不溶性高分子聚合物，为透明、无色粉末或颗粒。EVA 的性能与其分子量及醋酸乙烯的含量有很大关系。分子量越大，共聚物的玻璃化温度和机械强度越大。相同的分子量，则醋酸乙烯的比例越大，材料的溶解性、柔韧性和透明度越大。EVA 无毒，无臭，无刺激性，对人体组织有良好的相容性。EVA 的成膜性能良好、膜柔软、强度大，常用于制备眼、阴道、子宫等控释膜剂。

③ 其他。羟丙纤维素、羟丙甲纤维素、聚维酮、甲基丙烯酸酯-甲基丙烯酸共聚物等。特别是羟丙纤维素、羟丙甲纤维素的成膜性、柔韧性等优良性质，在膜剂中得到广泛应用。

2. 增塑剂

膜剂常用的增塑剂有甘油、丙二醇、山梨醇等。

3. 其他辅料

膜剂常加入的其他辅料有着色剂、遮光剂、脱膜剂、矫味剂及表面活性剂等。

三、膜剂的制备工艺

膜剂的制备方法有匀浆制膜法、热塑制膜法和复合制膜法，其中以匀浆制膜法最常用。匀浆制膜法也叫涂膜法，系指将成膜材料溶解于适当溶剂中，再将药物及附加剂分散在成膜溶液中制成均匀的药浆，静置除去气泡，经涂膜、干燥、脱膜等工序制成膜剂。其生产设备如图 16-1 所示。

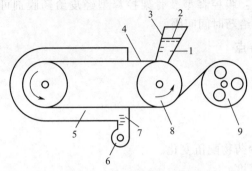

图 16-1 涂膜机示意图
1—流液嘴；2—浆液；3—控制板；4—循环带；5—干燥器；
6—鼓风机；7—加热器；8—转鼓；9—卷膜盘

如何解决膜剂制备过程中的气泡问题？

用匀浆制膜法制备膜剂时，浆液中常混有气泡，影响了膜剂的外观及质量，你知道有哪些措施可以减少气泡的生成？ 有哪些方法可以除去已经生成的气泡？

四、膜剂的质量控制

按照 2020 年版《中国药典》对膜剂质量检查的有关规定，膜剂需要进行如下方面的质量检查。

1. 重量差异

照下述方法检查，应符合规定。

检查法：除另有规定外，取供试品 20 片，精密称定总重量，求得平均重量，再分别精密称定各片的重量。每片重量与平均重量相比较，应符合表 16-1 中规定，超出重量差异限度的不得多于 2 片，并不得有 1 片超出限度的 1 倍。

表 16-1 膜剂的重量差异限度

平均重量	重量差异限度
0.02g 及 0.02g 以下	±15%
0.02g 以上至 0.20g	±10%
0.20g 以上	±7.5%

凡进行含量均匀度检查的膜剂，一般不再进行重量差异检查。

2. 微生物限度

除另有规定外，照非无菌产品微生物限度检查：微生物计数法（通则 1105）和控制菌检查法（通则 1106）及非无菌药品微生物限度标准（通则 1107）检查，应符合规定。

五、膜剂举例

硝酸甘油膜

【处方】 硝酸甘油乙醇溶液（10%）100mL   PVA17-88 78g   聚山梨酯-80 5g
　　　　 甘油 5g   二氧化钛 3g   纯化水 400mL

【制法】 取 PVA17-88、聚山梨酯-80、甘油、纯化水在水浴上加热搅拌使溶解，再加入二氧化钛研磨，过 80 目筛，放冷。在搅拌下逐渐加入硝酸甘油乙醇溶液，放置过夜以消除气泡。次日用涂膜机在 80℃ 下制成厚 0.05mm、宽 10mm 的膜剂，用铝箔包装，即得。

【附注】 本品为舌下给药，用于心绞痛，稳定性好，释药快，给药后 20s 即可显效。

案例 16-1

　　小林最近在研究硝酸钾牙用膜剂，他选用的成膜材料是 CMC-Na。让其困惑的是不同浓度的 CMC-Na 胶浆均存在成膜难、脱膜难且干燥时间长的现象。

　　请思考并讨论：

　　1. CMC-Na 做成膜材料出现上述现象的原因是什么？

　　2. 如果是你研究硝酸钾牙用膜剂，你怎样解决上述问题？

第二节　涂膜剂

比较涂剂、膜剂与涂膜剂

　　从概念、性状、用法、配方、生产工艺等角度比较和讨论这三种剂型的异同点，并通过查阅药典，概括目前临床常用的涂剂、膜剂和涂膜剂品种及其用途。

一、涂膜剂的概述

　　涂膜剂系指原料药物溶解或分散于含成膜材料的溶剂中，涂搽患处后形成薄膜的外用液体制剂，主要供外用。涂膜剂的主要特点有：①制备工艺简单，不需要特殊设备；②透气性好；③使用方便。

二、涂膜剂的处方组成

　　涂膜剂一般由药物、成膜材料及挥发性有机溶剂组成，必要时加入增塑剂。

　　（1）成膜材料：常用的有聚乙烯醇、聚乙烯吡咯烷酮、乙基纤维素和聚乙烯醇缩甲乙醛等。

　　（2）挥发性有机溶剂：常用的有乙醇、丙酮、乙酸乙酯、乙醚等。

　　（3）增塑剂：常用的有甘油、丙二醇、三乙酸甘油酯等。

三、涂膜剂的制备工艺

　　涂膜剂的一般制法：先将药物制成乙醇提取液或乙醇、丙酮溶液，再加入到成膜材料溶液中去，混合均匀即得。

四、涂膜剂的质量控制

　　按照 2020 年版《中国药典》对涂膜剂的质量检查有关规定，涂膜剂需要进行如下方面的质量检查。

（1）装量：除另有规定外，照最低装量检查法（通则 0942）检查，应符合规定。

（2）无菌：除另有规定外，用于烧伤［除程度较轻的烧伤（Ⅰ°或浅Ⅱ°外）］、严重创伤或临床必须无菌的涂膜剂，照无菌检查法（通则 1101）检查，应符合规定。

（3）微生物限度：除另有规定外，照非无菌产品微生物限度检查：微生物计数法（通则 1105）和控制菌检查法（通则 1106）及非无菌药品微生物限度标准（通则 1107）检查，应符合规定。

📝 本章小结

1.膜剂系指药物与适宜的成膜材料经加工制成的膜状制剂。

2.膜剂的主要特点有无粉尘飞扬、制备工艺简单、含量准确、稳定性好、减少药物配伍变化、可控制药物释放速度。

3.膜剂一般由药物、成膜材料及附加剂三部分组成。

4.膜剂的制备方法有匀浆制膜法、热塑制膜法和复合制膜法，其中以匀浆制膜法最常用。

5.涂膜剂系指原料药物溶解或分散于含成膜材料的溶剂中，涂搽患处后形成薄膜的外用液体制剂，主要供外用。

6.涂膜剂一般由药物、成膜材料及挥发性有机溶剂组成，必要时加入增塑剂。

📝 学习目标检测

一、名词解释

1.膜剂

2.涂膜剂

二、填空题

1.涂膜剂是由_____、_____、_____三部分组成。

2.膜剂是药物与适宜的_____经加工制成的膜状制剂。

三、A 型题（单项选择题）

1.聚乙烯醇的缩写是

A. PEG   B. PVA   C. PVP   D. PVC   E. PLS

2.膜剂中除了药物与成膜材料之外，常加入甘油或山梨醇作为

A. 着色剂   B. 矫味剂   C. 增塑剂   D. 填充剂   E. 遮光剂

3.关于下列说法，错误的是

A. 涂膜剂是液体制剂   B. 膜剂是固体的

C. 涂膜剂不需加成膜材料   D. 膜剂需要加成膜材料

E. 制备涂膜剂溶剂选用有机溶剂

四、B 型题（配伍选择题）

【1～5】 A. 涂剂   B. 涂膜剂   C. 膜剂   D. 搽剂   E. 洗剂

1.供无破损皮肤揉擦用的液体制剂是

2. 临用前用清毒纱布或棉球等蘸取涂于皮肤或口腔与喉部黏膜的液体制剂是

3. 原料药物溶解或分散于含有成膜材料的溶剂中，涂搽患处后形成薄膜的外用液体制剂是

4. 原料药物与适宜的成膜材料经加工制成的膜状制剂是

5. 供清洗无破损皮肤或腔道用的液体制剂是

【6～10】 A. 甘油 　　 B. PVA 　　 C. TiO_2 　　 D. 蔗糖 　　 E. 液体石蜡

6. 常作为成膜材料的是

7. 常作为增塑剂的是

8. 常作为脱膜剂的是

9. 常作为遮光剂的是

10. 常作为矫味剂的是

五、X 型题（多项选择题）

1. 膜剂的处方中可能包括

A. 药物 　　　　 B. 成膜材料 　　 C. 增塑剂 　　 D. 保湿剂 　　 E. 着色剂

2. 膜剂的优点有

A. 含量准确 　　　　　　　　 B. 可以控制药物的释放速度

C. 使用方便 　　　　　　　　 D. 制备方法简单

D. 载药量大，适合大剂量药物

3. 涂膜剂中一定含有

A. 药物 　　　　　　　　　　 B. 保湿剂

C. 增塑剂 　　　　　　　　　 D. 挥发性有机溶剂

E. 成膜材料

六、简答题

简述涂膜剂与膜剂的异同点。

第十七章

新型制剂

药物剂型历经千年发展，从丸、散、膏、丹、汤，到片剂、颗粒、注射、胶囊，再到膜剂、气雾剂、口服液，又到缓释、控释剂型，后到智能化剂型，穿越各个历史时期，承载了人类技术进步和文明智慧，延续了安全、有效、稳定、可控、方便的药物剂型设计理念，形成了完整的药物剂型系统。在这个由众多剂型组成的系统中，速释制剂、缓控释制剂、透皮吸收制剂、靶向制剂及最新的智能制剂等新型制剂的研制和应用引人关注，本章将集中探讨这几种剂型。

第一节　速释制剂

一、速释制剂概述

速释制剂泛指口服给药后能快速崩解或快速溶解，通过口腔或胃肠黏膜迅速释放并吸收的固体制剂，如分散片、速溶片等。速释制剂具有以下优点：速崩、速溶、起效快，吸收充分、生物利用度高，肠道残留少、不良反应小，服用方便等。速释制剂包括水中分散型和口腔分散型两类。

（一）水中分散型

水中分散型系指置于水中或口服后在胃液中能迅速分散释放药物的制剂，典型的有分散片、泡腾片、基于自乳化或自微乳化技术的制剂、基于固体分散技术的制剂、基于包合技术的制剂、干凝胶和干酶剂等。

（二）口腔分散型

口腔分散型系指置于口腔中无需用水，吞咽前就能迅速分散或溶解的制剂，其中典型的有舌下片、口腔崩解片、口腔速溶片等。口腔分散型制剂迅速崩解、分散或溶解在唾液中后，药物可通过口腔或消化道黏膜吸收。

制成口腔分散型制剂，主药应符合以下条件：①剂量低，剂量应不超过 125mg，剂量越低，制成的片剂越易分散，可以达到速溶效果；②性质稳定，主药在水溶性基质中应有一定的化学稳定性，保证在干燥前不分散及不引起化学变化；③粒度小，粒度较大时，混悬易出现沉积现象，使分装困难，影响成品的均匀度；④无嗅无味，主药无味，可减少溶剂或香精的用量；⑤不溶于水，水溶性药物会形成低共溶混合物，使冷冻不彻底或在干燥期间溶化，影响成品质量及收率。

满足以上条件的药物较少，多数药物需采取加助悬剂、粉碎、掩味等措施。

二、速释制剂的制备

速释制剂的类型不同，其制备工艺差异非常大。下面将介绍口腔崩解片制备的相关内容。

1. 概述

舌下片、口腔崩解片、口腔速溶片三种速释制剂中以口腔崩解片最多见。口腔崩解片简称口崩片，因服用方便、起效快、生物利用度高、口感好而成为开发的热点。口崩片应在口腔内迅速崩解或溶散，易吞咽，对口腔黏膜无刺激性。

课堂互动

口腔崩解片是近年开发的一种特殊的片剂，适用于特殊类群的消费者。 为什么要开发口腔崩解片？ 适用于哪些患者？ 如何验证其崩解能力？

2. 处方组成

口腔崩解片处方的关键是选择合适的稀释剂和崩解剂。一般速崩片中稀释剂用量为37％～68％，崩解剂用量为15％～20％。常用稀释剂为微晶纤维素（MCC）和乳糖，二者联用可粉末直接压片；常用崩解剂有低取代羟丙纤维素（L-HPC）、交联羧甲基纤维素钠（CCMC-Na）、交联聚维酮（PVPP）、交联羧甲基淀粉钠（CCMS-Na）、MCC 及处理琼脂（TAG）等。

3. 制备工艺

口腔崩解片的制备方法有冷冻干燥法、喷雾干燥法和固态溶液技术等。

（1）冷冻干燥法：是将药物制成混悬液后迅速冷冻成固体，再于真空条件下，从冻结状态直接升华除去水分的一种干燥方法。冷冻干燥产物一般结构疏松，能迅速吸水溶解。如以黄原胶、明胶和甘露醇为基质，采用此法制备法莫替丁口崩片，能在少量水中或舌上，10s 内崩解。

（2）喷雾干燥法：将带电荷的聚合物与增溶剂、膨胀剂等加入乙醇及缓冲液中，以喷雾干燥法制得多孔性颗粒作为片剂的支持骨架，加入药物及黏合剂、填充剂、矫味剂等直接压片。所制口崩片遇水迅速进入片芯，因颗粒中同性电荷相斥而立即崩解，一般20s 左右。

三、速释制剂举例

奥布西宁口腔崩解片

【处方】 奥布西宁 25mg　　　　Eudragit E-100 75mg　　　　微晶纤维素（MCC）78mg
　　　　L-HPC 20mg　　　　硬脂酸镁 2mg

【制法】 将药物奥布西宁与 Eudragit E-100 粉末混合，加入 10％乙醇，搅拌成凝胶状，经挤压处理后蒸干乙醇，得条状颗粒，喷雾干燥后得包衣颗粒。将包衣颗粒与 MCC、L-HPC、硬脂酸镁混合，压片，即得。

【附注】 奥布西宁是解痉药，制成包衣口腔速崩片后，在健康成人正常唾液中 20s 内即可崩解，且口感较好，无苦味感觉。

第二节　缓、控释制剂

一、缓、控释制剂概述

缓释制剂系指在规定的释放介质中，按要求缓慢地非恒速释放药物，与相应的普通制剂比较，给药次数比普通制剂减少一半或有所减少，能显著增加患者顺应性的制剂。如布洛芬缓释胶囊、茶碱缓释片等，通过延缓药物释放，降低药物吸收速率，从而起到更佳治疗效果。缓释制剂中药物释放速率受环境因素影响,如胃肠道 pH 值和胃肠蠕动的影响。

控释制剂系指在规定的释放介质中,按要求缓慢地恒速释放药物,与相应的普通制剂比较,给药次数比普通制剂减少一半或有所减少,血药浓度比缓释制剂更加平稳,且能显著增加患者顺应性的制剂。如维拉帕米渗透泵片、氯化钾渗透泵片等,通过延缓药物释放,降低药物吸收速率,从而起到更好的治疗效果。药物从制剂中恒速释放到作用部位,释放速率不受环境因素影响。

缓释与控释制剂的区别:缓释制剂是按时间变化先快后慢的非恒速释药,而控释制剂是恒速或近恒速释药,其释放不受时间的影响。

二、缓、控释制剂的特点

缓、控释制剂已广泛应用于临床,与普通制剂相比有以下特点(见图 17-1)。

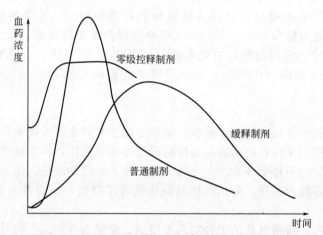

图 17-1　缓、控释制剂与普通制剂血药浓度曲线

(1) 对于半衰期短或需频繁给药的药物,可以减少服药次数。如普通制剂一般需要多次给药,使用不便;而缓控释制剂可减少给药次数,提高病人依从性。

(2) 血药浓度平稳,避免或减小峰谷现象,有利于降低药物的毒副作用。特别是对于治疗指数较窄的药物,保证了其安全性和有效性。

(3) 可减少用药的总剂量,可以用最小剂量达到最大治疗效果。

缓、控释制剂的缺点:①剂量调节的灵活性低,如遇特殊情况(如出现较大副反应),往往不能立即停止治疗;②缓、控释制剂是基于健康人群的平均动力学参数而设计,不能灵活调节给药方案;③缓控释制剂成本高,价格贵。

三、各种缓、控释制剂

缓、控释制剂根据其释药原理和制备技术不同,可分为骨架型制剂、渗透泵型制剂、膜控型制剂和植入型制剂四类。

(一) 骨架型缓、控释制剂

骨架型制剂是指药物和一种或多种惰性固体骨架材料,通过压制或融合技术制成片状、小粒或其他形式的制剂,通过控制释药速率,起缓释或控释作用。多数骨架材料不溶于水,有的可缓慢吸水膨胀。

按骨架材料性质可分为溶蚀性骨架制剂、亲水凝胶骨架制剂、不溶性骨架制剂三个类型。三种不同骨架片的释药过程如图 17-2 所示。

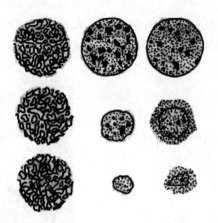

图 17-2　三种不同骨架片的释药过程示意图
左→右：不溶性骨架片、溶蚀性骨架片、亲水凝胶骨架片

1. 溶蚀性骨架制剂

亦称生物溶蚀骨架片，是指药物与蜡、脂肪酸及酯类等物质混合制成。药物通过骨架中的孔道扩散或借骨架材料的逐渐溶蚀而释放出来。常用溶蚀性骨架材料：硬脂酸（SA）、单硬脂酸甘油酯、蜂蜡、聚乳酸（PLA）、PLGA 等。

2. 亲水凝胶骨架片

亲水凝胶骨架片以亲水性高分子聚合物为骨架材料，加入稀释剂（如乳糖）制颗粒压片，是口服缓、控释制剂的主要类型之一。其释药过程是骨架溶蚀和药物扩散的结合，但水溶性药物的释放速度主要取决于药物通过凝胶层的扩散速度，而水不溶性药物释放速度主要由凝胶层的溶蚀速度所决定。常见亲水凝胶骨架材料：海藻酸钠、明胶、MC、CMC-Na、HPMC、壳多糖、PVA、PVP 等。

3. 不溶性骨架片

不溶性骨架片是指药物与不溶于水或水溶性极小的高分子聚合物、无毒塑料等骨架材料混合压制成的片剂，适于水溶性药物。当药片进入胃肠道，消化液会渗入骨架孔隙中，将药物溶解并通过骨架中错综复杂的孔道缓慢扩散和释放出来。此类骨架片有时释放不完全，不适于大剂量药物。常用不溶性骨架材料：EC 及其水分散体、丙烯酸树脂类、聚乙烯和聚氯乙烯、硅橡胶类等。

课堂互动

溶蚀性骨架片、亲水凝胶骨架片、不溶性骨架片这三种骨架片的释药机理有何区别？

（二）渗透泵型控释制剂

渗透泵型控释制剂系利用渗透压作为释药动力的一种释药系统。渗透泵型控释制剂由半透膜、药物、渗透压活性物质和推动剂（助渗剂）等组成。渗透泵片以其独特的释药方式和稳定的释药速率成为目前口服控释制剂中最理想的一类制剂，按结构可分为单室、双室和三室渗透泵片三类。

（1）单室渗透泵片：由片芯、半透膜和释药小孔组成（见图 17-3）。片芯包含药物和促渗透剂；半渗透膜由水不溶性聚合物如 CA、EC、EVA 等组成；释药小孔是用激光在半透膜上开一个或数个小孔（见图17-4）。渗透泵片进入胃肠道，水分通过半透膜进入片芯，形成药物溶液或混悬液，使膜内外产生较大的渗透压差，将药液以恒定速率从释药孔挤出，并持续恒速或近恒速释放。

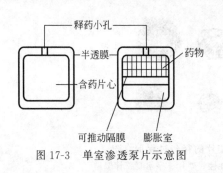

图 17-3　单室渗透泵片示意图

图 17-4　单室渗透泵片打孔

（2）双室渗透泵片：片芯为双层，一层含有药物和可溶性辅料，为药室；另一层为遇水可膨胀的促渗透聚合物，为渗透室；两药室以一柔性聚合物膜隔开；片外再包半透膜。在胃肠道内，渗透室膨胀剂吸水膨胀产生压力，推动隔膜将药室中的药液顶出释药孔。此技术适合于水溶性大的药物，尤其适合于有配伍禁忌的难溶性药物，可将有配伍禁忌的药物分别充装在两个药室中，如图17-5所示。

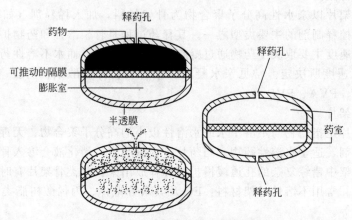

图 17-5　双室渗透泵片示意图

（3）三室渗透泵片：避免了双层渗透泵在打孔之前要辨别含药层的缺陷，两侧开孔一定程度减小了局部刺激性。但制备难度很高，不利于工业化。

知识延伸

渗透泵激光打孔机

渗透泵激光打孔机是可以在药片上打小孔的机器，在药片上打一个 0.3～0.8mm 的小孔，单室泵型片剂或双室泵型片剂，利用渗透压原理制成的口服渗透泵片，能长期、匀速、持续向体内释放药物，药效持续发挥，避免一日多次服药的不便以及药物浓度过高对人体产生的毒副作用。其释药速率不受胃肠蠕动、pH 值、胃排空时间等胃肠道可变因素的影响，是迄今为止口服控释制剂中最为理想的一种。

（三）膜控型制剂

膜控型缓、控释制剂系指用一种或多种包衣材料对药物颗粒、小丸和片剂的表面进行包衣，使药物以恒定或接近恒定的速率通过包衣膜释放出来，达到缓释或控制目的。根据包衣材料的性质和用途，可分为以下几类。

（1）蜡质包衣材料：常用鲸蜡、硬脂酸、氢化植物油和巴西棕榈蜡等。主要用于各种含药颗粒或小丸包以不同厚度的衣层，以获得不同释药速率。可再将这些颗粒或小丸压成片剂。

（2）微孔包衣材料：常用 EC、CA 等不溶性材料，膜材中加入可溶性物质如微粉化糖粉，或可溶性高分子材料如 PEG 作为膜致孔剂，用以调节释药速率。

（3）胃溶性包衣材料：常用 HPC、HPMC 等。如 HPMC 遇水能迅速水化形成高黏型的凝胶层，阻滞药物的释放。

（4）肠溶性包衣材料：不溶于胃液而溶于肠液的薄膜包衣材料，可制成肠溶性膜包衣缓控释制剂。常用 CAP、HPMCP、HPMCAS 等材料。

（四）植入剂

植入剂系将不溶性药物熔融后倒入模型中成型，或将药物密封于高分子材料（如硅橡胶）中制成固体灭菌制剂。通过外科手术埋植于皮下，或经针头导入皮下，给药剂量小、释药速率慢且均匀，药效可长达几月甚至十几年。释放的药物经皮下吸收直接进入血液循环起全身作用，避免了首过效应，生物利用度高。主要用于避孕、抗风湿、抗癌症、抗肿痛、降血糖、麻醉药拮抗剂等。

四、缓、控释制剂举例

1. 盐酸二甲双胍缓释片（亲水性凝胶骨架片）

【处方】 盐酸二甲双胍 500g 　　　　　　羧甲基纤维素钠（CMC-Na）51g

　　　　 HPMC（K100M）344g 　　　　　HPMC（E5M）9.5g

　　　　 95％乙醇适量 　　　　　　　　微晶纤维素（MCC）100g

　　　　 硬脂酸镁 10g 　　　　　　　　共制 1000 片

【制法】 先将盐酸二甲双胍与 CMC-Na 混合均匀，再加 95％乙醇适量制成软材，制粒，干燥；再加入 HPMC（K100M）、HPMC（E5M）和 MCC 混合均匀、整粒，加硬脂酸镁混匀，压片即得。

【附注】 本品采用湿法制粒压片工艺，制成亲水性凝胶骨架片，适用于单纯饮食控制不满意的 II 型糖尿病人，也用于肥胖症控制体重。

2. 盐酸维拉帕米渗透泵片（单室渗透泵片）

【处方】 ①片芯 盐酸维拉帕米（40 目）2850g 　　甘露醇（40 目）2850g

　　　　　　　　 聚环氧乙烷（40 目）60g 　　　　聚维酮（PVP）120g

　　　　　　　　 硬脂酸（40 目）115g 　　　　　乙醇 1930mL

　　　　 ②包衣液：醋酸纤维素（乙酰基值 39.8％）47.25g

　　　　　　　　　　 醋酸纤维素（乙酰基值 32％）15.75g

　　　　　　　　　　 羟丙纤维素 22.5g 　　　　　聚乙二醇 3350 4.5g

　　　　　　　　　　 二氯甲烷 1755mL 　　　　　甲醇 735mL

【制法】 ①片芯制备：将片芯处方中前三种组分置于混合器中，混合 5min；将 PVP 溶于乙醇，缓缓加至上述混合组分中，搅拌 20min，过 10 目筛制粒，于 50℃ 干燥 18h，经 10 目筛整粒后，加入硬脂酸混匀，压片；制成每片含主药 120mg，硬度为 9.7kg 的片芯。②包衣：用空气悬浮包衣技术包衣，进液速率为 20mL/min，包至每个片芯上的衣层增重为 15.6mg。将包衣片置于相对湿度 50%、温度 50℃ 的环境中，存放 45～50h，再在 50℃ 干燥箱中干燥 20～25h。③打孔：在包衣片上下两面对称处各打一释药小孔，孔径为 254μm。

【附注】 盐酸维拉帕米择时释放渗透泵控释片，是依据时辰药理学规律而开发的新型药物传输系统，用于高血压、心绞痛的治疗。

3. 阿米替林缓释片（50mg/片）

【处方】 阿米替林 50mg　　　枸橼酸 10mg　　　HPMC（K4M）160mg
　　　　乳糖 180mg　　　硬脂酸镁 2mg

【制法】 将阿米替林与 HPMC 混匀，枸橼酸溶于乙醇中作润湿剂制成软材，制粒，干燥，整粒，加硬脂酸镁总混，压片既得。

第三节　透皮吸收制剂

一、概述

（一）透皮吸收制剂的含义

透皮吸收制剂又称经皮给药制剂（简称 TDDS）或透皮给药系统（简称 TTS），系指经皮肤敷贴方式用药，药物由皮肤吸收进入全身血液循环并达到有效血药浓度、实现治疗或预防疾病作用的一类制剂，又称为贴剂或贴片。该类制剂既可起局部治疗作用，也可起全身治疗作用，为一些慢性疾病和局部性病痛的治疗及预防提供了方便和行之有效的给药方式。

自 20 世纪 80 年代美国第一个 TDDS 东莨菪碱贴剂用于治疗晕动症以来，目前已有许多产品上市并取得成功，包括硝酸甘油、雌二醇、芬太尼、烟碱、可乐定、睾酮、硝酸异山梨醇酯、左炔诺孕酮、尼群地平和噻吗洛尔等。

（二）透皮吸收制剂的特点

透皮吸收制剂与常用普通剂型比较具有很多特点。

（1）避免了口服给药可能发生的肝脏首过效应及胃肠灭活，提高了治疗效果。例如硝酸甘油口服给药有 90% 的药物被肝脏破坏，而舌下给药则维持时间很短，但硝酸甘油的 TDDS 则可至少维持 24h 有效浓度。

（2）延长作用时间，减少用药次数，改善患者用药顺应性。一般口服缓释或控释制剂，维持有效作用的时间不超过 24h。TDDS 每次给药可维持 1 天或数天，如东莨菪碱 TDDS 一次给药可维持 3 天，可乐定 TDDS 每次给药可维持 7 天。

（3）维持恒定的血药浓度或生理效应，增强了治疗效果，减少了胃肠给药的副作用，消除了"峰谷"效应。

（4）患者可自主用药，减少个体差异，使用方便。患者可以随时中断给药，特别适于婴儿、老人或不宜口服给药的病人。

透皮吸收制剂也具有一定的局限性，如：①由于皮肤屏障作用，供应用的药物限于强效类；②起效较慢，且多数药物不能达到有效治疗浓度；③对皮肤可能有刺激性和过敏性；④TDDS 的剂量较小，一般认为每日超过 5mg 的药物难以制备成理想的 TDDS；⑤TDDS 生产工艺和条件也较复杂。

二、药物透皮吸收的机理

（一）药物在皮肤内的转移

药物透过皮肤吸收进入体循环主要经过两种途径。

（1）透过角质层和表皮进入真皮，扩散进入毛细血管，转移至体循环，即表皮途径，这是药物经皮吸收的主要途径。以被动扩散的方式进行转运，角质层起主要屏障作用，故药物的脂溶性越高越易透过皮肤。

（2）通过毛囊、皮脂腺和汗腺等附属器官吸收，药物通过皮肤附属器的穿透率比表皮途径快，但皮肤附属器所占面积较小，不是药物透皮吸收的主要途径。采用经皮离子导入技术，可使皮肤附属器成为离子型药物透皮吸收的主要通道。

（二）促进药物透皮吸收的方法

促进药物透皮吸收最常用的方法是使用各种透皮吸收促进剂或渗透促进剂。常用表面活性剂、DMSO 及其类似物、氮酮类、醇类化合物等。此外，还有超声波法、离子导入法、电致孔法等新技术和新方法，用以促进药物的经皮吸收。

三、透皮吸收制剂的分类和组成

1. 透皮吸收制剂的分类

透皮吸收制剂可分为膜控释型和骨架扩散型两种。

（1）膜控释型：是药物或透皮吸收促进剂被控释膜或其他材料包裹成贮库，由控释膜或控释材料的性质控制药物的释放速率。

（2）骨架扩散型：是药物溶解或均匀分散在亲水或疏水的聚合物骨架中，由骨架材料的组成成分控制的药物释放。

2. 透皮给药制剂的组成

透皮给药制剂的基本组成分为背衬层、药物贮库、控释膜、黏附层和保护层，如图 17-6 所示。

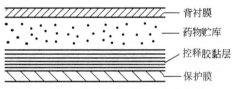

图 17-6　透皮给药制剂的基本组成

（1）背衬层：主要对药物、胶液、溶剂、湿气和光线等起阻隔作用，同时用于支持药库或压敏胶等作用。常用的背衬材料为复合铝箔膜。

（2）药物贮库：起贮存药物作用，主要由药物、高分子基质材料、透皮吸收促进剂等组成。高分子基质材料常用醋酸纤维素、聚乙烯、聚丙烯等。

（3）控释膜层：主要控制药物的释放速度，有时也可作为药库。控释膜主要由乙烯-醋酸乙烯共聚物或聚硅氧烷等膜材料、致孔剂组成。

（4）黏附层：主要起黏贴作用，有时也可起药库、控释等作用。常用的黏附层材料为压敏胶（PSA）。

（5）保护层：也称防黏层，主要用于保护黏附层，常用材料有聚乙烯、聚氯乙烯、聚丙烯等膜材，有时也用表面经石蜡或甲基硅油处理过的光滑厚纸。

四、透皮吸收制剂的制备工艺（见图 17-7）

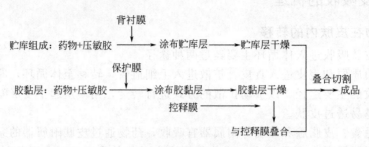

图 17-7　透皮吸收制剂工艺流程图

五、透皮吸收制剂举例

贮库型芬太尼贴剂

【处方】　芬太尼 14.7mg/g　　乙醇 30%　　　水适量　　　羟乙基纤维素 2.0%
　　　　　甲苯适量　　　　　　背衬层：复合膜　　限速膜：乙烯-醋酸乙烯共聚物
　　　　　压敏胶层：聚硅氧烷压敏胶　　防黏层（保护层）：硅化纸

【制法】　芬太尼加入到 95% 乙醇中搅拌溶解，加入适量水，制成芬太尼乙醇-水溶液，
2% 羟乙基纤维素缓慢加入，不断搅拌，制成凝胶，用适量甲苯作为压敏胶的溶剂，来调节
固体成分的快粘性。使用旋转热封机将含药凝胶封装到背衬层和限速/压敏胶层之间，使得
每平方厘米面积上含有 15mg 凝胶，然后切割成规定的尺寸。

【附注】　芬太尼是一种可以经皮肤给药的药物。芬太尼经皮给药具有血药浓度稳定、镇
痛作用持久的特点，适用于癌性疼痛的治疗。该贴剂使用前需平衡至少两周，使药物和乙醇
在限速膜和压敏胶层中达到平衡浓度。

第四节　靶向制剂

一、概述

（一）靶向制剂的定义及特点

靶向制剂又称靶向给药系统（TDS），是指载体将药物通过局部给药或全身血液循环，
选择性地浓集定位于靶组织、靶器官、靶细胞或细胞内结构的给药系统。将药物制成能到达
靶区的给药系统，可以提高药效，降低毒副作用，提高药物的安全性、有效性、可靠性及患
者的顺应性。

靶向制剂不仅要求药物选择性地到达特定部位，而且要求药物有一定浓度和滞留一段时
间，以便发挥药效，而载体应无毒副作用。成功的靶向制剂应具备定位浓集、控制释药以及
无毒可生物降解三个要素。

（二）靶向制剂的分类

1. 按给药途径不同分类

注射用靶向制剂
非注射用靶向制剂

2. 按药物分布程度分类

一级 TDS：将药物输送到特定的靶组织或靶器官（如肝脏）

二级 TDS：将药物输送到特定组织器官的特定部位（如肝脏癌变部位）

三级 TDS：将药物输送到病变部位的细胞内（如肝癌细胞）

四级 TDS：将药物输送到病变部位细胞内的特定细胞器中（如细胞核）

3. 按靶向给药的原理分类

被动靶向制剂

主动靶向制剂

物理化学靶向制剂

（1）被动靶向制剂：也称自然靶向制剂。被动靶向的载药微粒经静脉注射后，由于粒径大小不同，而选择性地聚集于肝、脾、肺或淋巴等部位。通常粒径在 $2.5 \sim 10 \mu m$ 时，大部分积集于巨噬细胞；$>7 \mu m$ 的微粒通常被肺的最小毛细血管床以机械滤过方式截留，被单核白细胞摄取进入肺组织或肺气泡；$<7 \mu m$ 时一般被肝、脾中的巨噬细胞摄取，$200 \sim 400 nm$ 的纳米粒集中于肝后迅速被肝清除；$<10 nm$ 的纳米粒则缓慢积集于骨髓。

除粒径外，微粒表面性质对分布也起着重要作用。如带负电的微粒静脉注射后易被肝的单核巨噬细胞系统滞留而浓集于肝，带正电荷的微粒易被肺的毛细血管截留而浓集于肺。

（2）主动靶向制剂：是用修饰的药物载体作为"导弹"，将药物定向地运送到靶区浓集发挥药效。如载药微粒经表面修饰后，不被巨噬细胞所识别，或因连接有特定的配体可与靶细胞的受体结合，或连接单克隆抗体成为免疫微粒等，改变微粒在体内的自然分布而到达特定的靶部位；也可将药物修饰成前体药物，活性部位呈现药理惰性状态，在特定靶区被激活发挥作用。

（3）物理化学靶向制剂：是采用某些物理化学方法将药物传送到特定部位发挥药效。如应用磁性材料与药物制成磁导向制剂，在足够强的体外磁场引导下，定位于特定靶区；或使用对温度敏感的载体制成热敏感制剂，在热疗的局部作用下，使热敏感制剂在靶区释药；也可利用对 pH 敏感的载体制备 pH 敏感制剂，使药物在特定的 pH 靶区内释药；用栓塞制剂阻断靶区的血供和营养，起到栓塞和靶向化疗的双重作用，也属于物理化学靶向制剂。

二、被动靶向制剂

被动靶向制剂即自然靶向制剂，系利用药物载体，即可将药物导向特定部位的生物惰性物质，使药物被生理过程自然吞噬而实现靶向作用的制剂。常见的被动靶向制剂的载体有乳剂、微球、脂质体和纳米粒等。

（一）乳剂

乳剂的靶向性在于对淋巴的亲和性。油状或亲脂性药物制成 O/W 型乳剂及 O/W/O 型复乳给药后，经巨噬细胞吞噬后在肝、脾、肾中高度浓集；水溶性药物以 W/O 型乳剂及 W/O/W 型复乳经肌内或皮下注射后易浓集于淋巴系统。

W/O 型和 O/W 型乳剂虽然都有淋巴靶向性，但两者的程度不同。如丝裂霉素 C 乳剂在大鼠肌内注射后，W/O 型乳剂在淋巴液中的药物浓度明显高于血浆，且淋巴液/血浆浓度比随时间延长而增大；O/W 型乳剂则与水溶液差别小，药物浓度比在 2:1 左右波动。

（二）微球

微球系药物溶解或分散于高分子材料形成的球形或类球形实体。其大小因使用目的而异，一般为 $1\sim250\mu m$，如图 17-8 所示。

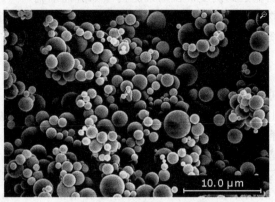

图 17-8　微球注射剂电镜图

药物制成微球后具有缓释长效和靶向作用。靶向微球的材料多数是生物降解材料。根据载体材料的不同，微球可分为天然高分子微球（白蛋白微球、明胶和淀粉微球）和合成聚合物微球（聚乳酸微球）等。

（三）脂质体

脂质体（liposome）系指将药物包封于类脂质双分子层内形成的微型泡囊，亦称类脂小球或液晶微囊，脂质体既可包封水溶性药物，也可包封脂溶性药物，见图 17-9。

13. 脂质体

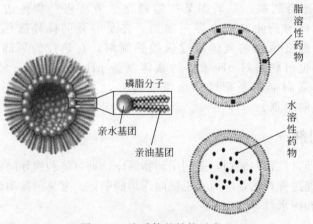

图 17-9　脂质体的结构示意

脂质体具有被动靶向性，通过静脉给药进入机体后，可被巨噬细胞作为外来异物而吞噬摄取，70％～80％浓集于肝、脾和骨髓等单核-巨噬细胞较丰富的器官中，是治疗肝炎、肝寄生虫、肝肿瘤和防止肿瘤扩散转移等疾病的理想药物载体。另外，利用脂质体包封药物还能显著增强细胞摄取，延缓和克服耐药性。如抗肝利什曼原虫药锑酸葡胺被脂质体包封后，肝中药物浓度提高 200～700 倍；再如两性霉素 B 对多数哺乳动物的毒性较大，制成脂质体后，可使其毒性大大降低。

1. 脂质体的组成和结构

脂质体的组成、结构与表面活性剂构成的胶束不同，脂质体由双分子层所组成，胶束则由单分子层组成。

脂质体主要由磷脂和附加剂组成。磷脂是构成脂质体的主要成分（如图 17-9 所示），为两亲性物质，在水中能自发形成脂质双分子层；附加剂常用胆固醇，主要作用是可改变磷脂膜的相变温度，从而影响膜的通透性和流动性。用磷脂与胆固醇作脂质体膜材时，必须用有机溶剂将其配成溶液，然后挥发除去有机溶剂，在蒸发器壁上形成均匀的薄膜，此薄膜是由磷脂分子与胆固醇分子相互间隔定向排列的双分子层组成。

2. 脂质体的分类

脂质体可按结构分为单室脂质体和多室脂质体：①单室脂质体，由一层脂质双分子层构成，粒径约 $0.1 \sim 1 \mu m$，凡经超声波分散的脂质体混悬液，绝大部分为单室脂质体；②多室脂质体，由多层脂质双分子层构成，粒径约 $1 \sim 5 \mu m$。

大小不同和具有不同表面性质的脂质体，适用于多种给药途径，如静脉、肌内和皮下注射、口服或经眼部、肺部、鼻腔和皮肤给药等。

（四）纳米粒

纳米粒又称毫微粒，是一类由天然或合成高分子材料制成的纳米级固态胶体颗粒，包括纳米囊和纳米球，属于胶体分散系统，粒径在 $10 \sim 100nm$ 范围内，可作为理想的静脉注射给药载体，且有良好的组织透过性和被动靶向性。

纳米粒小于普通细胞，有些可以进入细胞内，不易阻塞血管，静脉注射后，被单核-巨噬细胞系统摄取，靶向于肝、脾和骨髓，如图 17-10 所示。通常药物制成纳米粒后，具有缓释、靶向、保护药物、提高疗效和降低毒副作用的特点。如口服胰岛素聚氰基丙烯酸烷酯纳米球、聚氰基丙烯酸异丁酯纳米囊等。

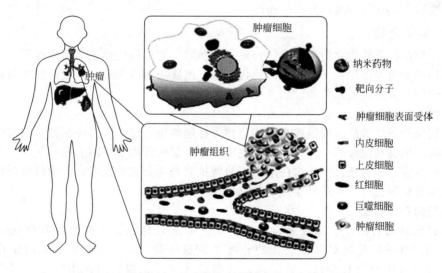

图 17-10　纳米粒注射剂靶向性示意图

三、主动靶向制剂

主动靶向制剂包括经过修饰的药物载体和前体药物两大类。修饰的药物载体有修饰脂质体、修饰微乳、修饰微球、修饰纳米球、免疫纳米球等；前体药物包括抗癌药前体药物、脑部位和结肠部位的前体药物等。

（一）经修饰的药物载体

药物载体经化学修饰后可将疏水表面由亲水表面代替，就可以减少或避免单核-巨噬细胞系统的吞噬作用，有利于进入缺少单核-巨噬细胞系统的组织，起到靶向作用。利用抗体修饰后，可将药物制成定向于细胞表面抗原的免疫靶向制剂。

1. 修饰的脂质体

（1）长循环脂质体：脂质体表面经适当修饰后，可避免单核-巨噬细胞系统吞噬，延长在体内的循环时间，称为长循环脂质体。如脂质体用聚乙二醇（PEG）修饰，其表面被柔顺而亲水的 PEG 链部分覆盖，亲水性增强，巨噬细胞对其识别能力降低和吞噬的可能性减小，从而延长其在循环系统的滞留时间，因而有利于肝、脾以外的组织或器官的靶向性。

（2）免疫脂质体：在脂质体表面接上某种抗体，使其具有对靶细胞分子水平上的识别能力，从而提高脂质体的专一靶向性。如将单抗体与紫杉醇结合形成偶联物，能明显抑制肿瘤生长和延长小鼠的生命。

（3）糖基修饰的脂质体：如半乳糖基脂质体可被肝实质细胞摄取，氨基甘露糖衍生物可以集中分布于肺内。

2. 免疫微球

用聚合物将抗原或抗体吸附或交联形成的微球，称为免疫微球。免疫微球的应用：①抗癌药靶向治疗；②标记和分离细胞作诊断和治疗；③用免疫球蛋白处理红细胞得免疫红细胞，它是在体内免疫反应很小且靶向于肝、脾的免疫载体。

3. 免疫纳米球

单抗体与药物纳米球结合通过静脉注射，可实现主动靶向。如将人肝癌单克隆抗体 HAb18 与载有米托蒽醌的白蛋白纳米粒化学偶联，制成人肝癌特异的免疫纳米粒，能与靶细胞特异性结合，并具有选择性杀伤作用。

（二）前体药物

前体药物系指活性药物衍生而成的药理惰性物质，能在体内经化学反应或酶反应，使活性母体药物再生而发挥疗效。常用前体药物类型：抗癌药前体药物、脑靶向前体药物、结肠靶向前体药物、肾靶向前体药物、病毒靶向前体药物等。

1. 抗癌药前体药物

某些抗癌药制成磷酸酯或酰胺类前体药物可在癌细胞定位，因为癌细胞比正常细胞含较高浓度的磷酸酯酶和酰胺酶；通常肿瘤细胞能产生大量的纤维蛋白溶酶原活化剂，可活化血清纤维蛋白溶酶原成为活性纤维蛋白溶酶，故将抗癌药与合成肽连接，成为纤维蛋白溶酶的底物，可在肿瘤部位使抗癌药再生。

2. 脑靶向前体药物

脑部靶向释药对治疗脑部疾患有重要意义。通常只有强脂溶性药物方可通过血脑屏障，而强脂溶性前体药物对其他组织的分配系数也很高，从而引起明显的毒副作用。如口服多巴胺的前体药物 L-多巴，就是进入脑部纹状体经脱羧酶的作用转化成多巴胺而起治疗作用。

3. 结肠靶向前体药物

主要采用葡糖苷酸、偶氮双键和偶氮双键定位黏附等方式制备前体药物，其中偶氮聚合物的应用前景尤为广阔。另外，可利用结肠特殊菌落产生的酶的作用，在结肠释放出活性药物，从而达到结肠靶向作用。

四、物理化学靶向制剂

物理化学靶向制剂是采用物理化学方法将药物传输到特定部位发挥药效的靶向制剂。

1. 磁性靶向制剂

采用体外磁响应导向至靶部位的制剂称为磁性靶向制剂。此类对治疗离表皮比较近的癌症，如乳腺癌、食管癌、膀胱癌、皮肤癌等，显示出特有的优势。磁性靶向系统常见的有磁性微球、磁性微囊、磁性脂质体和磁性纳米囊等。

2. 栓塞靶向制剂

动脉栓塞是通过插入动脉的导管将栓塞物输到靶组织或靶器官的医疗技术。栓塞的目的是阻断对靶区的供血和营养，使靶区的肿瘤细胞缺血坏死；如栓塞制剂含有抗肿瘤药物，则具有栓塞和靶向性化疗双重作用。

为了提高抗肝癌药米托蒽醌（DHAQ）的药效并降低其毒副作用，将其制备成动脉栓塞米托蒽醌乙基纤维素微球，动物实验表明：肝脏药物浓度高，平均滞留时间为注射剂的2.45倍。

3. 热敏靶向制剂

（1）热敏脂质体：在相变温度时，脂质体中的磷脂产生从胶态到液晶态的物理变化，脂质体膜的流动性大大增强，此时药物释放量最多。利用相变温度不同可制成热敏脂质体。将不同比例类脂质的二棕榈酸磷脂（DPPC）和二硬脂酸磷脂（DSPC）混合，可制得不同相变温度的脂质体。

（2）热敏免疫脂质体：在热敏脂质体膜上将抗体交联，可得热敏免疫脂质体，在交联抗体的同时，可将水溶性药物包封到脂质体内。这种脂质体同时具有物理化学靶向与主动靶向的双重作用，如阿糖胞苷热敏免疫脂质体即属此类。

4. pH 敏感的靶向制剂

主要有 pH 敏感脂质体和 pH 敏感的口服结肠定位给药系统。pH 敏感脂质体是基于肿瘤处的 pH 值比正常组织低的特点而设计的一种具有细胞内靶向和控制药物释放作用的脂质体。制备在低 pH 值范围内可释放药物的 pH 敏感脂质体，通常采用对 pH 敏感的类脂（如DPPC、十七烷酸磷脂）构成脂质体膜，在 pH 值降低时，膜材性质发生改变而融合，加速药物的释放。

课堂互动

展望未来 10 年，你认为或希望靶向制剂将实现哪些方面的突破？

第五节　智能制剂

互联网、人工智能、自动化技术、虚拟仿真等新技术的发展及其组合改变了世界，也必将在不远的将来彻底改变人类的健康、医药产业和药物制剂技术。服务于疾病预防、诊断和治疗的药物制剂和剂型技术的一个重要方向是智能化。下列几项智能制剂技术是近几年开发的，正跨越创意、走出实验室、向临床试验、向工业生产、向我们每一位快步走来。

一、治愈芯片

英国的科学家正开发一种胶囊大小的电子芯片，植入后它可监视肥胖病人的脂肪水平，生成让他们感觉吃饱的遗传物质。这种芯片有望取代当前手术或其他减肥方法。还有数十个团队正研究可监控心脏状况的植入设备。如图 17-11 所示。

二、网络药丸

英国科学家正研发一种网络药丸，它有微处理器，可以在你身体内部直接给医生发送短信。这些药丸可分享你的体内信息，帮助医生了解你的健康状况，以及服药是否有预期效果等。如图 17-12 所示。

图 17-11　治愈芯片

图 17-12　网络药丸

三、避孕芯片

比尔与梅琳达·盖茨基金会正资助麻省理工学院的一个项目，即开发一种可植入女性体内、外部遥控的避孕设备。这种设备的微芯片可在女性体内产生少量避孕激素，持续时间长达 16 年。这种植入不比文身更具侵入性。研究人员称，设备的开关可由植入者控制，为选择主动性提供便利。如图 17-13 所示。

四、可定位胶囊胃镜

胃癌是我国常见的恶性肿瘤之一，但对于胃镜检查，许多人望而却步。令人欣慰的是，一种"智能胶囊消化道内镜系统"，又称"医用无线内镜"，已在上海进行临床试验。不需麻醉，患者只要服下一粒小小的"胶囊"，就能完成胃镜检查，这就是胶囊胃镜。胶囊内镜前端为透明的球状，里面是一个微型数码摄像机和多盏闪光灯，可以在漆黑的消化道内拍出清晰照片。如图 17-14 所示。

图 17-13　避孕芯片

图 17-14　可定位胶囊胃镜

五、智能药丸

智能药丸是指内含微型传感器，能自主在患者体内释放药物成分并通过信号反馈给患者的药剂。2012年7月，赫利乌斯智能药丸系统通过美国FDA审查，批准用于临床，并被英国引进。

发出的信号将由另一套贴在患者皮肤表面的装置接收。这套装置含有一块电池和一块用来记录信息的芯片，它能发送大约5min数字信号，并能通过蓝牙无线传输技术把有关服用药物的种类、服药时间、服用剂量等信息传输给肩上佩戴的接收器。系统主要追踪药物服用时间及剂量，并监控心率和体温。它还会提醒患者下次该何时服药，并记录患者是否睡得好，或者是否进行了充足锻炼。相关信息可以下载到电脑或者手机上，方便患者和医生查看，并采取应对措施。如图17-15所示。

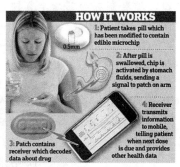

图 17-15　智能药丸及其应用

本章小结

1.速释制剂泛指口服给药后能快速崩解或快速溶解，通过口腔或胃肠黏膜迅速释放并吸收的固体制剂。

2.缓释制剂系指在规定的释放介质中，按要求缓慢地非恒速释放药物，与相应的普通制剂比较，给药次数比普通制剂减少一半或有所减少，且能显著增加患者顺应性的制剂。

3.控释制剂系指在规定的释放介质中，按要求缓慢地恒速释放药物，与相应的普通制剂比较，给药次数比普通制剂减少一半或有所减少，血药浓度比缓释制剂更加平稳，且能显著增加患者顺应性的制剂。

4.透皮吸收制剂，称为贴剂或贴片，系指经皮肤敷贴方式用药，药物由皮肤吸收进入全身血液循环，实现治疗或预防疾病作用的一类制剂。

5.靶向制剂指载体将药物通过局部给药或全身血液循环，选择性地浓集定位于靶组织、靶器官、靶细胞或细胞内结构的给药系统。

6.药物新剂型与普通剂型比较，具有降低毒副作用，提高药物的安全性、有效性、可靠性及患者的顺应性等优点。

学习目标检测

一、名词解释

1.速释制剂

2. 缓释制剂

3. 骨架型制剂

二、填空题

1. 渗透泵片的基本处方组成包括_____、_____、_____等。

2. 透皮吸收制剂的组成可分为_____、_____、_____、_____和保护层。

3. 从方法学上分类，靶向制剂可分为_____、_____、_____三个类型。

三、A型题（单项选择题）

1. 不适合做成缓控释制剂的药物是

A. 抗生素　　　　B. 抗心律失常　　C. 降压药　　　　D. 抗哮喘药　　　　E. 抗精神病药

2. 最适于制备缓、控释制剂的药物半衰期为

A. ＜1h　　　　　　　　　　B. 2～8h　　　　　　　　　　C. 16～24h

D. 24～32h　　　　　　　　E. 32～48h

3. 透皮给药系统简写为

A. TDS　　　　　　B. TTS　　　　C. DDS　　　D. OCDDS　　　E. DPPC

4. 与单室渗透泵技术无关的是

A. 渗透压　　　　B. 膨胀材料　　　C. 膜厚　　　D. 释药孔　　　E. 释放度

5. 不具有靶向性的制剂是

A. 静脉乳剂　　　　　　　　B. 纳米粒注射液　　　　　　　C. 混悬型注射液

D. 脂质体注射液　　　　　　E. 微球注射剂

四、B型题（配伍选择题）

【1～5】 A. 微球　　B. 滴丸　　　C. 脂质体　　　D. 软胶囊　　　E. 微丸

1. 常用包衣材料制成具有不同释放速度的小丸的是

2. 可用固体分散技术制备，具有疗效迅速、生物利用度高等特点的是

3. 可用滴制法制备，囊壁由明胶及增塑剂组成的是

4. 将药物包封于类脂双分子层内形成的微型囊泡的是

5. 采用聚乳酸等高分子聚合物为载体，属被动靶向制剂的是

五、 X型题（多项选择题）

1. 口腔崩解片应具有的基本要求包括

A. 崩解迅速　　　　　　　　B. 口感好　　　　　　　　　　C. 无沙砾感

D. 大剂量　　　　　　　　　E. 小片

2. 口服缓、控释制剂的特点包括

A. 可减少给药次数　　　　　B. 可提高病人的用药顺应性

C. 有利于降低药物的首过效应　D. 有利于降低药物的毒副作用

E. 可避免或减少血药浓度的峰谷现象

3. 与常用普通剂型如口服片剂、胶囊剂或注射剂等比较，TDDS的特点有

A. 作用时间延长　　　　　　B. 维持恒定的血药浓度

C. 减少用药次数　　　　　　D. 避免首过效应

E. 起效非常迅速

4. 优良的靶向制剂应具备

A. 缓慢释药　　　　　　　　B. 长期滞留　　　　　　　　C. 定位浓集

D. 控制释药　　　　　　　　E. 无毒可生物降解

六、简答题

1. 不能制成口腔分散型制剂的药物有哪些?

2. 简述亲水凝胶骨架片和水不溶性骨架片的缓、控释辅料主要有哪些。

3. 常见的被动靶向制剂的载体有哪些? 特点是什么?

第五部分

生物药剂学

第十八章 | 药物制剂的体内过程

知识延伸

药物代谢动力学

　　药物代谢动力学（pharmacokinetics），简称药代动力学或药动学，主要是定量研究药物在生物体内的四个过程——吸收、分布、代谢和排泄（简称 ADME），并运用数学原理和方法阐述药物在机体内的动态规律的一门学科。确定药物的给药剂量和间隔时间的依据，使药物在其作用部位能达到安全有效的浓度，药物浓度受药物体内过程的影响而动态变化。

　　药物在体内的吸收、分布及排泄过程称为药物的转运；药物的代谢和排泄合称为消除。

第一节 吸 收

　　药物只有吸收了才算真正进入体内。药物从给药部位进入血液循环的过程称为吸收。吸收的速度和程度直接影响到药物起效的快慢和作用的强度。

一、影响因素

　　影响药物吸收的因素很多，可以归为两大类：药物因素和机体因素。

（一）药物因素

　　药物因素主要包括药物的理化性质、药物剂型和给药途径等。这里主要介绍药物的理化性质、药物剂型对药物吸收的影响。

1. 药物的理化性质

（1）药物脂溶性和解离度：胃肠道上皮细胞膜为类脂双分子层结构，这种生物膜只允许脂溶性非离子型药物透过而被吸收。故一般油/水分配系数大的药物吸收较好，但药物的油/水分配系数若过大，有时吸收反而不好，因为亲脂性极强的药物难以进入水性的细胞质或体液。

通常弱酸性药物在胃液中几乎不解离，故吸收较好；弱碱性药物在胃液中解离度高，故吸收差。消化道吸收部位的药物分子型比例是由药物本身的 pK_a 和吸收部位的 pH 值决定的。如弱酸性药物的 pK_a 大于吸收部位的 pH 值时，则分子型药物所占比例高，故弱酸性药物在 pH 值低的胃中吸收增加；而弱碱性药物则是 pK_a 小于吸收部位的 pH 值时，分子型药物所占比例高，故弱碱性药物在 pH 值高的小肠中吸收增加。

（2）溶出速度：固体制剂口服后，必须先崩解，药物溶解释放后才能被吸收。因此，任何影响制剂崩解和药物溶解的因素均能影响药物的吸收。一般来说，可溶性药物溶解速度快，溶出速度对药物吸收的影响较少；但难溶性药物或溶解缓慢的药物，溶出速度则可限制药物的吸收。增加难溶性药物溶出速度常采用的措施有：①减小粒径；②制成可溶性成盐；③选择多晶型药物中的亚稳定型、无定型或选择无水物等来增加药物的溶解度等。

（3）药物在胃肠道中的稳定性：很多药物在胃肠道中受到胃肠道的 pH 值或胃肠道中各种酶的影响，会出现降解或失活现象。当药物在胃肠道中不稳定时，通常措施是：采用注射或其他起全身作用的给药途径，或利用包衣技术防止某些胃中不稳定药物的降解和失效，也可制成药物的衍生物或前体药物。

2. 药物剂型

（1）剂型：除静脉给药外，药物剂型对药物吸收有较大影响。剂型不同，药物的作用部位及给药途径可能不一样。有些剂型给药后药物必须经过肝脏，才能进入体循环；有些剂型药物不经过肝脏可直接进入体循环。不同的口服剂型，药物从制剂中的释放速度不同，药物的吸收速度和程度也往往有较大差异。一般认为口服剂型的吸收顺序是：溶液剂＞混悬剂＞散剂＞胶囊剂＞片剂＞包衣片。

（2）制备工艺：制剂在制备过程中的许多操作都可能影响到药物的吸收，如混合、制粒、压片、包衣等操作。如制粒操作中，黏合剂与崩解剂的品种、用量、颗粒的大小、松紧度及制粒方法，以及压片压力的大小，均会影响药物的溶出速率。

（3）辅料：在制剂过程中，通常加入各种辅料如黏合剂、稀释剂、润滑剂、崩解剂等，来增加药物的均匀性、有效性和稳定性。而无生理活性的辅料几乎不存在，故许多辅料对固体制剂的吸收也会有一定影响。

（二）机体因素

机体因素主要包括胃肠道的 pH 值、胃肠道运动、食物、吸收部位的血流速度、胃肠病理情况等。

1. 胃肠道的 pH 值

胃液的 pH 值约为 1.0，但餐后可略增高（pH 3.0～5.0），故有利于弱酸性药物的吸收。小肠的 pH 值较胃液高，通常为 5～7，有利于弱碱性药物吸收。而大肠液的 pH 值更高，约为 8.3～8.4。

大多数有机药物都是弱酸性或弱碱性药物，故胃肠道中的不同 pH 值决定弱酸性和弱碱性药物的解离状态，而消化道上皮细胞膜是一种脂质膜，故分子型药物比离子型药物易于吸收。

2. 胃肠道运动

（1）胃肠道蠕动：①胃的蠕动可使食物和药物充分混合，同时有分散和搅拌作用，使药物与胃黏膜充分接触，有利于胃中药物的吸收，同时将内容物向十二指肠推进；②肠的蠕动可促进固体制剂进一步崩解，使之与肠液充分混合溶解，增加已溶解的药物与黏膜表面的接触，有利于药物吸收。一般药物与吸收部位的接触时间越长，药物的吸收越好。

（2）胃排空：胃内容物经幽门向小肠排出称胃排空，单位时间胃内容物的排出量称胃空速率。多数药物以小肠吸收为主，当胃空速率增加时，药物到达小肠部位越快，越利于药物吸收；但对于需在十二指肠主动吸收的药物，胃排空速率缓慢，反而更有利于吸收。而胃空速率慢，药物在胃中停留时间延长，则有利于弱酸性药物的吸收。

影响胃空速率的因素主要有食物的组成与理化性质、胃内容物的黏度与渗透压、药物因素、身体姿势等。

3. 食物

食物可使药物的吸收减少或吸收速度减慢，也可能两者均有。如食物的存在使胃内容物黏度增大，使药物向胃肠壁扩散速度减慢，从而影响药物的吸收；同时食物的存在减慢了胃空速率，推迟了药物在小肠的吸收；食物可消耗胃肠道内的水分，使胃肠液减少，从而使固体制剂的崩解和药物溶出变慢；食物中含有较多脂肪时，能促进胆汁的分泌，可增加难溶性药物的吸收等。

4. 吸收部位的血流速度

消化道周围的血流速度与药物的吸收有着复杂的关系。当血流速率下降时，吸收部位转运药物的能力下降，降低细胞膜两侧浓度梯度，使药物吸收减慢。血流速率对难吸收药物影响较小，对易吸收药物影响较大。

5. 胃肠病理情况

疾病可引起生理功能紊乱而影响药物的吸收。如胃酸缺乏、腹泻、部分胃切除等会影响药物从胃肠道的吸收。

二、不同给药途径的药物吸收

临床上常用的给药途径有胃肠道给药和非胃肠道给药两种。

1. 胃肠道给药

常用的胃肠道给药方式有口服、舌下、直肠给药等。药物主要通过被动转运从消化道黏膜吸收。

 知识延伸

被动转运

被动转运是指药物从高浓度一侧向低浓度一侧的转运，其主要动力就是膜两侧的浓度差。其特点是不耗能，不需要载体帮助，且无饱和性。大多数药物在体内的转运是按这种方式进行的。被动转运包括简单扩散、滤过、易化扩散三种。

（1）口服给药：是最常用的给药途径。胃液 pH0.9～1.5，水杨酸等弱酸药物可从胃中开始吸收，但因胃表面积小，药物在胃内停留时间短，故在胃内吸收有限；小肠内 pH 接近中性，肠黏膜吸收面积大，肠缓慢蠕动增加药物与黏膜接触机会，肠液丰富，药物在其中的溶解性好，肠道血流丰富，是主要吸收部位。药物经胃肠道吸收后通过门静脉进入肝脏，然后进入全身血液循环。有些药物通过胃肠道和肝脏时就有部分发生生物转化，使进入体循环的量减少，这种现象叫首过效应。某些药物如硝酸甘油、普萘洛尔、利多卡因、吗啡等具有明显的首过效应，应避免口服给药。此外，对于那些在胃肠易被破坏、对胃刺激大的药物，以及昏迷不能吞咽的病人及婴儿等均不宜口服给药。固体药物口服后，需经崩解、释放后才能吸收，故起效较慢。

（2）舌下及直肠给药：可避免首过效应，吸收迅速；但给药量较少，吸收不规则等缺点限制了其广泛应用。

2. 注射给药

常用的注射方式有静脉（含静脉注射和静脉滴注）、肌内、皮下和皮内注射等。其显著特点是：避免胃肠道消化酶和酸、碱液对药物的破坏；避免了首过效应；给药剂量准确，起效迅速，吸收完全；适用于危急、昏迷又不能口服的病人。

（1）静脉注射（iv）：可使药物直接进入血液循环，没有吸收过程。

（2）肌内注射（im）及皮下注射（sc）：药物经毛细血管和淋巴内皮细胞膜进入血液循环。药物吸收速率取决于注射部位的血流量和药物剂型。注射部位血流量丰富可加速吸收，注射液中加入少量缩血管药则可延长药物的局部作用。水溶液吸收迅速；油剂、混悬剂可在局部滞留，故吸收慢，作用持久。有刺激性药物可引起疼痛和炎症，不宜注射给药。

3. 呼吸道给药

药物经肺部吸收进入血液循环。肺泡表面积总和可达 200 ㎡，血流量大，到达肺泡的药物与血液之间只隔肺泡上皮及毛细血管内皮，小分子脂溶性、挥发性气体可迅速吸收。气雾剂为分散在空气中的微小气体或固体颗粒，直径在 $5 \mu m$ 左右微粒可达到肺泡而迅速吸收；$2 \sim 5 \mu m$ 直径或以下的微粒可重被呼出；$10 \mu m$ 直径微粒可在细支气管沉积。利用这一原理，可将药物制成不同直径的微粒，用于不同的目的。气雾剂解除支气管痉挛是局部用药，如粒径 $10 \mu m$ 左右的异丙肾上腺素气雾剂可用于治疗支气管哮喘。粒径大的喷雾剂微粒主要滞留在支气管，难以到达细支气管和肺泡，可用于鼻咽部抗菌、消炎、祛痰、通鼻塞等局部治疗。

4. 经皮给药

完整皮肤通常吸收能力差，皮肤用药主要发挥局部作用。但一些脂溶性药物可以缓慢通过皮肤吸收。如有机磷酸酯类杀虫药可以经皮吸收中毒。近年来，经皮吸收促进剂（如月桂氮䓬酮）的应用，使经皮给药系统有了很大发展，一些经皮给药制剂相继出现，如硝苯地平贴剂和硝酸甘油缓释贴剂可用于全身治疗。

第二节　分　　布

一、概述

分布是指吸收后的药物从血液循环到达机体各个部位和组织的过程。药物分布过程有点像快递，将各地运来的包裹按地址逐一分配到各个用户处去。理想的药物分布应选择性到达靶器官，并在治疗期间维持适当的浓度，尽量不分布到无关的部位，最大限度地发挥治疗作用，避免不良反应。

二、影响因素

药物在体内的分布是不均匀的，影响药物分布的因素主要有：药物与血浆蛋白结合、局部器官的血流量、药物与组织的亲和力、体液的 pH 与药物的解离度、体内屏障等。

1. 药物与血浆蛋白结合

大多数药物可与血浆蛋白呈可逆性结合，药物与血浆蛋白结合具有以下特点：①与药物结合的血浆蛋白以白蛋白为主，弱碱性药物主要与白蛋白结合，弱酸性药物既能与白蛋白结合，还常与脂蛋白及 a1-酸性糖蛋白结合；②结合型药物暂时贮存在血液中且无药理活性，因为结合型药物分子量变大，不能跨膜转运，暂时贮存在血液中，不能到达作用部位发挥药效；③药物与血浆蛋白结合具有饱和性，达饱和后，继续增加药物剂量，可使游离药物浓度迅速增加，容易引起毒性反应；当血浆蛋白过少（如肝硬化）或变质（如尿毒症）时，药物血浆蛋白结合率下降，也容易发生毒性反应；当然也应看到，游离型药物浓度的增高会加速消除，血浆中游离型药物浓度难以持续增高；④存在竞争性抑制现象，药物与血浆蛋白结合特异性较低，而与药物结合的血浆蛋白结合位点有限，当两个与血浆蛋白均有高度结合的药物同时使用时，两药可能竞争同一蛋白结合部位而发生置换现象，使其中一种或两种游离药物浓度增高，使药理作用增强或中毒。如抗凝血药华法林与保泰松合用时，结合型的华法林被置换出来，使游离药物浓度明显增加，抗凝作用增强。

2. 局部器官血流量

吸收的药物通过循环迅速向全身组织输送，首先向血流量大的器官分布，如肝、肾、脑、肺等血流量丰富的器官药物分布迅速，然后再向血流量较小的组织转运，即再分布。如静脉注射麻醉药硫喷妥钠，首先在血流量大的脑组织中发挥麻醉效应，然后再向脂肪等组织转移，效应很快消失。

3. 药物与组织的亲和力

由于药物与不同组织的细胞亲和力不同，故药物在不同组织的分布是不均匀的，即药物的分布具有一定的选择性。碘主要分布在甲状腺，钙沉积于骨骼组织中，就是典型的例子。有些药物与组织可发生不可逆性结合造成毒性反应，如四环素与钙络合沉积于骨骼及牙组织中，可导致儿童骨骼生长抑制与牙齿变黄。

4. 体液的 pH 值和药物的解离度

在生理条件下，细胞内液 pH 值为 7.0，略低于细胞外液的 pH 7.4，由于 pH 值的差异导致药物解离度的不同，故弱碱性药物在细胞内分布略高于细胞外，而弱酸性药物在细胞外液浓度略高于细胞内。当弱酸性药物巴比妥中毒时，运用这一原理，可用碳酸氢钠碱化血液及尿液，使脑细胞中药物向血浆转移并加速由尿排泄，从而达到抢救巴比妥类药物中毒的目的。

5. 体内屏障

（1）血脑屏障：脑部毛细血管内皮细胞间紧密联接，基底膜外还有一层星状细胞包围，这种特殊结构形成了血浆与脑脊液之间的屏障。它阻碍了大分子药物、水溶性药物或离子型药物的通过，从而维护了中枢神经系统内环境的相对稳定。因此，治疗脑病应选用极性低的脂溶性药物，如与血浆蛋白结合较少的磺胺嘧啶，可进入脑脊液用于防治化脓性脑脊髓膜炎。为了减少中枢神经不良反应，可将生物碱类药物季铵化以增加其极性，如将阿托品季铵化变为甲基阿托品，后者不能通过血脑屏障，避免发生中枢兴奋反应。脑膜炎症时，血脑屏障通透性增加。如青霉素难以进入健康人的脑脊液，但脑膜炎时，可在脑脊液中达到有效的血药浓度，用于治疗，但不宜用于预防。

（2）胎盘屏障：是指胎盘绒毛与子宫血窦间的屏障，是将母体的血液与胎儿血液隔开的一种生理屏障。其通透性与一般生物膜并无显著差别。几乎所有药物都能穿透胎盘屏障进入胚胎循环，故在妊娠期间应禁用对胎儿发育有影响的药物，特别是在妊娠第 3 周至第 3 个月末是药物致畸的特别危险期，应尽量避免使用药物。因到达胎盘的母体血流量少，其物质交换进入胎儿循环在时间上将滞后一些。利用这一时间差，可以在预期胎儿娩出前短时内注射镇静镇痛药，用于分娩止痛。

第三节　代　谢

一、概述

　　药物在体内发生的化学变化称为生物转化，也叫药物代谢，是指体内药物在药酶作用下所产生的化学结构变化。一般情况下，药物在体内经生物转化后，极性增加，水溶性提高，有利于药物排泄。药物经生物转化后药理活性的变化存在多种情况：多数药物经生物转化后失活，代谢产物药理作用减弱或消失；有些药物经生物转化后，代谢产物药理作用与原药相似甚至更强，如非那西丁代谢物对乙酰氨基酚解热镇痛作用更强，后来直接将对乙酰氨基酚作为药物；有的药物本身没有药理活性，需在体内经生物转化后才有活性（被激活），这种药物被称为前药，如抗癌药环磷酰胺，在体内转化为磷酰胺氮芥后发挥破坏 DNA 的作用；还有一些药物经生物转化后，代谢产物有毒性，如异烟肼的乙酰化代谢产物对肝脏有较强的毒性。

二、步骤

　　药物在体内的生物转化分两步进行。

　　第一步称Ⅰ相反应，在此相反应中，药物被氧化、还原或水解；催化Ⅰ相反应的酶主要是肝微粒体中的细胞色素 P450 酶；Ⅰ相反应使多数药物灭活，也有少数反而活化，故生物转化不能称为解毒过程。

　　第二步称Ⅱ相反应，在此相反应中，药物与体内物质（如葡萄糖醛酸、甘氨酸、硫酸等）结合或经乙酰化、甲基化，使药物活性降低或灭活并使极性增加，最后排出体外；催化Ⅱ相反应的酶主要有葡萄糖醛酸转移酶、谷胱甘肽-S-转移酶、磺基转移酶、乙酰基转移酶等。不同的药物在体内转化过程不同，有的只经一步转化，有的完全不变就自肾排出，有的需经多步转化生成多个代谢产物。

　　肝脏是药物生物转化的主要场所。肝脏微粒体的细胞色素 P450 酶系是促进药物生物转化的主要酶系，故又简称肝药酶，它是一个庞大的多功能酶系，由多种酶组成，可作为单加氧酶、脱氢酶、脂酶等催化药物的代谢反应，该酶系统在缺氧条件下可对偶氮及芳香硝基化合物产生还原反应，生成胺基。其中主要的氧化酶系是细胞色素 P450，它的结构与血红蛋白相似，以铁离子为中心的血红素，因与 CO 结合后的主峰在 450nm，故得名 P450 酶系。

第四节　排　泄

一、概述

　　药物的排泄是指药物的原形或代谢产物通过排泄器官或分泌器官从体内排出的过程。药物的排泄类似于居民小区的垃圾处理过程，是生命体新陈代谢的终端，也是不可或缺的重要组成部分。

二、途径

　　药物主要经由尿液、胆汁和粪便排泄，肾脏是药物的主要排泄器官。有些药物也可通过呼吸道、唾液、乳汁、汗液等途径排泄。

1. 肾脏排泄

肾脏对药物的排泄涉及到肾小球滤过、肾小管分泌和肾小管重吸收等环节。

（1）肾小球滤过：肾小球毛细血管膜通透性较大，分子量低于 2 万的药物可通过，故未与血浆蛋白结合的游离药物及其代谢产物能通过肾小球过滤进入肾小管。影响药物肾小球滤过的主要因素有肾小球滤过率和药物与血浆蛋白结合率。肾小球滤过是药物及其代谢产物经肾排泄的重要环节，如滤过到肾小管的原形药物或代谢产物不被肾小管重吸收，可随尿液顺利排出。

（2）肾小管分泌：有些药物能以主动转运的方式分泌入肾小管内。在该处的细胞具有两种非特异性的主动分泌通道，分别由两类载体转运，一是弱酸类通道，分泌酸性药物的阴离子；另一是弱碱类通道，分泌碱性药物的阳离子。经同一机制分泌的药物可竞争转运载体而发生竞争性抑制。如弱酸性药物丙磺舒，经弱酸类通道分泌，可竞争性抑制经同一机制分泌的其他弱酸性药物的分泌，当与青霉素合用时，可使青霉素分泌减少，排泄减慢，药效增强，持续时间延长。

（3）肾小管重吸收：经肾小球滤过或由肾小管分泌的药物进入肾小管后，可被肾小管重吸收。肾脏主要在远曲小管以简单扩散方式对肾小管内药物进行重吸收。随着原尿水分的回收，当尿药浓度高于血药浓度时，由于肾小管上皮细胞具有脂质膜的特性，那些极性低、非离子型的脂溶性大的药物向血浆扩散，进行重吸收；而那些经过生物转化的极性高的水溶性代谢物不被再吸收而顺利排出。利用这一原理，可通过改变尿液的 pH 值，影响肾小管内药物的解离度，进而影响药物在肾小管的重吸收，如弱酸性药物苯巴比妥、水杨酸钠中毒，可用碱化尿液的方法（如给予碳酸氢钠），增加它们在尿液中的解离度，减少吸收，促进排泄；同理，可通过酸化尿液使碱性药物（如苯丙胺）在尿中离子化，加速其排泄。

当肾功能不全时，主要通过肾脏排泄的药物使排泄减慢，当 $t_{1/2}$ 期延长，血药浓度升高，可造成蓄积中毒，应减少剂量或延长给药间隔。

2. 胆汁排泄

有些药物可经肝脏排入胆汁，自胆汁排泄进入十二指肠，再经粪便排出体外。有些药物随胆汁到达小肠后可在肠道被重吸收，这一现象称为肝肠循环。肝肠循环在药效学上表现为药物作用明显延长，在药时曲线上表现为双峰现象。如洋地黄、地高辛和地西泮等药物的肝肠循环现象明显。在这些药物中毒时，可通过导泻、口服肠内络合剂等阻断其肝肠循环，加速其排泄。

3. 其他排泄途径

（1）经肺排泄：肺脏是某些挥发性药物的主要排泄途径，如麻醉药异氟烷、氧化亚氮等主要从肺排出；饮酒后可从呼出的气体中检出乙醇。

（2）经乳汁排泄：由于乳汁 pH 值略低于血浆，一些碱性药物可从乳汁排泄，如吗啡、氯霉素等。故应注意哺乳时，一些毒性较大的药物经乳汁排泄可能对婴儿产生的不良影响。

（3）胃液酸度高，某些生物碱（如吗啡等）注射给药也可向胃液扩散，对于这类药物中毒，洗胃是治疗和诊断的措施之一。一般而言，粪中药物多数是口服未被吸收的药物。

（4）此外，药物也可自唾液及汗液排泄。

📝 **本章小结**

1. 吸收是指药物从给药部位进入血液循环的过程。

2. 分布是指吸收后的药物从血循环到达机体各个部位和组织的过程。

3.药物在体内发生的化学变化称为生物转化，也叫药物代谢，是指体内药物在药酶作用下所产生的化学结构变化。代谢的主要部位是肝脏。

4.排泄是指药物的原形或代谢产物通过排泄器官或分泌器官从体内排出的过程。排泄的主要部位是肾脏。

学习目标检测

一、名词解释

1.首过效应

2.血脑屏障

二、填空题

1.代谢和排泄过程合称为_____，代谢主要在_____进行。

2.药物从血液到组织器官分布的速度取决于组织器官的_____和药物与组织器官的_____。

三、A型题（单项选择题）

1.药物的吸收过程是指

A.药物与作用部位结合　　　　　　　　B.药物进入胃肠道

C.药物从胃肠道进入体内　　　　　　　D.药物从给药部位进入血液循环

E.药物随血液分布到各组织器官

2.药物的肝肠循环可影响

A.药物的体内分布　　　　　　　　　　B.药物的代谢

C.药物作用出现的快慢　　　　　　　　D.药物作用持续时间

E.肝肾功能

3.具有首过效应的给药途径是

A.静脉注射　　　　　　　　　　　　　B.肌内注射

C.直肠给药　　　　　　　　　　　　　D.口服给药

E.舌下给药

4.肌内注射时，药物的转运方式为

A.通过静脉吸收　　　　　　　　　　　B.通过淋巴系统吸收

C.通过毛细血管壁直接扩散　　　　　　D.通过毛细血管内皮细胞膜孔隙进入

E.通过肌肉吸收

四、B型题（配伍选择题）

【1～5】　A.吸收　　　　　B.分布　　　　　C.代谢　　　　　D.排泄　　　　　E.消除

1.主要在肝脏中进行的是

2.主要在肾脏中进行的是

3.药物在血液与组织间可逆性转运是

4.药物从用药部位进入体循环的过程是

5.药物在体内发生化学结构变化的过程是

五、X型题（多项选择题）

1. 下列给药途径中存在吸收过程的有
A. 肌内注射   B. 静脉注射
C. 直肠给药   D. 口服给药
E. 皮肤给药

2. 下列关于药物与血浆蛋白结合的特点，说法正确的有
A. 不利吸收   B. 药理活性暂时消失
C. 是可逆的   D. 加速药物在体内分布
E. 若被其他药物置换，游离血浓度增高

3. 影响药物体内分布的因素有
A. 局部器官血流量   B. 血脑屏障作用
C. 给药途径   D. 胎盘屏障作用
E. 药物的脂溶性和组织亲和力

4. 关于药物排泄过程描述正确的为
A. 酸性药在碱性尿中解离少，排泄慢
B. 解离度大的药物重吸收少，易排泄
C. 极性大的药物在肾小管重吸收少
D. 药物自肾小管的重吸收可影响药物在体内存留的时间
E. 脂溶性高的药物在肾小管重吸收多

六、简答题

1. 什么是药物代谢？药物代谢后药理作用有何变化？
2. 药物的排泄途径有哪些？

第六部分

药物制剂实验部分

药物制剂实验报告格式和要求

实验××   题目

××年级××专业（×）班   学号   姓名   日期

一、实验目的：用自己的话归纳出该实验的目的，限2行。

二、实验原理：根据自己的理解，用自己的话归纳出该实验的原理，限3行。

三、实验材料

1.仪器：根据实际使用情况填写，必要时填写型号和规格。

2.材料：根据实际使用情况填写，必要时填写型号和规格。

四、实验步骤：要求按流程工艺图的形式撰写，用框图、箭头、标示等手段展示工艺制备过程，相关参数（如温度、时间、状态、操作、简写、要求等）标注于制备过程或箭头之上。限2行。

五、实验结果：客观的数字、表格、图注、定性定量的结果或现象描述。有可能良性，也有可能是阴性或无结果。最好以简洁方式表述，尤其是图、表、短句、词组、数字等。

六、实验结论：根据结果和过程，凭知识、经验、思考和检索之后分析得到的结论。有可能跟设计的相矛盾，也有可能完全吻合；有可能得到正确的结论，也有可能得到错误甚至荒谬的结论。此项内容展示实验者的思维和逻辑能力。

七、实验讨论：是实验报告中最有价值的部分，显示实验者的真正水平和收获。应针对实验过程中的问题和现象展开讨论，包括成功的经验和失败的教训、操作过程的反思、对实验整体设计的追问、新的设想和新思路、延伸的相关问题、未解开的谜团等等。

八、思考题：讲义或实验授课教师提出的预习或实验过程中要求思考的问题，根据实验情况、实验结果、专业检索的内容回答。

九、附件：作为实验报告的成果或证据的材料，包括数码照片、视频、样品、原始记录等。作为有价值的档案材料或凭据，可封存后或直接张贴于实验报告的背面。

实验一　**真溶液型液体药剂的制备**

一、实验目的

通过实验掌握真溶液型液体药剂的制备方法，掌握助溶的方法和原理。

二、实验原理

真溶液型液体药剂的制法有溶解法、稀释法、化学反应法等，其中溶解法应用最多。本实验采用溶解法制备，其中有加助溶剂和分散剂两种方式。

三、实验仪器及材料

1. 仪器：量杯、移液管、天平、玻棒、125mL 具塞广口瓶、漏斗、滤纸。
2. 材料：碘、碘化钾、薄荷油、滑石粉、纯化水。

四、实验过程

（一）复方碘溶液（卢戈氏溶液）

【处方】　碘 0.5g　　　碘化钾 1g　　　纯化水加至 10mL

【制法】　取碘化钾加适量纯化水（约 2mL）完全溶解，配制成浓溶液，再加入碘，搅拌至使其完全溶解，最后加水至全量（10mL）。

【样品图片】　见实验图 1-1、实验图 1-2。

实验图 1-1　碘未完全溶解所制样品

实验图 1-2　成功制备的复方碘溶液样品

【用途】 调节甲状腺功能，用于缺碘引起的疾病，如甲状腺肿、甲亢等症的辅助治疗。每次 0.1～0.5mL，饭前用水稀释 5～10 倍后服用，一日 3 次。外用作黏膜消毒剂。

【操作要点和注意事项】

1.碘化钾在水中的溶解度为 1：0.7，制备成饱和溶液可以加速碘的溶解。碘化钾必须完全溶解，再将碘完全溶解于浓碘化钾溶液后，才能加水至全量。

2.碘为氧化性药物，称量时选用玻璃容器或小烧杯，不能用手直接接触，不宜久置空气中。应贮于密闭具塞玻璃瓶内，不得直接与木塞、橡皮塞及金属塞接触。为避免碘腐蚀，可加一层玻璃纸衬垫。

3.本实验如何实现助溶？增溶与助溶的区别与联系是什么？

$I_2 + KI \longrightarrow KI_3$；KI 是助溶剂，形成复合物。

4.若有不溶物，能否过滤？用什么材料过滤？

5.因为碘有刺激性，本品若口服，应如何处理？本品服用剂量较小，且有刺激性，可用水稀释成 1/10～1/5 溶液服用。

6.碘有升华性质，溶解度低（1：2950），碘化钾与碘形成水溶性络合物而使碘溶解，同时此络合物比碘的刺激性小。

7.碘化钾在处方中起助溶剂和稳定剂的作用。

8.溶液型液体药剂的制备通则

（1）液体药物通常以容量为主，单位常用 mL 或 L 表示。固体药物用称量，以 g 或 kg 表示。以液滴计数的药物，要用标准滴管，标准滴管在 20℃时，1mL 蒸馏水应为 20 滴，其重量误差范围应在 0.90～1.10g。

（2）药物称量时一般按处方顺序进行。有时亦需要变更，例如麻醉药应最后称取，并进行核对和登记用量。量取液体药物后，应用少量纯化水荡洗量具，洗液合并于容器中，以避免药物的损失。

（3）处方组分的加入次序，一般先加入复溶媒、助溶剂和稳定剂等附加剂。难溶性药物应先加入，易溶药物、液体药物及挥发性药物后加入。酊剂（特别是含树脂性药物者）加到水溶液中时，速度要慢，且应边加边搅拌。

（4）为了加速溶解，可将药物研细，取处方溶剂的 1/2～3/4 量来溶解，必要时可搅拌或加热。但受热不稳定的药物以及遇热反而难溶的药物则不宜加热。

（5）固体药物原则上宜另用容器溶解，以便必要时进行过滤。

（6）成品应进行质量检查，合格后选用洁净容器包装，并贴上标签（内服药用白底蓝字或白底黑字标签，外用药用白底红字标签）。

（二）薄荷水

【处方】　薄荷油 0.2mL　　　　滑石粉 1.5g　　　　纯化水加至 100mL

【制法】　称取 1.5g 滑石粉置于干净、干燥的研钵内，略研，取 0.2mL 薄荷油（胶头滴管 4 滴）分次滴入滑石粉中研匀，研磨时间不可过长。加适量纯化水（80mL）分次转入小口瓶，振摇 10min，过滤，从滤器上加纯化水至全量（100mL）。若滤液浑浊，需重滤一次。

【样品图片】　见实验图 1-3。

实验图 1-3　薄荷水的制备

【用途】 矫味剂。

【操作要点和注意事项】

1.注意薄荷水制备过程中的振摇方式和放气的要求。

2.薄荷水最终制成 100mL。从研钵向小瓶的转移和定量需用水少量多次进行，一般将 80mL 分为 30、20、10、10、5、5(mL) 共 6 次转移。

3.在挥发油与滑石粉研磨后，要不要加水研磨？还是直接加到广口瓶中振摇即可？

4.过滤时最好先将待滤液静置几分钟，振摇时所产生的浮沫也应尽可能使之沉降，以加快过滤速度。

五、质量检查

真溶液外观应均匀、透明，无可见微粒、纤维等物。鉴别和含量测定按《中国药典》（2020 年版）或有关制剂手册各制剂项下检查方法检查，应符合要求。

卢戈氏溶液应为深棕色澄明液体，有碘臭味。

薄荷水应为无色澄明液体，有薄荷味。

真溶液质量检查结果记录于实验表 1-1 中。

实验表 1-1　真溶液质量检查结果

项目	颜色	澄明度	气味
复方碘溶液			
薄荷水			

六、安全提示

1.碘有腐蚀性，称量时用玻璃或蜡纸，一般不宜用手或普通纸直接接触碘。

2.复方碘溶液若不慎误服，可内服 20% 硫代硫酸钠溶液解救，一次用量 10~20mL，每 5~10min 一次，也可以用淀粉浆口服或洗胃。

3.碘溶液为氧化剂，与还原剂、鞣质、生物及生物碱等易起化学反应。包装用软木塞应加垫一层玻璃纸，因为软木塞中含有鞣质。

七、常见问题思考

1.卢戈氏溶液中碘如何起助溶作用？KI_3 会不会再分解为 I_2？何种条件下分解？

2.卢戈氏溶液制备时能否先让 KI 与 I_2 先混合再加水？为什么？

3.为什么薄荷水制备过程中可能会有浑浊？如何避免和处理？

4.滑石粉的作用是什么？要不要写入配方？

5.应考虑薄荷水制备的速度，薄荷油会不会挥发，从而影响含量。

6.薄荷水过滤时往往很慢，如何加快薄荷水的过滤速度？

7.滑石粉虽有溶解辅助作用，但能否保证薄荷油完全进入水相？如何判别？

胶体溶液型液体药剂的制备

一、实验目的

通过实验，学习并掌握两种胶体溶液型液体药剂（高分子溶液和溶胶）的特点、性质和制备方法。掌握潜溶和增溶的方法。

二、实验原理

亲水胶体溶液的制备方法，基本上与真溶液相同，由于分散相是高分子，制备时需注意"溶胀过程"，宜采用分次撒于水面上，令其充分膨胀而胶溶；或加适量润湿剂（如乙醇、甘油），后加水振摇或搅拌使之胶溶；有的亲水胶体可以通过表面活性剂增溶的方式制备。一般亲水胶不宜直接将水加入胶粉中，否则易结成块，使水难进入团块中心。本实验中羧甲纤维素钠胶浆属于高分子溶液。

疏水胶体可以采用分散法或凝聚法制备，如本实验中的氢氧化铝凝胶。

三、实验仪器及材料

1. 仪器：天平、烧杯、量筒、量杯、药匙、玻棒、电热套、温度计、滤纸、纱布、棉花。

2. 材料：羧甲纤维素钠、甘油、5%尼泊金乙酯、香精、明矾、碳酸钠、薄荷油、5%尼泊金乙酯、纯化水。

四、实验过程

（一）羧甲纤维素钠胶浆

【处方】 羧甲纤维素钠 1g　　　　　甘油 10mL　　　5%尼泊金乙酯 0.1mL
香精 q.s（胶头滴管 1 滴）　纯化水加至 50mL

【制法】 将羧甲纤维素钠溶于 30mL 热水中，分散后加入尼泊金乙酯、甘油，放冷后加香精，加纯化水至 50mL。

【样品图片】 见实验图 2-1。

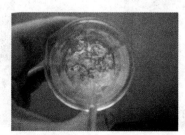

实验图 2-1　溶胀状态的羧甲纤维素钠胶浆

【用途】 润滑剂，用于腔道和器械检查。

【操作要点和注意事项】

1. 羧甲纤维素钠（CMC-Na）溶胀时间较长，此实验应先做。

2. CMC-Na 须少量分次撒入水中，否则结块。

3. CMC-Na 水溶液长期保存，需加入抑菌剂。

4. 甘油的作用：保湿作用；润湿剂；助悬剂；甜味剂；脱水剂。

5. CMC-Na 胶浆制备时以下三种做法：热水撒入；CMC-Na 与甘油先润湿；冷水溶胀。哪种方式好？加入热水还是相反？为什么？

6. CMC-Na 在任何温度水中均易分散，形成透明、胶状溶液，溶液加热灭菌后会导致黏度下降。

7. CMC-Na 遇阳离子型药物及碱土金属、重金属盐发生沉淀，故不能使用季铵盐类和汞类防腐剂。

8. CMC-Na 为白色、吸湿性粉末或颗粒，无臭，226～228℃变成褐色，252～253℃炭化，所以若加热应注意温度。冷热水中均溶解但冷水中溶解慢，不溶解于一般的有机溶剂。

9. CMC-Na 溶液在 pH 5～7 时黏度最高，pH 值低于 5 或高于 10 时黏度迅速下降，一般药品 pH 值为 6～8。

（二）氢氧化铝凝胶

【处方】 明矾 5g   碳酸钠 2.3g   薄荷油 0.5 滴

5%尼泊金乙酯 1 滴   纯化水加至 15mL

【制法】 分别取热水 50mL 和 19mL 将明矾和碳酸钠溶解，配成浓度为 10% 和 12% 的水溶液。保温在 50～60℃时，将明矾溶液缓缓加入到碳酸钠溶液中，同时急速搅拌。反应停止后，取混悬液 25mL 用 5～7 层纱布过滤，用水反复洗涤所得沉淀物至无硫酸根离子，并无滤液滴下为止。

将沉淀物分散于 5mL 水中，加入薄荷油、尼泊金乙酯搅拌溶解，加水至 15mL，搅拌均匀即得。

【样品图片】 见实验图 2-2～实验图 2-4。

实验图 2-2 化学凝聚法制备氢氧化铝凝胶

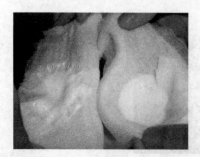

实验图 2-3 滤过后氢氧化铝凝胶的形态

实验图 2-4 氢氧化铝凝胶形态

【用途】 中和胃酸药，用于胃及十二指肠溃疡。配成4%，一次5～8mL，一日15～24mL。

【操作要点和注意事项】

1.将明矾液加入到碳酸钠溶液中，顺序不可颠倒。加入时应缓慢，使明矾液成一条细液流进入碳酸钠溶液，同时应急剧搅拌，此步为凝胶制备成败的关键。

2.反应温度不能太高，应控制在50～60℃。

3.此制法为化学凝聚法，反应式：

$$2KAl(SO_4)_2 + 3Na_2CO_3 + 3H_2O \longrightarrow 3Na_2SO_4 + 2Al(OH)_3 \downarrow + K_2SO_4 + 3CO_2 \uparrow$$

五、质量检查

本实验所涉羧甲纤维素钠胶浆、甲紫溶液、甲酚皂溶液属于高分子溶液，而氢氧化铝凝胶则属于疏水胶体。

高分子溶液不属于单独的一类剂型，只是相关液体剂型的存在形式，因此其质量除了在物理化学上达到制备要求外，还应符合相关药品质量标准的要求：外观应均匀、透明，无可见微粒、纤维等物。检查、鉴别、含量测定等内在指标按《中国药典》（2020年版）或有关制剂手册各制剂项下检查方法检查，应符合要求。

1.羧甲纤维素钠胶浆：无色、透明、黏稠液体，黏度、流动性应符合要求。

2.氢氧化铝凝胶：所得滤过物为细腻嫩白的半固体膏状物，加水配成4%凝胶后对光泛微蓝光。

胶体溶液质量检查结果记录于实验表2-1中。

实验表 2-1　胶体溶液质量检查结果

项目	类别	制备原理	颜色	形态	澄明度	气味
羧甲纤维素钠胶浆						
氢氧化铝凝胶						

六、常见问题思考

（一）羧甲纤维素钠胶浆

1.制备时需将羧甲纤维素钠加入热水还是相反？为什么？

2.CMC-Na属何种液体药剂？

3.为什么有的组所做的羧甲纤维素钠胶浆是浅紫色？

4.香精为什么在制备接近结束时才加？

5.气泡有何危害？如何除掉气泡？

（二）氢氧化铝凝胶

1.如何确保沉淀物中无硫酸根离子？

2.氢氧化铝是疏水胶，羧甲基纤维素钠是亲水胶，可以用CMC-Na胶浆来预防"陈化现象"吗？

3.化学凝聚进行时为什么要缓缓加入反应液，同时为什么要急剧搅拌？

混悬剂型液体药剂的制备

14. 混悬剂的制备

一、实验目的

掌握亲水性药物和疏水性药物制成混悬剂的方法，熟悉助悬剂、表面活性剂、絮凝剂和反絮凝剂的作用。

二、实验原理

混悬型液体药剂系指难溶性固体药物的粉末，以 $0.5\sim50\mu m$ 大小的质点分散在液体分散溶剂中，所形成的液体药剂，其中分散溶剂多为水。优良的混悬剂中药物应细腻、分散均匀、沉降较慢；沉降后轻振摇能重新分散，不结块。

根据斯托克斯定律，为使药物颗粒沉降缓慢，可采取减少颗粒的半径、增加溶剂的黏度、减少微粒和溶剂的密度差等方法；还可以通过加助悬剂、表面活性剂、絮凝剂、反絮凝剂等方法来增加混悬液的稳定性。

本实验中应用西黄蓍（shì）胶来增加混悬液的黏度，并在微粒表面形成一层水化膜，防止微粒的聚集。炉甘石、氧化锌微粒在水中带负电荷，可因同电荷排斥作用，不易聚集，一般以单微粒沉降；加入适量带相反电荷的三氯化铝，可降低微粒的ζ电位，使微粒形成网状疏松的聚集体（絮凝），从而防止沉降物结块而易重新分散。若在其中加入带相同电荷的枸橼酸钠，则可以增加微粒的ζ电位而防止聚集（反絮凝），并能增加混悬液的流动性使其易倾倒。

疏水性混悬型液体药剂，可加入适量的亲水胶体或表面活性剂增加其浸润性。

三、实验仪器及材料

1. 仪器：天平、50mL 带刻度比浊管、乳钵、量杯、量筒、小烧杯、直尺。

2. 材料：炉甘石、氧化锌、甘油、三氯化铝、西黄蓍（shì）胶、枸橼酸钠、沉降硫、硫酸锌、樟脑醑（xǔ）、吐温-80、纯化水蔗糖、CMC-Na、对乙酰氨基酚、甘油、枸橼酸、尼泊金乙酯、色素、香精。

四、实验过程

（一）炉甘石洗剂（亲水性药物的混悬剂）

【处方】 炉甘石洗剂配方组成见实验表 3-1。

实验表 3-1　炉甘石洗剂配方组成表

处方＼序号	1	2	3	4
炉甘石	4g	4g	4g	4g

处方 \ 序号	1	2	3	4
氧化锌	4g	4g	4g	4g
甘油	5mL(6.4g)	5mL(6.4g)	5mL(6.4g)	5mL(6.4g)
西黄芪胶		0.5%(0.25g)		
三氯化铝			0.5%(0.25g)	
枸橼酸钠				0.5%(0.25g)
纯化水加至	50mL	50mL	50mL	50mL

【制法】

制备稳定剂　处方 1：以 15mL 纯化水作空白对照；处方 2：称取西黄蓍胶 0.25g，加少量的纯化水研成胶浆，备用；处方 3：称取三氯化铝 0.25g，加纯化水 15mL 溶解，备用；处方 4：称取枸橼酸钠 0.25g，加纯化水 15mL 溶解，备用。

制备混悬剂　上述 4 个处方采用先合并、后分拆的方式，以加液研磨法制备。将甘油 20mL 置于干净、干燥、粗糙的大研钵中，称取过 100 目筛的炉甘石、氧化锌各 16g，少量多次与甘油一起研磨 5min，使成均匀糊状，加水 80mL 研匀，均分为 4 份，分别移入量筒，加入稳定剂，补水至全量（50mL），振摇 5min，静置，计时。分别记录 5、15、30、45(min) 后沉降容积比（$F = H_u/H_0$），其中 H_0 为初高度，H_u 为经过 t 时间后沉淀高度，沉降容积比在 0~1 之间，其数值越大，混悬液越稳定。实验结果填入实验表 3-2。

实验表 3-2　炉甘石洗剂沉降容积比观测记录表

时间/min \ 处方	1	2	3	4
5				
15				
30				
45				

【样品图片】　见实验图 3-1、实验图 3-2。

实验图 3-1　炉甘石洗剂的制备操作

实验图 3-2　炉甘石洗剂沉降观测对比图

【用途】 有收敛及轻度防腐作用，用于湿疹及止痒。适用于无渗出性的急性或亚急性皮炎、湿疹。

【操作要点和注意事项】

1.在制备混悬剂时辅料和原料的加入顺序：先将甘油铺撒在干净、干燥的研钵中，之后少量多次撒入氧化锌和炉甘石，每次撒入均应研磨均匀，使成糊状，加入其他成分，最后再加水，使混悬均匀。

2.研磨的时间与力度：每组的 4 个处方应该保持一致。

3.混悬剂转移至比浊管或加液时如果达不到 50mL，按实际刻度计算；液面高度若超过 50mL，则应用直尺测定高出液面的高度，转化成毫升数，加上比浊管原有刻度标示值，合记作 H_0。

4.混悬剂振摇过程中应注意气泡和漂浮物问题，要时时放气。

5.稳定剂若溶解较慢，可用温水。

6.炉甘石是指含有适量（0.5%～1%）氧化铁（着色剂）的碱式碳酸锌或氧化锌，略带微红色。也有规定，炉甘石按干燥品计算含氧化锌不得少于 40%。炉甘石主要成分和氧化锌均为不溶于水的亲水性药物，能被水润湿，研磨成糊状后再与稳定剂水溶液混合，使微粒周围形成水化膜以阻碍微粒的聚合，振摇时易再分散。氧化锌有轻重之分，宜选轻质的为好。炉甘石洗剂中的炉甘石和氧化锌应混合过 120 目筛。

7.炉甘石洗剂属于混悬型制剂，若配制不当或助悬剂使用不当，就不易保持良好的悬浮状态，并且涂用时也会有砂砾感。久贮颗粒凝结，虽震摇也不易再行分散。改进本品的悬浮状态有多种措施，如：①应用高分子物质（如纤维素衍生物等）作助悬剂；②用控制絮凝的方法来改进，常采用 0.25～0.5mmol/L 的三氯化铝作絮凝剂或与 0.005%～0.01%（v/v）新洁尔灭联合使用；或采用 0.5%枸橼酸钠作反絮凝剂，亦可同时与适宜助悬剂联合使用等。

（二） 复方硫磺洗剂 （疏水性药物的混悬剂）

【处方】 沉降硫 3g　　硫酸锌 3g　　樟脑醑 25mL
　　　　　甘油 10mL　　吐温-80 0.2g　　纯化水加至 100mL

【制法】 将 $ZnSO_4$ 溶于 20mL 水，称取沉降硫于乳钵中，加 10mL 甘油研匀，再缓缓加入硫酸锌液研匀后，加入吐温-80 研磨均匀，再缓缓加入樟脑醑，边加边研至均匀，最后再加纯化水至 100mL。

将制得的复方硫磺洗剂振摇，静置桌面，计时，观察悬浮时间。以能悬浮 20s 以上为优。

【操作要点和注意事项】

1.此法为加液研磨法。

2.沉降硫与甘油应先充分研磨混合均匀。

3.最终制得的混悬剂混悬状态维持时间主要取决于研磨的程度和混合过程中各种物料分散程度。

4.硫黄有升华硫、精制硫和沉降硫 3 种，以沉降硫的颗粒最细，故复方硫黄洗剂最好选用沉降硫。硫黄为典型的疏水性药物，不被水湿润但能被甘油所湿润，故应先加入甘油与之充分研磨，使其充分湿润后再与其他液体研和，有利于硫黄的分散。也可考虑应用 0.75～1g/100mL 甲基纤维素作助悬剂或 5%（V/V）新洁尔灭代替甘油作湿润剂。

5.复方硫黄洗剂中因含有硫酸锌而不能加入软肥皂作为湿润剂，因二者有可能产生不溶性的二价锌皂。加入樟脑醑时，应以细流慢慢加入水中并急速搅拌，防止樟脑醋因骤然改变溶媒而析出大颗粒。樟脑醋中含有乙醇，能使硫黄润湿，故亦可先用樟脑醋润湿硫黄。

【样品图片】 见实验图3-3。

实验图3-3 复方硫黄洗剂的制备

【用途】 外用涂擦，有抑菌、收敛、止痒和保护作用，用于头皮脂溢性皮炎、酒糟鼻等。有时也用于治疗痤疮。

（三）对乙酰氨基酚混悬剂

【处方】 对乙酰氨基酚1.6g　羧甲纤维素钠0.2g　蔗糖20g

甘油10mL　　　　　吐温-80 0.1g　　枸橼酸0.15g

尼泊金乙酯2滴　　　香精适量　　　　色素适量

纯化水加至50mL

【制法】 在烧杯中加处方量的蔗糖后，加适量水，加热使之溶解，冷却成糖浆后，备用；将羧甲纤维素钠、甘油、吐温-80在研钵中混合后，先加入制备好的糖浆，然后加入对乙酰氨基酚粉末混匀；做好在上述混合液中加入尼泊金乙酯、枸橼酸、香精、色素混匀后，加水至50mL，混匀，即得。

【操作要点和注意事项】

1.蔗糖在冷水中的溶解速度慢，可采用加热方式来加速其溶解。

2.羧甲纤维素钠应先与甘油、吐温-80混合后，再加糖浆，以防羧甲纤维素钠结块。

【用途】 用于小儿普通感冒或流行性感冒引起的发热，也用于缓解轻度至中度疼痛，如关节痛、偏头痛、头痛、肌肉痛、神经痛、牙痛。

五、混悬剂的质量要求和检验方法

1.质量要求

（1）外观：应均匀分散。

（2）沉降体积比：$F = H_u / H_0$ 越接近1，越稳定。

（3）混悬时间：混悬粒子振摇后的混悬维持时间越长，越稳定。

（4）再分散所需翻转次数：所需翻转次数越少越稳定。

（5）粒度：$0.5 \sim 100 \mu m$，一般粒度越细，越有利于稳定。

2.检验方法

（1）沉降体积比的测定：按实验表3-2的方法观察和计算。

（2）显微镜观察：以长短径、平均粒径等指标衡量。

（3）再分散所需翻转次数：放置分层后的混悬剂，180°翻转，使混悬剂分散均匀，计所需翻转次数。

六、常见问题思考

（一）炉甘石洗剂

1.在相同的剂量、温度和混悬状况下，助悬剂、絮凝剂和反絮凝剂对炉甘石稳定性的影响哪个最大，哪个最小？

2.混悬剂的沉降容积比小于等于多少的时候，该溶液不合格？

3.与炉甘石相比复方硫磺洗剂沉降得快，是配方的问题吗？

4.炉甘石洗剂中为什么稳定剂需要先用水溶解，而不是直接把研磨好的炉甘石、氧化锌倒入稳定剂中一起研磨？研磨已经充分的标准是什么？

5.如果炉甘石洗剂超过 50mL，可采取哪些方法去解决而不影响实验结果？

6.为什么有的组中有的炉甘石配方会出现 45min 后都不沉淀的情况？

7.为什么有的炉甘石洗剂一半悬浮、一半沉降，有的沉降体有裂缝？

8.为什么有的混悬剂有分层，但分界线不明显？

9.振摇后不放气的后果是什么？

（二）复方硫磺洗剂

1.有的小组在加 $ZnSO_4$ 与樟脑醑研磨后，发现液面上有一层膜，混悬剂倒掉后，液膜以条形黄线粘留在研钵中，难以清洗。据此描述，能否判断制备过程出了什么问题？

2.复方硫黄洗剂制备过程中为什么要缓缓加入樟脑醑并搅拌？樟脑醑在沉降硫研磨时加入可以吗？若可以，那一边研磨一边加好还是一次性加入再磨好？

3.樟脑醑中含有乙醇可否先用樟脑醑润湿沉降硫制得的效果有无差异？

4.复方硫黄洗剂属于物理不稳定的混悬剂，质量优劣的判别标准是什么？为什么？

（三）对乙酰氨基酚

1.对乙酰氨基酚属于亲水性还是疏水性药物，为什么？

2.对乙酰氨基酚混悬剂最长可以保持多久不沉降？

3.为什么要加入蔗糖、香精和色素？

4.Tween-80 的作用是什么？

实验四 乳剂型液体药剂的制备

15. 乳剂的制备

一、实验目的

掌握乳剂的一般制备方法及其质量要求，了解乳剂的常用鉴别方法。

二、实验原理

1. 以新生态的皂为乳化剂制备乳剂。

2. 以分散法中的干胶法和湿胶法制备乳剂。

3. 油与水之所以能够形成乳剂，必备的两个条件是：乳化剂的存在、能量的传递。

三、实验仪器及材料

1. 仪器：天平、乳钵、量筒、小烧杯、玻棒、带塞广口瓶、载玻片、盖玻片、显微镜、试管。

2. 材料：氢氧化钙饱和溶液、花生油、液状石蜡、阿拉伯胶、西黄蓍胶、5％尼泊金乙酯溶液、亚甲蓝、苏丹Ⅲ、鱼肝油乳、纯化水。

四、实验过程

（一）石灰搽剂

【处方】　氢氧化钙溶液 10mL　　　花生油 10mL

【制法】　量取氢氧化钙饱和溶液 10mL 及花生油 10mL 置广口瓶中，加塞强烈振摇，至少振摇 10min，使成乳剂，即得。

【样品图片】　见实验图 4-1。

实验图 4-1　石灰搽剂的制备

【操作要点和注意事项】

1. 振摇要剧烈，以使皂化和乳化充分，否则所制乳剂容易分层。但在振摇时注意适时地放气。

2.石灰搽剂是氢氧化钙与植物油中的少量游离脂肪酸进行皂化反应形成的钙皂作为乳化剂，石灰水为水相和主药，植物油为油相，一起乳化而制得的。植物油可以为花生油、豆油、麻油等，因多用于创伤面，需干热灭菌后使用。

3.石灰搽剂久置若有分层现象，一般有3个原因：一是油和氢氧化钙液的称量不准确，出现油或钙液过量；二是皂化和乳化力度不够，振摇达不到要求；三是小口瓶没有充分洗净、吹干，残存在瓶壁上的油所致。

4.本品的治疗作用原理：钙能使毛细血管收缩，抑制烧伤后的体液外渗，钙肥皂还可中和酸性渗出液、减少刺激，脂肪油对创面也有滋润和保护作用。

【用途】 具有收敛、保护、润滑、止痛等作用。外用涂抹，治疗轻度烧伤和烫伤。

（二）液状石蜡乳

【处方】 液状石蜡 6.0mL　　　　　　阿拉伯胶 2.0g　　　　西黄蓍胶 0.25g
5%尼泊金乙酯溶液 0.02mL　　　纯化水加至 20mL

【制法】
1.干胶法：量取液状石蜡加至干净、干燥且粗糙的乳钵中，使铺展于研钵内壁。先后取西黄蓍胶及阿拉伯胶，少量多次撒入液体石蜡，每次撒入均需轻轻研磨，使胶粉充分分散，研匀制成胶浆后，边加边研，一次性加入纯化水 4mL，研磨至有噼啪声时初乳形成，再滴加5%尼泊金乙酯溶液和纯化水研匀至足量（20mL）。

2.湿胶法：取纯化水 4mL，加至干净且粗糙的乳钵中，使铺展于研钵内壁。少量多次撒入西黄蓍胶与阿拉伯胶粉，每次撒入均需轻轻研磨，使胶粉充分分散，研匀制成胶浆后，再分次加入液状石蜡，每次均研匀，继续研磨至有噼啪声时初乳形成，再滴加5%尼泊金乙酯溶液和纯化水研匀至足量（20mL）。

【样品图片】 见实验图 4-2、实验图 4-3。

实验图 4-2　液状石蜡乳的制备

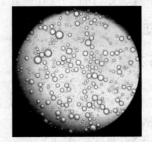
实验图 4-3　液状石蜡乳的显微图片

【操作要点和注意事项】
1.无论是干胶法还是湿胶法，切记阿拉伯胶和西黄蓍胶的分散应少量多次，轻轻研磨，若过分用力研磨，易致使胶粉黏结在研钵内壁或研棒上，无法分散。

2.干胶法制备乳剂时，水应呈细流状缓缓一次加入，且边加边研磨，迅速沿一个方向研至初乳形成。水若非一次性加入，添加水量不足或加水过慢时，会由于相的比例差异悬殊而导致形成 W/O 型初乳，难以转型为 O/W 型，即使转型成功也容易破裂，要得到理想的乳剂需长时间研磨。同时，若在初乳中添加水量过多，因外相水液的黏度较低，不能把油很好地分散成油滴，制成的乳剂也不稳定和容易破裂。

3.湿胶法加液体石蜡时应分次加入，边加边研磨，切忌一次性加入过多。否则会形成豆腐渣样黏浊物。

4.西黄蓍胶很少单独使用，一般与阿拉伯胶合用以互补，阿拉伯胶黏度相对较低而西黄菁胶乳化力弱，合用可防止液滴合并和乳剂分层。

5. 阿拉伯胶和西黄菁胶都有吸湿性，容易结块，用前应检查。

6. 干胶法适用于乳化剂为细粉者，湿胶法所用乳化剂可以不是细粉，但应能预先制成胶浆，胶-水比例为 1：2。

7. 乳剂制备所用乳钵必须干净、干燥、内壁粗糙。

8. 液状石蜡是矿物油，在肠中不吸收、不消化，对肠壁及粪便起润滑作用，并能阻抑肠内水分吸收，因而可促进排便，为润滑性轻泻剂。

【用途】 轻泻剂。用于治疗便秘，特别适用于高血压、动脉瘤、疝气、痔及手术后便秘的病人，可以减轻排便的痛苦。

五、乳剂类型的鉴别和乳剂质量检查

（一）乳剂类型的鉴别

1. 稀释法：取试管 2 支，分别加入自己配制的液状石蜡乳和石灰搽剂各 1mL，再加入纯化水 5mL，振摇或翻转数次，观察实验现象，根据实验结果判断上述 2 种乳剂的类型。

2. 染色法：取自己配制的液状石蜡乳、石灰搽剂分别涂在载玻片上，以水溶性染料亚甲蓝染色，在显微镜下观察实验现象，并根据实验结果判断乳剂类型。另做涂片，取油溶性染料苏丹Ⅲ染色，显微镜观察乳剂类型。同时，应用目镜上的标尺，判断乳滴大小和均匀度。必要时以相机拍摄乳滴视野面。

3. 亲水性：取少许乳剂涂抹在手心，以玻璃棒蘸少量水与之混合，根据混溶状况判断乳剂类型。

将乳剂类型鉴别的结果填入实验表 4-1。

实验表 4-1 乳剂类型的鉴别

染色剂	石灰搽剂		液状石蜡乳（干胶法）		液状石蜡乳（湿胶法）	
	内相	外相	内相	外相	内相	外相
苏丹红						
亚甲蓝						
结论（乳剂类型）						

（二）乳剂质量检查

乳剂外观应均匀细腻，无悬浮、沉淀、分层，无气泡或气泡较少。乳滴直径越小，乳剂越稳定，乳剂外观也越白。高品质的乳剂甚至隐泛蓝色乳光。乳剂的稳定性是最重要的质量制备，有如下几种考察方法。

1. 离心法

取 3 支刻度离心管，分别填装 5mL 石灰搽剂、液状石蜡乳剂、鱼肝油乳并以 4000r/min 离心 15min，如不分层则认为质量较好。

2. 快速加热试验

取 5mL 石灰搽剂、液状石蜡乳剂、鱼肝油乳分别装于 3 支具塞试管中，塞紧并置 60℃ 恒温水浴 60min，如不分层则乳剂稳定。

3. 冷藏法

取 5mL 石灰搽剂、液状石蜡乳剂、鱼肝油乳分别装入 3 支具塞试管中塞紧，于冷冻 30min，如不分层（或乳滴不粗化）则乳剂稳定。

将乳剂稳定性考察的结果填入实验表 4-2。

実验表 4-2　乳剂稳定性考察结果

制剂	离心法	快速加热试验	冷藏法
石灰搽剂 液状石蜡乳剂			

六、常见问题思考

1.所制得的产品属何种类型的乳剂，如何判断？各处方中乳化剂是什么？

2.干胶法和湿胶法的根本区别何在？干胶法和湿胶法制备的乳剂在黏度、颜色、气泡、细腻度方面有何差异？能否判断哪种方法更好？

3.干胶法和湿胶法制得的乳剂类型是一样的吗？是水包油还是油包水？

4.石灰搽剂属何种类型的乳剂？其所用乳化剂是什么？

5.为何新生态的皂的乳化能力强于直接加肥皂？

6.分析液状石蜡乳剂的处方并说明各成分的作用。

7.石灰搽剂制备时所用的植物油若改成动物油或矿物油情况会怎样？

实验五

浸出制剂的制备

一、实验目的

掌握分别用溶解法、渗漉法、煎煮法制备酊剂、流浸膏剂、煎膏剂的基本制备过程。

二、实验原理

一般情况下，酊剂每 100mL 相当于原药材 20g。

除另有规定外，流浸膏多用渗漉法制备，亦可用浸膏剂加规定溶剂稀释而成。流浸膏每 1mL 相当于原药材 1g。

通过药材比量法可以确定酊剂、流浸膏、煎膏和清膏的药材含量。

三、实验仪器及材料

1. 仪器：天平、量筒、药匙、玻棒、渗漉筒、烧杯、电热套、纱布、蒸发皿。
2. 材料：碘、碘化钾、乙醇、桔梗（粗粉）、纯化水、益母草（切小段）、红糖。

四、实验过程

（一）碘酊（2%）

【处方】　碘 0.5g　　　　碘化钾 0.4g

　　　　　乙醇 12.5mL　　纯化水适量，共制成 25mL

【制法】　取碘化钾加纯化水 1mL 溶解后，加碘搅拌使溶，再加乙醇溶解，加入适量纯化水使成 25mL 即得。

【操作要点和注意事项】

1. 乙醇用 95% 乙醇。

2. 比较复方碘溶液与碘酊之异同。

3. 碘酊贮存不可直接用木塞。若用软木塞密塞时，应加一层蜡纸，以防软木塞中的鞣酸使碘沉淀。大量配制时宜用棕色玻璃磨口瓶盛装，冷暗处保存。

4. 碘与碘化钾形成络合物后，碘在溶液中更稳定，不易挥发损失；且能避免或延缓碘与水、乙醇发生化学变化产生碘化氢，减少游离碘的含量，使消毒力下降，刺激性增强。

5. 碘在水中的溶解度为 1:30～40，在乙醇中溶解度为 1:13，在该处方中，不加碘化钾，碘也可完全溶解在乙醇中，但切不可将碘直接溶于乙醇后再加碘化钾，否则失去加碘化钾络合的意义。

6. 碘酊忌与升汞溶液同用，以免生成碘化汞钾，增加毒性，对碘有过敏反应者忌用。

【用途】 外用于皮肤感染和消毒。

【样品图片】 见实验图 5-1、实验图 5-2。

实验图 5-1　合格的碘酊

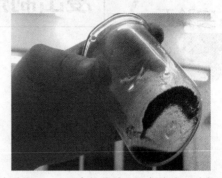

实验图 5-2　不合格的碘酊（杯底有不溶物）

（二）桔梗流浸膏

【处方】　桔梗（粗粉）（相当于）30g　　　　　70％乙醇适量，共制成 30mL

【制法】　按渗漉法制备。称取桔梗粗粉，加 70％乙醇适量使均匀湿润、膨胀后，加 70％乙醇浸没，浸渍 48h 以上。取药材浸提混合物 75mL，分次均匀填装于渗漉筒内，以 1 滴/秒～1 滴/2 秒的滴速缓缓渗漉，先收集 25mL 初漉液，另器保存，继续 2 滴/秒渗漉，以得续漉液 20mL 经水浴浓缩后，至 5mL，必要时用棉花过滤，与初漉液合并，调整至 30mL，静置数日，过滤，即得。

【操作要点和注意事项】

1.桔梗应为粗粉，实验准备老师事前 48h 用适当容器浸泡，参考数值：2.4kg 桔梗粗粉得 6000mL 粉醇混合物。加醇时以 70％乙醇仅浸没过药材为准。

2.不可用低浓度乙醇，防止皂苷水解。

3.因棉花塞填太紧而致滴速太慢时，可用玻璃棒轻轻挤压棉花。

4.棉花不可填装太多太厚，否则会影响浸出效果。

5.棉花需润湿并贴紧渗漉筒内壁，润湿应用 70％乙醇，用量不可过多，否则渗漉液偏浅。

6.初漉液应掌握其滴速为 1 滴/秒，而续漉液滴速为 2 滴/秒。

【用途】　祛痰剂，常用于配制咳嗽糖浆。

【样品图片】 见实验图 5-3～实验图 5-5。

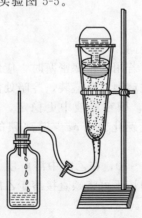

实验图 5-3　渗漉装置图

实验图 5-4　正确的棉花填入方式

实验图 5-5　渗漉效果不同流浸膏颜色各异

（三）益母草膏

【处方】　益母草 50.0g　　　红糖 5.0g

【制法】　取益母草加水煎煮两次，第一煎沸后 1h，第二煎沸后 30min，用纱布过滤，挤压残渣，滤液合并，浓缩，不断捞去泡沫，浓缩成清膏，相对密度为 1.21～1.25（80～85℃ 热测），通常浓缩至 1∶1（g/mL）。另将红糖置小烧杯中，加入 1/2 量的开水，加热至全溶，用纱布滤过，置蒸发皿中，继续用文火炼至糖成深红色时，停止加热，慢慢将清膏加入其中，搅拌均匀，继续用文火加热收膏，待取少许能平拉成丝，或滴于纸上不见水迹，即得。

【操作要点和注意事项】

1. 收膏时稠度增加，火力应减小，并不断搅拌和捞去泡沫。

2. 收膏稠度视季节气候而定，但成品不宜含水过多，否则易发霉变质。

3. 药材粉碎程度与浸出效率有重要关系。对组织较疏松的药材如橙皮和益母草，选用其粗粉浸出即可；而组织相对致密的桔梗，则可以选用中等粉或粗粉。粉末过细可能导致较多量的树胶、鞣质、植物蛋白等黏稠物质的浸出，对主药成分的浸出不利，同时在煎煮过程中容易结块或结底，导致受热不均匀。

【用途】　本品为活血调经药，用于经闭、通经及产后瘀血腹痛。口服，一次 10g，1 日 2～3 次。

（四）益母草清膏

【处方】　益母草 10g　　　饮用水 100mL

【制法】　取益母草洗净，切成小段，加水至高出药面 2～3cm，浸泡约 10min，加热煎煮 2 次，每次 15min，合并煎液与压榨液，静置使澄清，滤过，滤液浓缩，并时时捞去液面泡沫，按比 1∶4 收膏得清膏。

【操作要点和注意事项】

1. 煎煮之前一定要浸泡。

2. 由于益母草为疏松的茎花类药材，煎煮相对容易，每煎时间可以稍短，确定 15min. 是为了实验时间的安排便利，实际生产中煎煮时间要长。

3. 根据药材比量法，按 1∶4 收膏得清膏。

【样品图片】 见实验图 5-6。

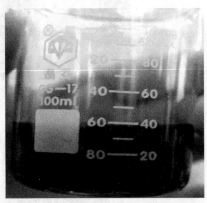

实验图 5-6 益母草清膏

【用途】 用于进一步加工制备益母草膏、益母草颗粒等制剂。

五、质量检查与评定

1. 外观形状的描述：应符合规定。

2. 药材比量法：指浸出药剂相当于原药材多少重量的测定法。酊剂、浸膏剂、清膏和煎膏剂均应符合规定。

3. 含醇量测定：酊剂、流浸膏符合相关规定。

4. 鉴别与检查

（1）澄明度检查：主要用于液体制剂，除另有规定外，浸出制剂应澄明。

（2）异物检查：适于各种浸出制剂，不得有异物。

（3）水分检查：主要用于固体制剂。

（4）不挥发性残渣、相对密度和灰分。

（5）酸碱测定：适于水性的液体浸出制剂，如口服液、中药合剂等。

（6）装量检查：适于口服液。

六、安全提示

1. 碘有腐蚀性，称量时用玻璃或蜡纸，一般不宜用纸。碘为氧化剂，操作时小心，不要沾染皮肤。

2. 桔梗流浸膏的续漉液浓缩时应在水浴上进行，且注意保持适宜的温度。由于乙醇是挥发性溶剂，有潜在的易燃危险，应注意开窗通风，若有条件，宜在通风橱内进行。

七、常见问题及思考

1. 碘化钾在碘酊中起何作用？

2. 碘剂和流浸膏剂久置产生沉淀时，应如何处理？

3. 为什么浓缩续漉液而不是初漉液，反而似乎浪费时间？

4. 为何复方碘溶液与碘酊除了乙醇成分相同却用法差异较大？

5. 为何初滤液是澄清的，而续滤液浓缩后浑浊？初滤液若浓缩是否也会浑浊？

6. 为何碘在碘化钾溶液中很久都不溶，而加入乙醇立即溶解？碘化钾的助溶作用何在？

7. 桔梗流浸膏所用乙醇如果是 95％而不是 70％会有何现象？为什么？

8. 渗漉法中渗漉筒底部铺垫的棉花若用水而不是用 70％乙醇润湿对实验结果会有何影响？

9. 桔梗流浸膏的渗漉流程能否改为：不分初滤和续滤，直接收集渗漉液体 55mL，再浓缩至 30mL？为什么？

10. 有的小组所得流浸膏颜色较浅，主要原因可能有哪几个方面？

実験六

散剂的制备

16. 散剂的制备

一、实验目的

1. 通过实验掌握散剂的制备方法。

2. 对散剂的生产工艺、制备方法、质量控制等方面有一定的认识。

3. 了解倍散，懂得等量递加法的操作和应用。

4. 会对散剂制备过程出现的问题进行分析和解决。

5. 能理论联系实际，对药厂生产散剂有一定的了解。

二、实验原理

散剂的一般工艺流程：

药物→粉碎→过筛→称量→混合→（过筛）→检查→分剂量→包装。

1. 凡散剂中各药物的相对密度和比例差异不大时，可直接混合。比例悬殊及含有毒药时，则采用等容积递增（配研）法进行混合。

2. 含共熔组成的散剂是否采用共熔法混合，应根据共熔后药物性质是否发生变化以及处方中所含其他固体组分的数量来决定，如果共熔后其药效优于单独混合时，则采用共熔法；若共熔后药效无变化，且处方中固体组分较多时，亦可将共熔组分共熔，再与其他固体成分混合，使分散均匀。

3. 含有少量挥发性液体时，可加少量吸收剂吸收后再混合。若液体体积较大时，应先蒸发浓缩后再混合。

4. 等量递加法、水飞法、打底套色法的原理。

三、实验仪器及材料

1. 仪器：普通天平、研钵、方盘、药匙、药筛、薄膜封口机、放大镜、烧杯、量杯、玻棒、120目标准筛。

2. 材料：冰片、硼砂、朱砂、玄明粉、薄荷脑、薄荷油、樟脑、水杨酸、升华硫、氧化锌、硼酸、滑石粉、称量纸、包装材料（包药纸、塑料袋等）。

四、实验过程

（一）痱子粉

【处方】 薄荷脑 0.1g　　　樟脑 0.1g　　　氧化锌 1.0g

　　　　 硼酸 1.0g　　　　水杨酸 0.3g　　　升华硫 0.4g

　　　　 薄荷油 0.1mL　　 滑石粉适量　　　混合制成散剂 20.0g

【制法】 樟脑、薄荷脑研磨液化，加入薄荷油与少量滑石粉研匀；再分别将硼酸与氧化锌、水杨酸与升华硫混合均匀；按等量递增法将上述各组粉末混合均匀，最后分次加入滑石粉研匀，过 120 目筛即得。

【样品图片】 见实验图 6-1、实验图 6-2。

实验图 6-1　痱子粉制备过程中的分组研磨

实验图 6-2　制备成功的痱子粉

【用途】 有吸湿、止痒及收敛作用，用于汗疹、痱子等。

【操作要点和注意事项】

1. 研钵须干净、干燥，用前可用少量滑石粉饱和、润滑一下研钵。

2. 本实验共有 8 种组分，其中 7 种组分按性质、密度和用量的差异分 3 组分别研磨混合，之后按等量递增的方式制备：①薄荷脑、樟脑和薄荷油；②氧化锌、硼酸；③水杨酸、升华硫。

3. 本处方含有低共熔组分，即两种以上药物混合后熔点降低，出现润湿或液化的现象，如薄荷脑和樟脑研磨出现液化现象。制备时可将薄荷脑和樟脑混合研磨至共熔液化，加入薄荷油后再用滑石粉吸收。

4. 散剂制备的核心要点是混合应均匀，保证混合均匀的手段还有多次过筛法、含量测定法等。

5. 局部用散剂应为最细粉，一般以能通过 8 号至 9 号筛为宜。敷于创面及黏膜的散剂应经灭菌处理。

6. 在研钵里研磨混合后，转移混合粉末时，可用滑石粉做"固体清洗剂"，将残余或吸附于内壁、研棒上的物料稀释、转移。

7. 由于夏季气温高、湿度大，身体出汗过多，不易蒸发，汗液浸渍表皮角质层，致汗腺导管口闭塞，汗腺导管内汗液储留后，因内压增高而发生破裂，汗液渗入周围组织引起刺激，于汗孔处发生疱疹和丘疹，即为痱子。也有认为汗孔的闭塞是一种原发性葡萄球菌感染，此感染与热和湿的环境有关。本品中滑石粉可吸收皮肤上水分及油脂，使皮肤蒸发畅通；以氧化锌为收敛剂，使局部组织收缩，水肿消退。硼酸具调整 pH 值和轻度消毒作用，樟脑、薄荷脑有清凉止痒作用。

8. 本品处方中成分较多，应按处方药品顺序将药品称好，同时在称量纸上做好标注，以免出现混料的情况。

（二）冰硼散

【处方】　冰片 0.25g　　　硼砂 2.5g　　　朱砂 0.3g　　　玄明粉 2.5g

【制法】

取朱砂 0.6g，在干燥干净研钵里少量多次每次加入 3mL 水，以水飞法研磨成细粉，滤过，60℃烘干 20min。另取少量硼砂饱和研钵，将硼砂与玄明粉等比混合均匀，之后与研细的冰片以等量递加法混匀，最后取 0.3g 朱砂与上述混合粉末按套色法研磨混匀，过 7 号筛，即得。

【样品图片】 见实验图 6-3～实验图 6-6。

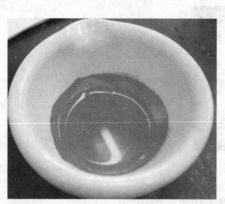

实验图 6-3 朱砂水飞

实验图 6-4 水飞法滤过

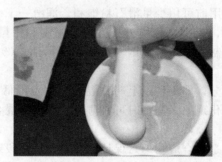

实验图 6-5 套色

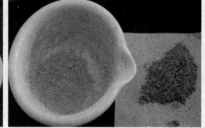

实验图 6-6 各组制备的冰硼散

【用途】 清热解毒，消肿止痛。用于咽喉、牙龈肿痛，口舌生疮。

【用法与用量】 吹敷患处，每次少量，一日数次。

【操作要点和注意事项】

1.由于本品配方中颜色鲜明，混合时按套色法研磨混合均匀。

2.冰片即龙脑，外用消肿止痛；玄明粉即风化芒硝（无水硫酸钠），外用治疗疮肿丹毒、咽肿口疮；朱砂为天然硫化汞，外用消毒。

3.局部用散剂应为极细粉，一般以能通过 8 号至 9 号筛为宜。敷于创面及黏膜的散剂应经灭菌处理。

将实验结果记录于实验表 6-1。

实验表 6-1　散剂质量检查结果

品名	外观性状	水分	粒度	溶化性	装量差异
痱子粉					
冰硼散					

五、质量检查

【质量检查】　按《中国药典》（2020 年版）规定方法，检查粒度、外观均匀度、干燥失重、装量差异等内容，应符合药典要求。

1. 外观均匀度

取供试品适量，置光滑纸上，平铺约 $5cm^2$，将其表面压平，在亮处观察，应呈现均匀的色泽，无花纹与色斑。

2. 装置差异

单剂量、一日剂量包装的散剂，装量差异限度应符合实验表 6-2 规定。

实验表 6-2　散剂装量差异限度

标示装量	装置差异限度／%	标示装量	装量差异限度／%
0.10g 或 0.10g 以下	±15	1.50g 以上至 6.0g	±5
0.10g 以上至 0.30g	±10	6.0g 以上	±5
0.30g 以上至 1.50g	±7.5		

检查方法：取供试品 10 包（瓶），除去包装，分别精密称定每包（瓶）内容物的质量，每包（瓶）与标示量相比应符合规定，超出装量差异限度的散剂不得多于 2 包（瓶），并不得有一包（瓶）超出装量差异限度的一倍。

六、常见问题及思考

1. 痱子粉属哪种散剂？临床上有什么作用？
2. 薄荷脑、樟脑混合研磨而出现液化的原理是什么？
3. 水飞法的实质是什么？
4. 散剂就是粉末吗？通过实验，你对散剂有何新认识？
5. 本次实验你有什么收获？
6. 将极小量的药物均匀分散在散剂中，应如何操作？
7. 哪些药物不宜制成散剂？
8. 为什么各组做出来的冰硼散颜色差异较大？（见实验图 6-6）
9. 制备散剂时通过 7 号筛的比例高于多少才算合格？

实验七 | # 颗粒剂的制备

17. 颗粒剂的制备

一、实验目的

1. 通过实验掌握颗粒剂的制备方法。
2. 对颗粒剂的生产工艺、制备方法、质量控制等方面有一定的认识。
3. 会对制出的颗粒剂进行质量评价。
4. 会对颗粒剂制备过程出现的问题进行分析和解决。
5. 能理论联系实际，对药厂生产颗粒剂有一定的了解。

二、实验原理

一般颗粒剂的工艺流程为：原辅料的处理→制软材→制颗粒→干燥→整粒、加后加成分混匀→质量检查→分剂量、包装。

制备颗粒剂的关键是控制软材的质量，一般要求"手握成团，轻压即散"。此种软材压过筛网后，可制成均匀的湿粒，无长条、块状物及细粉。软材的质量要通过调节辅料的用量及合理的搅拌与过筛条件来控制。如果稠膏黏性太强，可加入适量 70%～80% 的乙醇来降低软材的黏性。挥发油应均匀喷入干燥颗粒中，混匀，并密闭一定时间。湿颗粒制成后，应及时干燥。干燥温度应逐渐上升，一般控制在 60～80℃。

本实验采用的是湿法挤压制粒法，通过捏合制软材，挤压过筛制颗粒。

三、实验仪器及材料

1. 仪器：研钵、标准药筛（12 目、14 目、60 目、80 目、120 目）、水浴锅、方盘、烘箱。
2. 材料：益母草清膏、板蓝根、糊精、蔗糖粉、60% 乙醇。

四、实验过程

（一）益母草颗粒

【处方】　益母草清膏 3mL　　　蔗糖粉 10g　　　糊精 12.6g　　　乙醇适量

【制法】　取益母草清膏 1.5～2mL 分次加入糊精拌匀，再加入蔗糖粉拌匀，补加余下的益母草清膏，捏合制成软材，用 14 目筛制粒，60℃ 干燥，用 12 目筛整粒，再用 60 目筛筛去细粉，分装于 3 只小塑料袋中，密封。

【样品图片】　见实验图 7-1、实验图 7-2。

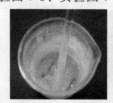

实验图 7-1　益母草颗粒剂制备过程中常见现象（左：混合；中：过硬而不均匀；右：软材形态）

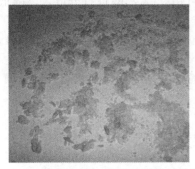

实验图 7-2　益母草颗粒剂的制备（左：有结块；右：均匀合格）

【用途】　活血调经，用于经闭、痛经及产后瘀血、腹痛。

【用法与用量】　每日 2～3 次，每次 1 袋，孕妇忌服。

【操作要点和注意事项】

1. 蔗糖粉、糊精应 60℃ 以下干燥，过 80 目筛。

2. 具体操作应先将糊精称量后加入研钵中，后滴加 1mL（相对准量）的清膏，混合均匀后再加蔗糖粉，再补加 0.5～1mL 清膏。

3. 制备过程中应采用手指捏合的方法，类似"捻数钞票"的动作，使清膏和糊精充分捏合均匀，之后再加入蔗糖粉。错误的操作：①在研钵中采用研磨的方式；②先将糊精和蔗糖粉混合后再加入清膏。这两种做法往往都会导致粉末粘成一体，制软材失败。同时应注意：用捏合法制备时捏合时间不能太长，以免结块。

4. 如软材过干时，可适当加少量乙醇（1～2 滴）调节湿度。

5. 有条件最好戴手套，因为手汗会导致软材过湿。

6. 益母草清膏的制法：取益母草洗净，切小段，加水至高出药面 2～3cm，浸渍 15min，加热煎煮 2 次，每次 30min，合并煎液与压榨液，静置使澄清，滤过，滤液浓缩，并时时捞去液面泡沫，按比 1：4 收膏得清膏。益母草清膏制法与益母草煎膏中的清膏相同。

7. 由于清膏的来源和制备工艺的变异性，每次实验前要有充分的预试。

8. 软材制成后应尽快过筛，否则会结硬块。

（二）板蓝根颗粒

【处方】　板蓝根 20g　　蔗糖适量　　糊精适量　　乙醇适量

【制法】　取板蓝根 20g，加水适量浸泡 1h，煎煮 2h，滤出煎液，再加水适量煎煮 1h，合并煎液，滤过。滤液浓缩至适量，加乙醇使含醇量为 60%，搅匀，静置过夜，取上清液回收乙醇，浓缩至相对密度为 1.30～1.33（80℃）的清膏。取膏 1 份（约 5mL）、蔗糖 2 份（约 10g）、糊精 1.3 份（约 14.6g），用手充分捏合，制成软材，过 16 目筛制颗粒，干燥、每袋 10g 分装即得。

【用途】　清热解毒、凉血利咽、消肿。用于扁桃腺炎、腮腺炎、咽喉肿痛、防止传染性肝炎、小儿麻疹等。

【操作要点和注意事项】

1. 清膏采用水提醇沉法制备。水提醇沉法是根据药材中有效成分在水中和乙醇中的溶解度不同而进行提取、精制的一种方法。药材先用水煎煮，药材中有效成分提取出来的同时，也煎煮出以水作为提取溶剂，用煎煮许多水溶性杂质，加入一定量乙醇，可将大部分杂质除去。

2. 制软材：根据清膏的相对密度进行适当调整。如果清膏相对密度大，可用 75% 乙醇调节湿度，易捏成团。如果清膏相对密度小，可用 95％乙醇进行分散，以降低软材黏性，易于过筛。软材以"握之成团，按之即散"为准。

3.制湿颗粒：采用软材过筛制粒法进行制粒。根据颗粒粗细需要选择筛号，通常选择 10～14 目筛。

4.干燥：湿颗粒可在 60～80℃ 常压干燥，通常采用热风循环烘箱进行干燥。干燥至用手握有刺手感，或在口中含立即溶化为准。

5.整粒：通常采用 1 号筛和 4 号筛进行整粒，除去粉状和细粉。

6.质量检查：参照药典检查项目进行质量检查。

将实验结果记录于实验表 7-1。

实验表 7-1 颗粒剂质量检查结果

品名	外观性状	水分	粒度	溶化性	装量差异
益母草颗粒					
板蓝根颗粒					

五、质量检查

【质量检查】 按《中国药典》（2020 年版）规定方法，检查外观性状、粒度、溶化性、装量差异等内容，应符合药典要求。

六、常见问题及思考

1.通过实验，对颗粒剂有什么新认识？

2.制备颗粒剂过程中遇到什么困难，如何解决？

3.制备的颗粒剂质量如何？你满意吗？为什么？

4.你对颗粒剂的处方组成、工艺条件、产品情况有什么看法？

5.本次实验你有什么收获？

6.提取中药有效成分的方法有哪些？为什么要进行醇沉？

7.制软材有什么要领？

8.如中药材含有挥发性成分，如何提取？提取的挥发油如何加入颗粒剂中？

9.实验室与大生产在制备颗粒剂上有什么异同点？

10.你对制备出来的颗粒剂满意吗？为什么？

11.益母草颗粒制备时不能先将清膏与蔗糖粉混合，甚至蔗糖粉与糊精混合之后再与清膏研磨都会黏结成团，为什么？

实验八

蜜丸和水丸的制备

一、实验目的

1.掌握泛制法、塑制法制备水丸和蜜丸剂的方法与操作要点。

2.熟悉水丸、蜜丸对药料和辅料的处理原则及各类丸剂的质量要求。

二、实验原理

1.丸剂的制法有泛制法、塑制法和滴制法。泛制法适用于水丸、水蜜丸、糊丸、浓缩丸的制备,其工艺流程为:原、辅料的准备→起模→成型→盖面→干燥→选丸→质量检查→包装。

塑制法适用于蜜丸、浓缩丸、糊丸、蜡丸等的制备,其工艺流程为:原、辅料的准备→制丸块→制丸条→分粒、搓圆→干燥→质量检查→包装。

滴制法适用于滴丸的制备。

2.供制丸用的药粉应为细粉或极细粉。起模、盖面、包衣的药粉,应根据处方药物的性质选用。丸剂的赋形剂种类较多,选用恰当的润湿剂、黏合剂,使之既有利于成型,又有助于控制溶散时限,提高药效。

3.水丸制备时,根据药料性质、气味等可将药粉分层泛入丸内,掩盖不良气味,防止芳香成分的挥发损失,也可将速效部分泛于外层,缓释部分泛于内层,达到长效的目的。一般选用黏性适中的药物细粉起模,并应注意掌握好起模用粉量。如用水为润湿剂,必须用8h以内的凉开水或纯化水。水蜜丸成型时先用低浓度的蜜水,然后逐渐用稍高浓度的蜜水,成型后再用低浓度的蜜水撞光。盖面时要特别注意分布均匀。

4.泛制丸因含水分多,湿丸粒应及时干燥,干燥温度一般为80℃左右。含挥发性、热敏性成分,或淀粉较多的丸剂,应在60℃以下干燥。丸剂在制备过程中极易染菌,应采取适当的方法加以控制。

三、实验仪器及材料

1.仪器:搓丸板、标准筛(6号和7号)、搪瓷盘、烘箱、天平、烧杯、量筒、量杯、药匙、玻棒、水浴加热装置、温度计。

2.材料:山楂、六神曲(麸炒)、麦芽(炒)、山楂(焦)、半夏(制)、茯苓、陈皮、连翘、莱菔子(炒)、蜂蜜、纯化水。

四、实验过程

(一)蜜丸——大山楂丸

【处方】 山楂25g 六神曲(麸炒)3.75g 炒麦芽3.75g

蔗糖 15g　　　炼蜜适量

【制法】

1. 药物处理　取处方量的山楂、麦芽、六神曲粉碎成细粉，过7号筛，混匀备用。

2. 炼蜜　取适量生蜂蜜置于适宜容器中，加入适量清水，加热至沸后，用40～60目筛过滤，除去死蜂、蜡、泡沫及其他杂质。然后，继续加热炼制，至蜜表面起黄色气泡，手拭之有一定黏性，但两手指离时无长丝出现（此时蜜温约为116℃）即可。

3. 取蔗糖15g，加水6.75mL，与炼蜜适量混合，炼至相对密度约为1.38（70℃）时滤过，备用。

4. 制丸块　将药粉置于搪瓷盘中，加"步骤3"中的混合物适量，混合揉搓制成均匀滋润的丸块。

5. 搓条、制丸　根据搓丸板的规格将以上制成的丸块用手掌或搓条板做前后滚动搓捏，搓成适宜长短粗细的丸条，再置于搓丸板的沟槽底板上（需预先涂少量润滑剂）手持上板使两板对合，然后由轻至重前后搓动数次，直至丸条被切断且搓圆成丸。每丸重9g。

【操作要点和注意事项】

1. 蜂蜜炼制时应不断搅拌，以免溢锅。炼蜜程度应掌握恰当，过嫩含水量高，使粉末黏合不好，成丸易霉坏；过老丸块发硬，难以搓丸，成丸难崩解。

2. 药粉与炼蜜应充分混合均匀，以保证搓条、制丸的顺利进行。

3. 为避免丸块、丸条黏着搓条、搓丸工具及双手，操作前可在手掌和工具上涂擦少量润滑油。

4. 本实验采用搓丸法制备大蜜丸，亦可采用泛丸法制成小蜜丸。

5. 润滑剂可用麻油1000g加蜂蜡120～180g熔融制成。

【性状】　本品为棕红色或褐色的大蜜丸；味甜而酸。

【功能与主治】　开胃消食。用于食欲不振，消化不良。

【用法与用量】　口服，一次1～2丸，一日1～3次，小儿酌减。

（二）保和丸

【处方】　山楂（焦）30g　　六神曲（炒）10g　　半夏（制）10g
　　　　　茯苓10g　　　　　陈皮5g　　　　　　连翘5g
　　　　　莱菔子（炒）5g　　麦芽（炒）5g　　　纯化水适量

【制法】　以上8味，取处方量的1/2，混合粉碎成细粉，过6至7号筛，混匀。用纯化水或冷开水适量泛丸，干燥，即得。

【功能与主治】　消食导滞和胃。用于食积停滞，脘腹胀痛，嗳腐吞酸，不欲饮食。

【用法与用量】　口服，一次6～9g，一日2次，小儿酌减。

五、质量要求和检验方法

蜜丸、水丸的外观、水分、重量差异、装量差异、溶散时限等质量指标应符合《中国药典》（2020年版）一部和四部相应项下的规定。

1. 外观　应呈球形、大小一致，色泽均匀。

2. 水分　照水分测定法（通则0832）测定，除另有规定外，蜜丸中水分不得过15.0%，水丸不得过9.0%。

3. 重量差异　除另有规定外，按四部通则0108丸剂项下方法检查。

1.5g及1.5g以上的以1丸为1份，取供试品10份，分别称定重量，再与平均重量比较，按实验表8-1规定，超出重量差异限度的不得多于2份，并不得有1份超出限度1倍。

平均重量	重量差异限度
0.3g 以上至 1.5g	±9%
1.5g 以上至 3g	±8%
3g 以上至 6g	±7%
6g 以上至 9g	±6%

4.溶散时限　除另有规定外，取供试品 6 丸，按四部通则 0108 丸剂项下"溶散时限"方法检查，小蜜丸和水丸应在 1 小时内全部溶散，大蜜丸不检查溶散时限。

六、常见问题和思考

1.用泛制法制备水丸过程中，丸粒不易长大，且丸粒愈泛愈多，或者丸粒愈泛愈少，是何原因？如何解决？

2.用塑制法制备蜜丸时，一般性药粉、燥性药粉、黏性药粉，其用蜜量、炼蜜程度和药用蜜温度应怎样掌握？

实验九

滴丸的制备

一、实验目的

掌握滴丸的制备过程及操作方法,了解滴丸滴制法的制备原理。

18. 滴丸的制备

二、实验原理

滴丸的制备常采用固体分散法,即将药物溶解、乳化或混悬于适宜熔融基质中,并通过一适宜口径的滴管,滴入另一不相溶的冷凝剂中,含有药物的基质骤然冷却成型。

滴丸质量与滴管口径、熔融液的温度、冷凝液的密度、上下温度差及滴管距冷凝液面距离等因素有关。适用于水溶性基质的冷凝液有液体石蜡、植物油、二甲基硅油等;适于非水溶性基质的冷凝液则常用水、乙醇及水醇混合液等。

三、实验仪器及材料

1. 仪器:蒸发皿、温度计、水浴锅、电炉、滴丸装置。
2. 材料:液体石蜡、氧化锌、PEG-400、PEG-4000、PEG-6000、水杨酸。

四、实验过程

(一) 氧化锌滴丸

【处方】 氧化锌 0.5g　　　 PEG-4000 5g

【制法】 取 PEG-4000 在小烧杯中置于水浴中加热,水浴温度约 90℃,轻轻搅拌使成熔融液。同方向轻轻搅拌下少量多次加入氧化锌,使均匀分散,得白色细腻混悬态药液。将药液滴入装有冷冻液体石蜡的滴丸装置——贮液筒内,并使药液温度保持在 70～80℃。控制滴速、滴入高度、滴入幅度和位置,使混悬药液在液体石蜡冷凝液中成丸,待冷凝完全后取出滴丸,摊于报纸上,吸去其表面的液状石蜡,计数,统计所得滴丸中完整、拖尾、凹陷、扁平、气泡等不同形态滴丸的数目和比例,列入表格(实验表 9-1)。自然干燥,即得。

实验表 9-1　滴丸完整度记录表

项目	完整	拖尾	扁平	变形	气孔	凹陷	其他	合计
数目/个								
百分比/%								

【样品图片】 见实验图 9-1、实验图 9-2。

实验图 9-1　滴制法制备滴丸剂　　　　　　　实验图 9-2　不同形态的滴丸剂

【操作要点和注意事项】

1.滴管是实验室制备滴丸成功与否的关键因素，滴管下沿口径不能过于狭小，以免滴液堵塞；滴管最好有预热，防止滴液冷凝；滴管口径过大也不行，容易导致拖尾现象。滴管的口径与滴液的温度间存在一定的依存关系。

2.搅拌要轻，防止大量气泡产生。

3.所用容器要干净、干燥。

4.滴管下沿距离冷凝液液面一般固定在 5cm 左右。

5.滴制过程中应保持滴制筒的垂直，滴入药液时应尽量分散，防止滴丸黏结在一起。

6.为便于组与组之间所制滴丸的区别，可以有选择地分配水溶性色素于配方中。

7.氧化锌有弱的收敛、抗菌作用，并能吸着皮肤及伤口渗出液，为皮肤保护剂。氧化锌应保存于干燥处，否则易因空气中二氧化碳的作用，生成碳酸锌而结硬块，降低疗效。

【用途】　本品具有收敛、保护皮肤作用。用于湿疹、亚急性皮炎等。

（二）杨酸滴丸

【处方】　水杨酸 2.0g　　　PEG-400 3.4g　　　　PEG-6000 4.6g

【制法】　聚乙二醇、水杨酸在水浴中加热，搅拌熔化成溶液。将药液转移至滴丸装置的贮液筒内，并使药液温度保持在 65℃。控制滴速，滴入用冰浴冷却的液体石蜡冷凝液中成丸，待冷凝完全后取出滴丸，摊于纸上，吸去滴丸表面的液体石蜡，自然干燥，即得。

【操作要点和注意事项】

1.临床常用水杨酸醇溶液，其流动性强，挥发快，制成滴丸可使局部保持较高的浓度缓缓释放，克服用药频繁的缺点。

2.基质用不同分子量的聚乙二醇组成，使制成滴丸的熔点为 38～39℃，与体温相近。

3.应根据处方中基质的类型合理选择冷凝液，以保证滴丸能很好成型。

4.保证药物与基质混合液的温度。

5.控制好滴速。

【用途】　用于治疗外耳道霉菌感染。

五、滴丸剂的质量检查

1.外观　应呈球状，大小均匀，色泽一致。

2.重量差异　滴丸剂的重量差异限度可按下法测定：取滴丸 20 丸，精密称定总重量，求得平均丸重后，再分别精密称定各丸的重量。每丸重量与平均丸重相比较，超出重量差异限度的滴丸不得多于 2 丸，并不得有 1 丸超出限度 1 倍。滴丸剂的重量差异限度见实验表 9-2。

实验表 9-2　滴丸剂的重量差异限度

滴丸剂的平均重量	重量差异限度/%
0.03g 或 0.03g 以下	±15
0.03g 以上至 0.30g	±10
0.30g 以上	±7.5

3.溶散时限　照崩解时限检查法检查，除另有规定外，应符合以下规定。

将吊篮通过上端的不锈钢轴悬挂于金属支架上，浸入温度为（37±1）℃的恒温水浴中，调节水位高度使吊篮上升时筛网在水面下 15mm 处，下降时筛网车烧杯底部 25mm，支架上下移动的距离为（55±2）mm，往返频率为 30～32 次/分。

按上述装置，但不锈钢网的筛孔内径应为 0.425mm；除另有规定外，取滴丸 6 粒，分别置于上述吊篮中的玻璃管中，每管各加一粒，启动崩解仪进行检查。各丸应在 30min 内溶解散并通过筛网。如有 1 粒不能完全溶散，应取 6 粒复试，均应符合规定。

滴丸质量检查结果记录于实验表 9-3 中。

实验表 9-3　滴丸质量检查结果

制剂	重量差异	溶散时限						合格率/%
		1	2	3	4	5	6	
氧化锌滴丸								
水杨酸滴丸								

六、常见问题及思考

1.分析所制备滴丸的完整度情况，思考如何通过实验设计和工艺优化改进滴丸质量。

2.所制滴丸出现拖尾、针孔、粘连、变形现象的原因是什么？

3.试分析在滴制过程中为什么会出现滴丸滴下后又漂浮起来的现象。

4.滴管口径过小会导致堵塞，是不是管口越大越好？

5.如何处理药液中的气泡？不除去会对滴丸质量造成什么影响？

实验十　半固体制剂的制备

一、实验目的

1. 掌握不同类型基质半固体制剂的制备方法。
2. 根据药物和基质的性质，了解药物加入基质中的方法。
3. 了解半固体制剂的质量评定方法。

二、实验原理

半固体制剂的制备方法有如下多种。

1. 研和法　基质已形成半固体时采用此法。
2. 熔和法　通过加热，使基质熔化、混均，再加入药物研磨混匀。
3. 乳化法　专用于乳剂基质软膏剂的制备。将处方中所有油溶性组分（包括药物）一并加热熔化，并保持温度80℃左右，作为油相；另将其余水溶性成分（包括药物）溶于水中，控制温度稍高于油相；将两者混合，不断搅拌，直至冷凝，即得。药物在水或油中均不溶者，可待乳剂基质制好后，再用研和法混匀。乳化法中油、水两相混合的方法：①两相同时混合；②分散相加到连续相中；③连续相加到分散相中。

本实验采用氧化锌和尿素为主药，制成不同类型的软膏。

三、实验仪器及材料

1. 仪器：水浴锅、研钵、小烧杯、托盘天平、量筒、烘箱、冰箱等。
2. 材料：氧化锌、羊毛脂、花生油、氢氧化钙饱和溶液、十二烷基硫酸钠、鲸蜡醇、甘油、5%尼泊金乙酯溶液、尿素、凡士林、纯化水。

四、实验过程

（一）氧化锌油膏

【处方】　氧化锌 1g　　　凡士林 10g

【制法】　取氧化锌粉末，分次加入 60℃ 左右熔化的凡士林中，边加边研磨，研匀后冷凝即得。

【样品图片】　见实验图 10-1。

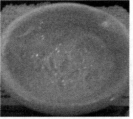

实验图 10-1　氧化锌油膏

【操作要点和注意事项】

1.以外观判断油膏制备的程度，如有无可见的颗粒、有无气泡、细腻程度、颜色均匀度等。

2.凡士林应熔化完全，研磨过程应用力，且维持一定时间，可边研磨边冷凝。

（二）氧化锌冷霜

【处方】 氧化锌 1g　　　羊毛脂 3g　　　花生油 3mL

氢氧化钙饱和溶液　3mL

【制法】 取羊毛脂、花生油置烧杯中加热，熔化后"转入研钵中"放冷至 45～50℃时再缓缓加入氢氧化钙溶液中，并不断沿同一方向缓慢用力研磨，使成乳膏状；另取氧化锌少量多次加入上述乳膏基质中，研匀，即得类白色乳膏。

【样品图片】 见实验图 10-2～实验图 10-4。

实验图 10-2　加入熔化后的羊毛脂图

实验图 10-3　氧化锌油膏

实验图 10-4　氧化锌油膏（右）和冷霜的比较

【操作要点和注意事项】

1.氢氧化钙溶液应新鲜配制，因为溶液易吸收空气中的 CO_2 而生成碳酸钙沉淀，从而使溶液浑浊，影响皂化反应。氢氧化钙饱和溶液为氧化钙 3g 加纯化水 1000mL 制成，临用时取上清液。

2.不能将羊毛脂、花生油混合熔融后直接一次性倒入氢氧化钙溶液。

3.羊毛脂和花生油的混合熔融温度应控制好，若温度较高会有大量气泡产生；若温度过低，则会导致混合物凝固，这两种情况都不利于乳化。

4.乳膏的制备关键在乳化，所以研磨的力度和时间对乳化效果影响较大。

5.乳化顺序若反过来：将氢氧化钙溶液加入花生油中，再加入羊毛脂，往往会导致乳化失败。

（三）尿素霜

【处方】 尿素 10g　　白凡士林 5g　　　　鲸蜡醇 2g
甘油 3mL　　十二烷基硫酸钠 0.5g　　纯化水 6mL
5％尼泊金乙酯乙醇溶液 0.04mL（胶头滴管 1 滴）

【制法】

1.将尿素、十二烷基硫酸钠、甘油、尼泊金乙酯和纯化水于烧杯中在电热套上加热溶解，调节至 70℃保温，备用。

2.取白凡士林、鲸蜡醇于水浴中熔化，在 70℃保温下将此液缓缓加入上述备用液水相中，并边加边搅拌，用力研磨，越研越白，越研越多，越研越细腻，冷凝即得。

【样品图片】 见实验图 10-5、实验图 10-6。

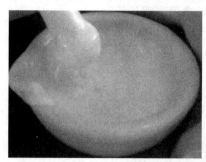

实验图 10-5　尿素雪花膏的形态

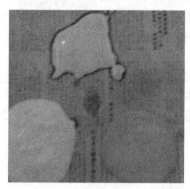

实验图 10-6　油膏（左）、雪花膏（右）和冷霜的比较

【操作要点和注意事项】

1.制备时由于油和水两相都要求 70℃，可将水相溶解后，直接在电热套上调节温度，之后油相的熔化和乳化也都可以直接在控制好温度的电热套上直接进行，无需水浴。若温度难以调节，仍需水浴加热。

2.应将油相加入水相中，有利于乳化。

3.鲸蜡醇相对溶解较慢，可在保持温度的前提下均匀搅拌。

4.物料较多，注意避免类似加入的错误：将鲸蜡醇加入水相；将尿素加入油相。

五、质量要求和检验方法

（一）质量要求

外观、稠度、酸碱性、刺激性、稳定性等指标，应符合《中国药典》（2020 年版）相关项目的规定。

（二）检验方法

1. 外观 色泽均匀一致，质地细腻，无沙砾感。

2. 稠度 软膏剂多属非牛顿流体，测量稠度。采用插入度计测量。稠度越大，插入度越小。一般软膏常温插入度为 100～300，乳膏为 200～300。

3. 酸碱性 取样品加适当溶剂（水或乙醇）振摇，呈中性，甲基橙和酚酞均不变色。

4. 刺激性 将软膏涂于无毛皮肤，24h 后观察皮肤有无发红、起疹、水泡等现象。

5. 稳定性 将软膏分别置于烘箱（40℃±1℃）、室温（25℃±3℃）、冰箱（5℃±2℃）中贮存 1～3 个月，检查以上项目，应符合要求。乳膏应进行耐热、耐寒试验，分别于 55℃恒温 6h 和 −15℃放置 24h，取出，放至室温，应无油水分离。离心法，在室温条件下，取 10g 软膏装入离心管中，置 2500r/min 转速离心机中，30min，不出现分层。

6. 乳剂型软膏基质类型鉴别有染色法和显微镜观察法等。

① 加苏丹红油溶液，若连续相呈红色则为 W/O 型乳剂。

② 加亚甲基蓝水溶液，若连续相呈蓝色则为 O/W 型乳剂。

六、常见问题及思考

1. 氧化锌软膏基质属何种类型？本实验 3 个软膏剂的别名是什么？

2. 指出乳膏中的乳化剂。

3. 有哪几种方法判定乳膏是油包水型还是水包油型？试试看，结果是否跟你设想的一样？

4. 氧化锌冷霜制备时为什么要在 45～50℃左右乳化？

5. 判断软膏外观质量的依据是什么？

6. 你觉得尿素软膏应选择哪一种基质？为什么？

7. W/O 和 O/W 型乳膏剂优缺点和适用症分别是什么？

8. 判断软膏剂变质的感官指标有哪些？

9. 如乳膏在放置过程中分层，一般是哪个工艺没做好？

10. 通过实验，试比较雪花膏、冷霜、油膏、乳膏、软膏几个概念的区别与联系。

栓剂的制备

实验十一

一、实验目的

1. 了解各类栓剂基质的特点和适用情况。
2. 掌握熔融法制栓剂制备工艺。
3. 熟悉置换价的概念和用法。

二、实验原理

栓剂的基本制法有两种：冷压法和热熔法。脂肪性基质的栓剂制备可采用两种制法中的任一种，而水溶性基质的栓剂多采用热熔法制备。

水溶性基质与水溶性药物配伍时可采用直接溶解法；脂肪性基质与脂溶性药物配伍时可将药物直接溶解与基质中；与水溶性药物配伍时可用少量水溶解，用一定量羊毛脂吸收后与基质混匀；亦可在基质加入乳化剂制成 W/O 型乳化基质或制成 O/W 型乳化基质，吸收较多水溶液。难溶性药物一般先研成细粉混悬于基质中，在接近凝固点时灌模并注意不断搅拌。

为使栓剂容易脱模，在灌模前栓孔内应涂润滑剂。水溶性基质用油性润滑剂，如液体石蜡、植物油；脂肪性基质可用软皂、甘油各 1 份及 95％乙醇 5 份混合而成的润滑液。有些基质不粘模，如可可豆脂、聚乙二醇类，可不涂润滑剂。

通常栓模容积是固定的，但栓剂的重量因基质与药物密度的不同而有所变化。为了正确确定基质用量以保证剂量准确，常需预测药物的置换价。置换价（DV）定义为主药的重量与同体积基质重量的比值。如阿司匹林与半合成脂肪酸酯的置换价为 0.63，即 0.63g 阿司匹林和 1g 半合成脂肪酸酯的体积相等。所以，置换价为药物的密度与基质密度之比值。当药物与基质的密度相差较大时，尤其需要测定其置换价。

三、实验仪器及材料

1. 仪器：栓模、蒸发皿、研钵、水浴锅、烧杯、温度计、天平、融变时限仪。
2. 材料：甘油、硬脂酸钠、氧化锌、PEG-400、PEG-4000、纯化水、冰块。

四、实验过程

（一）甘油栓

【处方】 甘油 8mL　　　　硬脂酸钠 1.8g　　　　纯化水 1mL　　　　制成肛门栓 6 枚

【制法】 取甘油于烧杯中置水浴上加热，温度保持在 90～100℃。加入研细的硬脂酸钠，边加边搅拌，待泡沫停止，溶液澄清，再加水，搅拌均匀后，即可注入已用液体石蜡表面处理过的干净、干燥、预热的栓模中，放冷，削平，即得。

【样品图片】 见实验图 11-1～实验图 11-3。

实验图 11-1 甘油栓的制备——注模

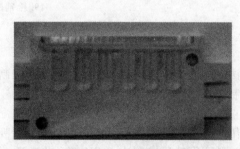

实验图 11-2 甘油栓的制备——脱模

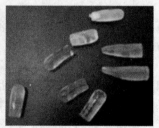

实验图 11-3 甘油栓的制备——各种形态

【操作要点和注意事项】

1. 硬脂酸钠一定要完全溶解。溶解过程中产生的气泡一定要尽可能排除，否则会影响栓剂的外观，甚至内在质量。

2. 甘油栓制备时要加 1mL 水。应选择待泡沫停止、溶液澄明、温度稍降后加入，边加边搅。早加会造成水的挥发而失去意义；温度过高时加入会激起大量泡沫。同时应注意水不可加多，以免浑浊。

3. 注模前应预热栓模至 80℃ 左右，注模后冷却应缓慢，如冷却过快，会影响产品的硬度、弹性、透明度。

4. 熔融的药液注入栓模时有 3 种方式：①扫描式；②点注式；③漫流式。若药液温度足够高，灌注速度足够快，3 种方式效果相当。但在一般情况下，从均匀性角度应选择扫描式。

5. 甘油栓中含有大量甘油，与钠肥皂混合凝结成硬度适宜的块状，两者均具有轻泻作用。

6.增加硬脂酸钠的含量，可以增加栓剂的硬度。

7.若冷凝时间不足，可用冰块加速凝固。

8.涂抹润滑剂的量应适宜，过多会导致栓剂凹陷；过少则脱模困难。

【用途】 适用于各种便秘，尤其适用于小儿及年老体弱者。

【用法用量】 每次肛门内塞 1 支，保留半小时后如厕，效果较好。

（二）氧化锌栓

【处方】 氧化锌 1g　　　　PEG-400 8g(7mL)　　　　PEG-4000 8g　　　共制成 6 枚

【制法】 称取 PEG-400、PEG-4000 于水浴加热至 80℃ 左右熔化，搅拌下加入氧化锌细粉，拌匀后迅速注入预热过的栓模，冷却后，削平，起模，然后吸去多余的润滑剂，即得。

【样品图片】 见实验图 11-4～实验图 11-6。

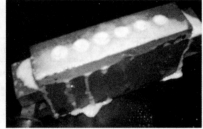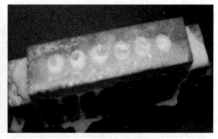

实验图 11-4　氧化锌栓的制备——注模

实验图 11-5　氧化锌栓的制备——脱模　　　　　实验图 11-6　氧化锌栓的缺陷——顶凹

【操作要点和注意事项】

1.若冷凝时间不足，可用冰块加速凝固。

2.由于 PEG-4000 本身有润滑性，氧化锌栓剂注模时可不加润滑剂。

3.为了保证药物与基质混匀，药物与熔化的基质应按等量混合法混合，但如基质量较少，天气较冷时，也可将药物加入熔化的基质中，充分搅匀。

4.氧化锌混悬如不均匀会导致栓剂分层。

5.灌模时应注意混合物的温度，温度太高混合物稠度小，栓剂易发生中空和顶端凹陷，故最好在混合物稠度较大时灌模，灌至模口稍有溢出为度，且要一次完成。灌好的模型应置适宜的温度下冷却一定时间，冷却的温度不足或时间短，常发生粘模；相反，冷却温度度过低或时间过长，则又可产生栓剂破碎。

6.氧化锌有弱的收敛、抗菌作用，并能吸着皮肤及伤口渗出液，为皮肤保护剂。氧化锌应于干燥处保存，否则易因空气中二氧化碳的作用，生成碳酸锌而结硬块，降低疗效。

【用途】 本品具有收敛、保护作用。用于肛门、肛周炎症，痔疮等。

五、质量要求和检验方法

（一）质量要求

所制备栓剂的外观、重量差异、融变时限等质量指标，应符合《中国药典》（2020年版）相关项目项下的规定。

$$DV = 药物密度/基质密度$$

（二）检验方法

1.外观　栓剂的外观应完整光滑，并有适宜的硬度，无变形、发霉及变质等。

2.重量差异　取供试品栓剂10粒，精密称定总重量，求得平均粒重后，再分别精密称定各粒的重量。每粒重量与标示粒重相比较（凡无标示粒重应于平均粒重相比较），超出重量差异限度的药粒不得多于1粒，并不得超出限度1倍。栓剂的重量差异限度应符合实验表11-1规定。

实验表11-1　栓剂的重量差异限度

平均重量	重量差异限度
1.0g以下至1.0g	±10%
1.0g以上至3.0g	±7.5%
3.0g以上	±5%

3.融变时限　取栓剂3粒，在室温下放置1h后，照《中国药典》（2020年版）四部通则0922规定的融变时限检查装置和方法检查（见实验图11-7）。除另有规定外，脂肪性基质的栓剂3粒均应在30min内全部融化、软化和触压时无硬心；水溶性的基质栓剂3粒均应在60min内全部溶解。如有1粒不合格，应另取3粒复试，均应符合规定。见实验图11-8。

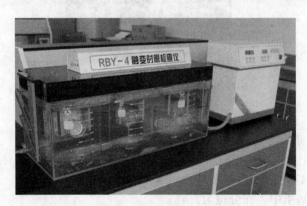

实验图11-7　融变时限仪

实验图11-8　栓剂的溶变情形

将实验和质量检查结果记录于实验表11-2中。

实验表11-2　栓剂的质量检查结果

栓剂名称	实验结果/℃			质量检查结果			
	基质温度	注模温度	冷却熔融温度	外观	重量/g	重量差异	融变时限/min
甘油栓 氧化锌栓							

六、常见问题及思考

1.哪些药物可以选用甘油明胶基质，哪些药物不适于此基质？

2.甘油栓的制备原理是什么？操作注意点有哪些？

3.制备甘油栓的关键是什么？

4.中药栓剂与西药栓剂在制备时有何不同？

5.甘油栓制备时为何要加 1mL 水？何时加入？为什么？

6.所制得栓剂出现塌顶、凹陷、分层、变形、变色等情况的原因分别是什么？如何预防？

7.为什么氧化锌栓剂可以不用在栓模中涂抹润滑剂？

8.灌注药液时为何液面要高出栓模一些？

实验十二

膜剂的制备

一、实验目的

1.通过实验掌握小批量制备膜剂的方法——涂膜法。

2.对膜剂的特点、生产工艺、制备方法、质量控制等方面有一定的认识。

3.会对制备的膜剂进行质量评价。

4.会对膜剂制备过程出现的问题进行分析和解决。

二、实验原理

膜剂一般采用涂膜法制备。制备时，水溶性药物可与增塑剂、着色剂及表面活性剂性一起溶于成膜材料的浆液中；若为难溶性或不溶性药物，则应粉碎成极细粉或制成微晶，与甘油或吐温-80研匀后再分散于膜材料浆液中。浆液可用加热或超声波脱气，而后应及时涂膜。取洁净的玻璃板或不锈钢板撒上少许滑石粉，用纱布擦净，或直接在洁净的玻璃板或不锈钢板上涂少许脱膜剂，然后将一定量的浆液倒上，用刮刀、玻棒或推杆刮平，涂成均匀的、规定厚度的薄层。低温通风干燥或晾干。

膜剂制备的基本工艺流程：成膜材料浆液的配制→加入药物、着色剂→脱气泡→涂膜→干燥→脱膜→质检→包装。

三、实验仪器及材料

1.仪器：天平、烧杯、量杯、玻棒、玻璃板、恒温水浴、烘箱、剪刀、锥形瓶。

2.材料：硝酸钾、聚乙烯醇17-88、吐温-80、甘油、液体石蜡、乙醇、养阴生肌散。

四、实验过程

（一）硝酸钾牙用膜

【处方】　硝酸钾 1.0g　　　　　聚乙烯醇 17-88 3.5g　　　　吐温-80 0.2g（5滴）
　　　　　甘油 0.5g（1mL）　　　乙醇适量　　　　　　　　　液体石蜡适量
　　　　　纯化水至 50mL

【制法】　取硝酸钾溶于水，称取聚乙烯醇，加5倍量的纯化水浸泡膨胀后移至水浴上加热，使全部溶解后，在搅拌下逐渐加入甘油混匀；再将硝酸钾液加入制备好的混合液，搅拌均匀，放凉后加入吐温-80，除去气泡，涂膜（面积 20cm×20cm）。80℃ 干燥 120min，脱膜，即得膜剂。

【样品图片】　见实验图 12-1～实验图 12-3。

实验图 12-1　硝酸钾牙用膜的制备——聚乙烯醇
的浸泡和溶化

实验图 12-2　硝酸钾牙用膜的
制备——涂液体石蜡

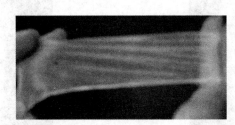

实验图 12-3　硝酸钾牙用膜的制备——成膜

【操作要点和注意事项】

1.硝酸钾应完全溶解后再加入胶浆中混匀。

2.制膜后应立即烘干，以免硝酸钾析出，造成药膜中有粗大结晶及药物含量不匀。

3.应注意预防和消除气泡。搅拌应轻柔，且沿同一方向。

4.液体石蜡不可涂太多。涂布时可以采用两块板贴紧，切向移动的方式，也可用手指以画圈的形式一次性抹平，或用纸刮平，一般不建议用玻璃棒涂抹。

5.聚乙烯醇在水中溶解过程与亲水胶体相似，即经由与水亲和、湿润、渗透、膨胀和溶解等阶级。浸泡膨胀时间应充分，否则溶解不完全，需提前 30～40min 用冷水浸泡溶胀，溶解过程中适当搅拌和加热，最好不超过 60℃。聚乙烯醇如溶解较慢，影响实验进程，可考虑先加入甘油以增加溶解并除气泡，但吐温不能先加入，需待稍凉后加入。

6.药液涂布时最好边敲边涂，以使涂布均匀。

7.硝酸钾应在聚乙烯醇完全熔化溶解后加入。

8.配料、涂膜和干燥的温度不宜过高，时间不宜过长。若配料时超过 70℃，主药中聚氧乙烯基与水形成的氢键被拆开，使主药在膜料中混浊而不能均匀混合。若涂膜时温度过高，可造成膜中发泡，成膜和脱膜发生困难，膜还发脆，且因膜料中失水过度，膜料收缩，主药载量降低。

【用途】　本品为牙用脱敏剂，根据需要剪取适当大小。

（二）养阴生肌膜

【处方】　养阴生肌散 1g　　　　聚乙烯醇（17-88）4g　　　　甘油 1mL
　　　　　吐温-80 5 滴　　　　　纯化水 50mL　　　　　　　乙醇适量

【附注】　养阴生肌散处方：牛黄 0.62g　人工牛黄 0.15g　青黛 0.93g　龙胆末 0.62g
黄柏 0.62g　黄连 0.62g　煅石膏 3.13g　甘草 0.62g　冰片 0.62g　薄荷脑 0.62g

【制法】

1.取聚乙烯醇加入 85% 乙醇浸泡过夜，滤过，沥干，重复处理一次，倾出乙醇，将聚乙烯醇于 60℃烘干，备用。称取上述聚乙烯醇 4g，置锥形瓶中，加纯化水 50mL，水浴上加热，使之熔化成胶液，补足水分，备用。

2.称取养阴生肌散（过 7 号筛）1g，于研钵中研细，加甘油 1mL，吐温-80 5 滴，继续研细，缓缓将聚乙烯醇胶液加入，研匀，静置脱气泡后，供涂膜用。

3.取玻璃板（5cm×20cm）5 块，洗净，干燥，用 75％乙醇揩擦消毒，再涂擦少许液状石蜡。用吸管吸取上述药液 10mL，倒于玻璃板上，摊匀，水平晾至半干，于 60℃烘干。小心揭下药膜，封装于塑料袋中，即得。

【样品图片】　见实验图 12-4、实验图 12-5。

实验图 12-4　养阴生肌膜的制备——干燥　　　实验图 12-5　养阴生肌膜的制备——成膜

【操作要点和注意事项】

1.药材应过 7 号筛。涂抹前应充分研磨。

2.本品制膜时可不用涂抹液体石蜡，但玻璃板应干净、干燥、平滑。

3.每板约涂布药液 8mL。

4.聚乙烯醇溶解较慢，可适当加热，但温度不宜超过 90℃，加热温度不能太高，加热时间不能过长，否则会有异味产生。聚乙烯醇溶解后应稍放冷再加入养阴生肌散，以免变色。

【用途】　清热解毒。用于湿热性口腔溃疡、复发性口腔溃疡及疱疹性口腔炎。

五、质量要求和检验方法

1.外观　膜剂外观应完整光洁，厚度一致，色泽均匀，无明显气泡。多剂量的膜剂分格压痕应均匀清晰，并能按压痕撕开。

2.重量差异限度　依《中国药典》（2020 年版）四部通则 0125 项下相应方法检查。

取膜剂 20 片，精密称定总重量，求得平均重量后，再分别精密称定各片重量。每片重量与平均重量相比较，超出重量差异限度的膜片不得多于 2 片，并不得有 1 片超出限度 1 倍。膜剂的重量差异限度，应符合实验表 12-1 的规定。

实验表 12-1　膜剂的重量差异限度

平均重量/g	重量差异限度
0.02 以下至 0.02	±15％
0.02 以上至 0.2	±10％
0.2 以上	±7.5％

3. 熔化时限　　取药膜 5 片，分别用两层筛孔内径为 2mm 不锈钢夹住，按片剂崩解时限方法测定，应在 15min 内全部溶化，并通过筛网。

膜剂质量检查结果填入实验表 12-2。

实验表 12-2　膜剂质量检查结果

膜剂名称	外观	平均膜重	重量差异	溶化时间
养阴生肌膜				
硝酸钾牙用膜剂				

六、常见问题及思考

1. 为什么硝酸钾膜剂干燥后有的会有结晶的情况？
2. 膜剂在应用上有何特点？
3. 聚乙烯醇在使用前处理的原因是什么？
4. 分析实验处方中各成分作用。
5. 为什么多数小组的膜剂干燥后难以揭下？如何处理？
6. 如果在膜剂制备过程中发现药液过稀，是否可以加入增稠剂？

实验十三 | 微囊的制备

一、实验目的和要求

1.了解制备微囊的常用方法。
2.了解微囊形成条件及影响成囊的因素。
3.掌握复凝聚法制备微囊的基本原理、方法及操作注意事项。

二、实验原理

微囊的制法较多，可分为物理化学法、物理机械法和化学法三大类。以物理化学法中的单凝聚法和复凝聚法较常用，用于水中不溶性固体或液体制备微囊，操作比较简单。

复凝聚法原理是利用一些亲水胶体带有电荷的性质，当两种或两种以上带相反电荷的胶体溶液混合后，通过调 pH 值，使两种带相反电荷的亲水胶体溶液电荷中和，溶解度降低而产生凝聚。例如，阿拉伯胶带负电荷，在水溶液中不受 pH 值的影响。而 A 型明胶在等电点以上时也带负电荷，故两者并不发生凝聚现象。当 pH 值调节至 A 型明胶等电点（pH 7~9）以下（pH 3.8~4.0）时，因明胶电荷全部转为正电荷，与带负电荷的阿拉伯胶相互凝聚。当溶液中存在药物时，则包在药物粒子周围形成微囊，此时囊膜较松软。然后加入纯化水稀释并降温。在降温过程中轻轻搅拌，以防微囊粘接。当温度降到胶凝点以下时，微囊逐渐硬化，再加入甲醛使囊膜变性固化。最后用 20% NaOH 溶液调节加 2% NaOH 调节使 pH 值为 8~9，有利于胺醛缩合反应进行完全。

单凝聚法的基本原理为：以一种高分子化合物为囊材，将药物分散在囊材的水溶液中，然后加入凝聚剂（强亲水性非电解质或强亲水性电解质），由于凝聚剂对水的强亲和性，使高分子水化膜内的水脱离，囊材溶解度降低，凝聚成含药的微囊。这种凝聚作用是可逆的，可以利用这种可逆性反复凝聚，直至制备出满意的微囊，再利用囊材的理化性质，使凝聚囊胶凝并固化，形成稳定的微囊。

三、实验仪器及材料

1.仪器：乳钵、烧杯、水浴锅、抽滤装置、显微镜、组织捣碎机、电动搅拌器、pH 计、烘箱等。

2.材料：明胶（A 型）、阿拉伯胶、液状石蜡、37% 甲醛溶液、10% HAc、20% NaOH、精密 pH 试纸、纯化水等。

四、实验过程

液体石蜡微囊（复凝聚法）

【处方】 液体石蜡 2.5g　　　阿拉伯胶 2.5g　　　明胶（A 型）2.5g

10％HAc 适量　　　37％甲醛溶液 1.3mL20％ NaOH 适量
纯化水适量

【制法】

1.制备液体石蜡乳剂　将阿拉伯胶分次加入液状石蜡中，轻研使均匀，加水 5mL，研磨至发出劈啪声，即成初乳（或取 5mL 纯化水置乳钵，加 4g 阿拉伯胶粉配成胶浆，再将 2.5g 液状石蜡分次加入胶浆中，边加边研磨，研磨至发出劈啪声，成初乳）。同时在显微镜下观察结果，是否成乳剂。加纯化水至 50mL，转入 500mL 烧杯中，置于 50℃恒温水浴中保温。

2.制备明胶液　称取明胶 5g，用 50mL 纯化水浸泡变软后，于 50℃恒温水浴中不断搅拌使之完全溶解，保温。

3.包囊　将明胶液加入液状石蜡乳剂中，不断搅拌，测定混合液的 pH 值，显微镜下观察是否成囊，记录结果。根据测得的混合液 pH 值，用乙酸调节 pH 值为 3.9～4.1，不断搅拌，在显微镜下观察是否成囊，记录结果。

4.囊膜固化　将上述微囊液转入 500mL 烧杯中，加 40℃纯化水 200mL，自水浴中取出烧杯，不断搅拌，自然冷却，当温度降至 32～36℃时，放入冰浴，并向烧杯中加入冰块，使温度急速降至 5℃左右，加甲醛 1.3mL 搅拌 15min，用氢氧化钠溶液调节 pH 值至 8.0～9.0，继续搅拌 30min，在显微镜下观察微囊情况，记录结果。

5.过滤与干燥　将烧杯静置，抽滤，用纯化水洗涤至无甲醛气味，pH 值呈近中性，抽干即得。

【样品图片】　见实验图 13-1、实验图 13-2。

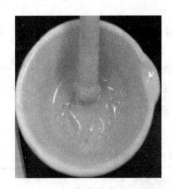

实验图 13-1　液体石蜡微囊膜的制备——乳化

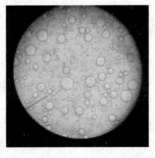

实验图 13-2　液体石蜡微囊膜的制备——成囊

【操作要点和注意事项】

1.制备液状石蜡乳可采用干胶法或湿胶法。

2.制备微囊时搅拌的速度要适中，太慢微囊粘连，太快微囊变形。

3.用10％乙酸溶液调pH值时，应逐渐滴入，特别是当接近pH 4左右时更应小心，并随时取样在显微镜下观察微囊的形成。

4.甲醛可使囊膜的明胶变性固化。甲醛用量的多少能影响明胶的变性温度，亦即影响药物的释放快慢。

5.当降温接近凝固点时，微囊容易粘连，故应不断搅拌并用适量水稀释。

6.将分离洗涤后的微囊，可置于50℃以下干燥，以防室温或低温干燥粘连结块；或根据所需制成剂型的要求而定，如制成的是固体剂型，可加适量的辅料将其制成颗粒干燥后保存；如制成的是液体剂型，可暂时混悬于纯化水中保存。

7.制备液状石蜡乳时，可在乳钵中采用研磨法制备，亦可将阿拉伯胶用纯化水溶解，加液状石蜡，于乳匀机中快速搅拌制备。

【用途】 轻泻剂。用于治疗便秘，特别适用于高血压、动脉瘤、疝气、痔及手术后便秘的病人，可以减轻排便的痛苦。

五、微囊剂的质量要求

1.性状 微囊应为大小均匀的球状实体、光滑球形膜壳或卵圆形，不粘连，分散性好。可用校正过的带目镜测微仪的光学显微镜观察和测定，也可用库尔特计数器测定微囊大小与粒度分布。

2.检查

（1）包封率：照2020年版《中国药典》（四部）9014项下方法检查，不得低于80％；突释效应在开始0.5h内的释放量应低于40％。

（2）溶出度：照《中国药典》（2020年版）四部0931项下方法检查。量取规定量经脱气处理的溶剂，注入每一个测定容器内，加热使溶剂温度保持在37.0℃±0.5℃，调整转速使其稳定，取微囊试样置于薄膜透析管内，然后进行测定。

微囊的粒径检查结果记录于实验表13-1中。

实验表13-1　微囊的粒径检查结果　　　　　（总个数_____）

微囊直径/μm	<10	10~20	20(不含)~30(不含)	30~40	40(不含)~50(不含)	50~60	60(不含)~70(不含)	70~80	>80
数量/个 比例/%									

六、常见问题及思考

1.试述单凝聚和复凝聚法制备微囊的机理及操作关键。

2.试述复凝聚法制备微囊时两次调pH值、加甲醛、加水稀释、搅拌的目的。

3.微囊的大小、形状与哪些因素有关？

4.复凝聚法制备微囊时，选择什么样的明胶，怎样选择，为什么？

5.单凝聚法制备微囊时，以明胶为囊材，稀释液的浓度为什么比成囊体系的浓度大？

6.单凝聚法与复凝聚法制备微囊的关键各是什么？

实验十四

环糊精包合物的制备

一、实验目的

1. 掌握饱和水溶液法制备包合物的工艺。
2. 掌握包合物形成的验证方法。

二、实验原理

环糊精包合物制备方法很多,有饱和水溶液法、研磨法、喷雾干燥法、冷冻干燥法以及中和法等,其中以饱和水溶液法(亦称重结晶法或共沉淀法)为最常用。

主分子为 β-环糊精,其空穴大小适中(即 700~800pm),且在水中的溶解度随温度升高而加大,当 20、40、80、100(℃) 时,溶解度分别为 1.85、3.7、8.0、18.3、25.6(g/mL)。采用饱和水溶液法,即主分子为饱和水溶液与客分子包合作用完成后,可降低温度,客分子进入主分子空穴中,以分子间力相连接成的包合物可从水中析出。

三、实验仪器及材料

1. 仪器:天平、锥形瓶、烧杯、量筒、量杯、药匙、玻棒、水浴加热装置、温度计、薄层层析装置(铺板器、玻璃层析板、层析槽等)、干燥器、滤器、显微镜。
2. 材料:β-环糊精、薄荷油、硅胶 G、羧甲纤维素钠、乙醇、纯化水、1%香荚兰醛硫酸液、石油醚、乙酸乙酯。

四、实验过程

薄荷油-β-环糊精包合物

【处方】 薄荷油 1mL(28 滴) 　　　β-环糊精 4g
　　　　 乙醇适量 　　　　　　　　纯化水 50mL

【制法】 称取 β-环糊精 4g,置 100mL 的带塞锥形瓶中,加入 50mL 纯化水,加热溶解,降温至 50℃,滴加入薄荷油 1mL,50℃恒温搅拌 2.5h,冷却,有白色沉淀析出,沉淀完全后过滤。用乙醇 5mL 洗涤 3 次,至沉淀表面近无油渍为止。将包合物置干燥器中干燥,称重,计算收得率。

【操作要点和注意事项】

1. β-环糊精分子结构中的环筒内径大小适宜,且已形成工业化生产规模,因此 β-环糊精常用作包合药物的主分子。对 β-环糊精进行结构修饰后,可以制备多种不同性质的 β-环糊精衍生物,以它们为主分子,可以制得不同理化性质与生物特性的包合物,从而扩大包合物应用范围。

2. 薄荷油制成包合物后,可减少贮存中油的散失,即在一定温度下将 β-环糊精加适量水制成饱和水溶液,与客分子药物搅拌混合一定时间后,通过适宜的方法,使包合物沉淀析出，滤取即得。实验中包合温度、主客分子配比、搅拌时间等因素都会影响包合率，应按实验内容的要求进行操作。难溶于水的药物也可用少量有机溶剂如乙醇、丙酮等溶解后加入。通过冷藏，可使 β-环糊精包合物溶解度下降而析出沉淀。

3.本实验采用的是饱和水溶液法（或称共沉淀法）制备包合物。薄荷油在水中的溶解度约为 1.79％（25℃），但温度升高至 45℃时其溶解度可增至 3.1％。因此，此实验的成败取决于温度的控制。

4.包合率与环糊精的种类有关，也跟药物-环糊精配比量、包合时间、沉淀质量等因素有关。

五、质量检查和质量评价

1.显微观察——薄荷油 β-环糊精包合物

将 β-环糊精按上述实验方法制成不含药物的空白包合物。取空白包合物及薄荷油包合物各少许，分别置 10×3.3 倍显微镜下观察。记录结果。（提示：空白包合物为规则的板状结晶，薄荷油 β-环糊精包合物为不规则的粉末）

2.薄层色谱分析——荷荷油 β-环糊精包合物

取薄荷油 β-环糊精包合物 0.5g，加入 95％乙醇 2mL，振摇后滤过，滤液为样品 a；另取薄荷油 2 滴，加入 95％乙醇 2mL 混合溶解，得样品 b。分别吸取样品 a、b 液各约 10μL，点于同一硅胶 G 薄层板上，以石油醚：乙酸乙酯（85：15）为展开剂上行展开。取出晾干后喷以 1％香草醛硫酸液，105℃烘至斑点清晰。样品 a 中未显现出薄荷油中相应的斑点。

3.包合物参数的测定 通过计算包合物的含药量、含油率、收率等包合物参数，评价包合质量。

（1）含油率＝包合物中实际含油量（g）/包合物量（g）×100％
（2）含药量＝包合物中实际含药量（g）/药物量（g）×100％
（3）包合物收率＝包合物实际重量（g）/[β-环糊精（g）＋药物量（g）]×100％

六、常见问题及思考

1.制备包合物的关键是什么？应如何进行控制？
2.本实验为什么选用 β-环糊精为主分子？它有什么特点？
3.哪些方法可用于证明和检验形成了包合物？

参 考 文 献

[1]　丁立.药物制剂技术实验微格教程.北京：化学工业出版社，2011.
[2]　于广华，毛小明.药物制剂技术.2版.北京：化学工业出版社，2015.
[3]　朱玉玲.实用药品 GMP 基础.2版.北京：化学工业出版社，2014.
[4]　朱照静，张荷兰.药剂学.北京：中国医药科技出版社，2017.
[5]　国家药典委员会.中华人民共和国药典.北京：中国医药科技出版社，2020.
[6]　杨宗发，董天梅.药物制剂设备.北京：中国医药科技出版社，2017.
[7]　何思煌.新版 GMP 实务教程.2版.北京：中国医药科技出版社，2017.
[8]　侯飞燕.药剂学.2版.郑州：河南科学技术出版社，2012.